高等职业教育机械类专业"十二五"规划教材

金属学与热处理

杨德云	杨淼森	主　编
陈丽丽　吴　犇	石南辉	副主编
刘颖辉　朱斌海　陈福民　郝　亮		参　编
褚宝柱　付洪涛　马春雷		
	范富华	主　审

中国铁道出版社
CHINA RAILWAY PUBLISHING HOUSE

内容简介

本书体现基于工作过程的高职教材编写理念，理论知识强调"实用为主，必需和够用为度"的原则，在知识与结构上有所创新，不仅符合高职学生的认知特点，而且紧密联系一线生产实际，真正体现学以致用。

本书共分13章，采用最新国家标准，主要介绍金属学、金属材料及热处理方面的基本内容。具体内容包括金属材料的力学性能、金属的晶体结构与结晶、二元合金相结构与相图、铁碳合金、金属的塑性变形与再结晶、钢的热处理原理、工业用钢、铸铁、有色金属及其合金、陶瓷材料、高分子材料、复合材料、工程材料的选用等。为加深理解和学用结合，每章列出课堂讨论和练习题。本书配教学PPT课件，可登录www.51eds.com下载。

本书适合作为高职院校材料类、机械类专业的教材，也可作为相关院校、机构的培训教材，并可供工程技术人员参考。

图书在版编目（CIP）数据

金属学与热处理/杨德云，杨淼淼主编·—北京：

中国铁道出版社，2013.4

高等职业教育机械类专业"十二五"规划教材

ISBN978 - 7 - 113 - 15860 - 6

Ⅰ.①金…　Ⅱ.①杨…　②杨…　Ⅲ.①金属学—高等

职业教育—教材　②热处理—高等职业教育—教材　Ⅳ.①TG1

中国版本图书馆 CIP 数据核字（2012）第 305543 号

书　　名：金属学与热处理	
作　　者：杨德云　杨淼淼　主编	

策　　划：吴　飞	读者热线：400 - 668 - 0820
责任编辑：吴　飞　彭立辉	
封面设计：刘　颖	
封面制作：白　雪	
责任印制：李　佳	

出版发行：中国铁道出版社（100054，北京市西城区右安门西街8号）

网　　址：http：//www.51eds.com

印　　刷：北京市昌平开拓印刷厂

版　　次：2013 年 4 月第 1 版　　2013 年 4 月第 1 次印刷

开　　本：787mm×1092mm　　印张：14.75　字数：346 千

印　　数：1～3000

书　　号：ISBN978 - 7 - 113 - 15860 - 6

定　　价：29.00 元

高等职业教育机械类专业"十二五"规划教材
编审委员会

主　任：王长文

顾　问：钱　强

副主任：赵　岩　付君伟　高　波　杨淼淼

委　员：（按姓氏音序排列）

陈福民　陈丽丽　褚宝柱　崔元彪　范兴旺

付洪涛　关丽梅　韩雪飞　郝　亮　胡福志

金东琦　李贵波　李　影　刘　强　刘颖辉

路汉刚　马春雷　穆春祥　彭景春　石南辉

孙立峰　谭永昌　王　博　王　东　文清平

吴　犇　吴　智　许　娜　杨　硕　杨德云

岳燕星　张春东　贞颖颖　周延昌　朱斌海

为深入贯彻落实《国家中长期教育改革和发展规划纲要（2010—2020 年）》，推动体制机制创新，深化校企合作、工学结合，进一步促进高等职业学校办出特色，全面提高高等职业教育质量，提升其服务经济社会发展能力，根据《教育部关于推进高等职业教育改革创新引领职业教育科学发展的若干意见》（教职成〔2011〕12 号）的要求，黑龙江省高职高专焊接专业教学指导委员会（简称黑龙江高职焊接教指委）于 2012 年 7 月 23 日召开了高等职业教育焊接专业教材建设研讨会。黑龙江高职焊接教指委委员、黑龙江省数所高职院校焊接专业负责人、机械工业哈尔滨焊接技术培训中心领导出席了本次会议。会议重点讨论了高职焊接专业高端技能型人才的定位问题，以及焊接专业特色教材的开发与建设问题，最终确定了 12 本高职焊接专业系列教材（列入"高等职业教育机械类专业'十二五'规划教材"）的教材定位、编写特色，并初步确定了每本教材的主要内容、编写大纲、编写体例等。本次会议得到了中国铁道出版社和哈尔滨职业技术学院的大力支持，在此表示衷心的感谢。

黑龙江省是我国重要的老工业基地之一，哈尔滨是全国闻名的"焊接城"。作为老工业基地，黑龙江省拥有悠久的焊接技术发展历史，在焊接工艺、焊接检测、焊接生产管理等领域具有深厚的历史积淀，始终处于我国焊接技术发展的前沿。黑龙江省开设焊接技术及自动化专业的高等职业学校有十几所，培养了数以万计的优秀焊接技术人才，为地方经济的繁荣和发展做出了突出的贡献，也为本套教材的编写提供了有利的条件和支持。

在黑龙江高职焊接教指委、黑龙江省各相关高职院校、机械工业哈尔滨焊接技术培训中心、中国铁道出版社等单位的不懈努力下，本套教材将陆续与读者见面。它凝聚了全体编写者与组织者的心血，体现了广大编写者对教育部"质量工程"精神的深刻体会和对当代高等职业教育改革精神及规律的准确把握。

本套教材体系完整、内容丰富，具有如下特色：

（1）锤炼精品。采用最新国家标准，反映产业技术升级，引入企业新技术、新工艺，使教材知识内容保持先进性；邀请企业一线技术人员加入编写队伍，并邀请行业专家对稿件进行审读，保证教材的实用性和科学性。

（2）强化衔接。在教学重点、课程内容、能力结构以及评价标准等方面，与中等职业教育焊接技术应用专业有机衔接。

（3）产教结合。体现相关行业的发展要求，对接焊接岗位需求。教材不仅体现了职业教育的特点和规律，也能满足生产企业对高端技能型人才的知识和技能需求。

（4）体现标准。以教育部最新颁布的《高等职业学校专业教学标准（试行）》为依据，对原有知识体系进行优化和整合，体现教学改革和专业建设的最新成果。

（5）创新形式。采用最新的、符合学生认知规律和职业教育规律的编写体例，注重教材的新颖性、直观性和可操作性，将陆续开发与纸质教材配套的网络课程、虚拟仿真实训平台、主题素材库以及相关音像制品等多种形式的数字化配套教学资源。

教材的生命力在于质量与特色，衷心希望参与本套教材开发的相关院校、行业企业及出版单位能够做到与时俱进，根据高等职业教育改革和发展的形势及产业调整、专业技术发展的趋势，不断对教材内容和形式进行修改和完善，使之更好地适应高等职业学校人才培养的需要。同时，希望出版单位能够一如既往地依靠业内专家，与科研、教学、产业一线人员不断深入合作，争取出版更多的精品教材，为高等职业学校提供更优质的教学资源，为职业教育的发展做出更大的贡献。

衷心希望本套教材能充分发挥其应有的作用，也期待在这套教材的影响下，一大批高素质的高端技能型人才脱颖而出，在工作岗位上建功立业。

黑龙江省高职高专焊接专业教学指导委员会主任

2013 年春于哈尔滨

前言

本书依据高职办学理念及人才培养目标编写而成，合理确定了教材的深度和广度，力求体现职业技术教育特色，并结合当前职业教育发展情况，注重教材的针对性，理论教学内容以"必需、够用"为取舍标准。通过"金属材料及热处理"课程的教学，可使学生获得有关金属学、热处理、工程材料的基本理论、基本知识和基本方法，为以后学习相关专业课程，以及正确选择、合理使用金属材料，充分挖掘使用金属材料的潜力奠定基础。

本书由三部分内容组成：第一部分为金属学，阐述了金属学的基本概念和理论，是本课程的基础，对金属材料的生产、应用及发展起到重要的指导作用，但是该部分内容比较抽象，所以在内容选取上以够用为度；第二部分为热处理与工艺，着重阐述了钢在不同工艺条件下的组织转变规律；第三部分为工程材料，介绍了金属材料、非金属材料、机械零件材料及毛坯选择。

本书由哈尔滨华德学院杨德云、哈尔滨职业技术学院杨淼森担任主编，哈尔滨华德学院陈丽丽、吴犇、石南辉担任副主编，哈尔滨华德学院刘颖辉、朱斌海、陈福民、郝亮、褚宝柱、付洪涛、黑龙江农业工程职业学院马春雷参与编写。具体编写分工：第1章、第8章由刘颖辉、石南辉、马春雷编写；第2章、第4章、第6章由杨德云编写；第11章、第12章、第13章由杨淼森、吴犇、褚宝柱编写；第3章、第5章由陈丽丽、郝亮编写；第7章由陈福民编写；第9章、第10章由朱斌海、付洪涛编写。全书由范富华主审。

本书的编写工作得到了兄弟院校相关人员的大力支持，在此，向他们表示衷心的感谢。

本书配教学 PPT 课件，可登录 www.51eds.com 下载。

由于时间仓促，编者水平有限，书中难免存在疏漏或不当之处，恳请读者批评指正。

编　者

2012 年 12 月

第 1 章　金属材料的力学性能 ·· 1

1.1　拉伸试验 ··· 1

1.2　硬度 ··· 4

1.3　冲击韧性 ··· 6

1.4　疲劳强度 ··· 7

1.5　磨损 ··· 8

1.6　蠕变 ··· 9

习题 ··· 9

第 2 章　金属的晶体结构与结晶 ·· 10

2.1　金属键、金属晶体和金属特性 ·· 10

2.2　金属的晶体结构 ·· 12

2.3　金属的实际晶体结构和缺陷 ··· 17

2.4　纯金属的结晶 ·· 20

习题 ·· 25

第 3 章　合金的相结构与二元合金相图 ·· 26

3.1　合金中的相 ·· 26

3.2　合金的相结构 ·· 27

3.3　二元合金相图 ·· 34

习题 ·· 47

第 4 章　铁碳合金 ··· 48

4.1　铁碳合金的组元及基本相 ··· 48

4.2　Fe – Fe$_3$C 相图分析 ·· 51

4.3　含碳量对碳钢平衡组织和性能的影响 ··· 55

4.4　碳钢中的杂质元素及其影响 ··· 56

4.5　Fe – Fe$_3$C 相图的应用 ·· 57

4.6　Fe – Fe$_3$C 相图应用注意事项 ··· 58

习题 ·· 58

第 5 章　金属的塑性变形与再结晶 ·· 59

5.1　金属的塑性变形 ·· 59

5.2　金属的回复与再结晶 ··· 68

5.3　金属的热加工及其对组织和性能的影响 ·· 71

习题 ·· 72

第 1 章　金属材料的力学性能

内容提要

- 了解金属材料工艺性能、使用性能的概念。
- 了解金属材料强度与塑性的测试方法以及韧性、硬度试验原理。
- 掌握强度、塑性、韧性、硬度、疲劳等基本概念。

教学重点

- 强度、塑性、韧性、硬度、疲劳。
- 应力 – 应变曲线。

教学难点

- 应力 – 应变曲线。
- 硬度试验原理。

金属材料的性能包括使用性能和工艺性能。使用性能是指金属材料在使用过程中所表现出来的性能，包括力学性能、物理性能、化学性能等；工艺性能是指金属材料在各种加工过程中所表现出来的性能，如铸造性能、焊接性能、锻压性能、热处理性能和切削加工性能等。通常，机械零件的设计和选材是以力学性能的指标作为主要依据。力学性能是指金属材料在外力作用下表现出来的抵抗性能，主要有强度、塑性、硬度、冲击韧性和疲劳强度等。

1.1　拉　伸　试　验

1.1.1　应力 – 应变曲线

1. 材料强度与塑性的测试方法

强度和塑性是材料重要的、基本的力学性能指标，由拉伸试验方法测定。GB/T 228.1—2010 规定了拉伸试验的测试方法和拉伸试样的制作，图 1-1 所示为两种不同截面的拉伸试样。将拉伸试样装夹在拉伸试验机上，然后缓慢加载，直至把试样拉断为止。在拉伸过程中，试验机自动测试拉伸载荷（F）和试样的伸长量（ΔL），并绘制出 F – ΔL 的关系曲线（拉伸图）。由拉力（F）与试样原始截面积（A_0）的比值可得工程应力（σ），由伸长量与试样原始长度的比值可得应变（ε），由此绘出应力 – 应变关系曲线。图 1-2 所示为低碳钢拉伸时的应力 – 应变曲线。

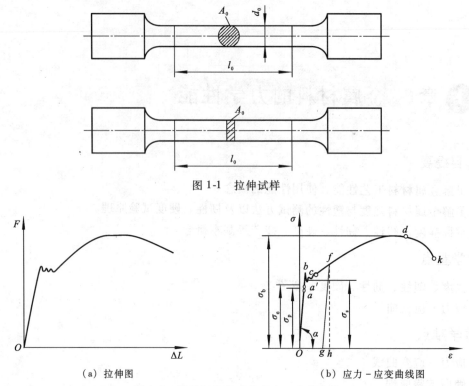

图 1-1　拉伸试样

（a）拉伸图　　　　　（b）应力－应变曲线图

图 1-2　低碳钢拉伸时的应力－应变曲线

低碳钢的应力-应变曲线可分为 4 个阶段：

第一阶段（Oaa'）为弹性变形阶段。当应力不超过 σ_p 时，应力－应变曲线为直线，应力与应变成正比，符合胡克定律。此时的变形称为弹性变形，σ_p 称为比例极限。应力与应变的比值是一个常数，称为弹性模量。如果卸除载荷，伸长的试样立即恢复原形。当应力超过 σ_p 而不大于 σ_e 时，应力－应变曲线稍稍偏离直线，发生微小的塑性变形，但仍属于弹性变形阶段，σ_e 称为弹性极限。

第二阶段（$a'bc$）为"屈服"阶段。此时，试样产生了明显的塑性变形，拉伸应力不再急剧增加，而呈锯齿状的波动平台。这种现象称为"屈服"，屈服应力往往取此阶段的平均应力为 σ_e。

屈服现象发生在退火或热轧的低碳钢和中碳钢材料中，其他金属材料在拉伸中无明显的屈服现象，如纯铝就属于这种材料。对于这种材料，国家标准规定，伸长量为 0.2% 时的应力即为屈服应力，用 $\sigma_{0.2}$ 表示。

第三阶段（cd）为均匀塑性变形阶段。试样的伸长是沿整个试样长度上的均匀伸长，应力明显增加，到达点 d 时，应力达到极限值 σ_b。此时的载荷也是试样所能承受的最大载荷。

第四阶段（dk）为局部集中变形阶段。变形集中于试样的某一位置，随拉伸的进行，该位置的截面直径逐渐缩小，因此也称为"缩颈"阶段。随着缩颈的发展，应力逐渐减小，试样的承载能力不断下降，直至产生断裂为止。

该应力－应变曲线表征了材料的刚度、强度和塑性等力学性能指标。

2. 刚度

刚度是材料抵抗弹性变形的能力，用弹性模量表示。弹性模量愈大，说明材料中的结合键和原子间的结合力愈大，材料的熔点也愈高。陶瓷材料通过离子键和共价键结合，弹性模量极大；钢以金属键结合，弹性模量次之；有色金属材料（铜、铝等）虽然也是以金属键结合，但弹性模量较低，是钢材的 1/3；聚合物材料具有很好的弹性，但弹性模量最低。弹性模量的大小主要取决于各种材料的本性，一些处理方法（如热处理、冷热加工、合金化等）对它的影响很小。零件提高刚度的方法是增加横截面积或改变截面形状。

1.1.2　强度与塑性

1. 强度

强度是指材料抵抗塑性变形和断裂的能力。强度的大小用单位面积上所受的力表示，单位为兆帕（MPa）。

根据拉伸时的应力-应变曲线，屈服阶段是材料产生塑性变形的开始，所以屈服应力 σ_s（或 $\sigma_{0.2}$）就代表了材料抵抗塑性变形的能力，屈服应力又称为屈服强度。σ_s 是设计和选材的重要依据，σ_s 愈大，其抵抗塑性变形的能力愈强，愈不容易产生塑性变形。

从拉伸时的应力-应变曲线还可得知，材料在产生"缩颈"前，出现了一个应力极大值 σ_b，σ_b 是材料在拉断前所承受的最大应力值，称之为抗拉强度。σ_b 愈大，材料抵抗断裂的能力就愈强。对于脆性材料，如灰铸铁，由于 σ_s 与 σ_b 很接近，往往取 $\sigma_s = \sigma_b$。σ_s 与 σ_b 是材料在常温下的强度指标，如零件工作所受应力不大于 σ_s，则不会发生塑性变形；同理，如不大于 σ_b，则不会引起断裂。在实际工程设计中，一般是以屈服强度 σ_s 确定材料的许用应力，只有脆性材料用 σ_b 确定材料的许用应力。σ_b 的另外一个作用是用来判断材料的疲劳强度，疲劳强度的测试非常麻烦，人们可以根据抗拉强度判断其疲劳强度的高低。

在飞行器结构的制造中，设计材料在满足强度要求的基础上，最大限度地降低材料的重量是航天行业追求的目标之一，降低重量能提高设备的性能。这里引入比强度这个概念，比强度是强度与密度的比值，也是衡量材料承载能力的一个重要指标，比强度愈高，材料的重量愈低。铝、钛合金的比强度远远高于钢，所以在飞机、火箭、飞船等结构中得到了广泛使用。

2. 塑性

塑性是指材料在载荷作用下，产生塑性变形而不发生破坏的能力，常用的塑性指标有延伸率和断面收缩率。

延伸率是指试样拉断后，试样的相对伸长率，用 δ 表示。

$$\delta = \frac{\Delta l}{l} = \frac{l_k - l_0}{l_0} \times 100\% \tag{1-1}$$

式中：l_k——试样断裂后，试样标距的长度；

l_0——试样原始标距长度。

断面收缩率是指试样拉断后，拉断处横截面积的缩减量与原始截面积的比值，用 ψ 表示。

$$\psi = \frac{S_0 - S_1}{S_0} \times 100\% \tag{1-2}$$

式中：S_0——试样原始截面积；

S_1——拉断处试样的最小截面积。

在材料成形工艺中，如冲压、锻造、轧制、挤压、拉拔等，都是利用材料的塑性实现成型加工的，希望材料具有良好的塑性。在机械行业中，零件工作时是不允许塑性变形的，但在实际工作中，难免会出现过载。塑性好的材料过载时能发生一定的塑性变形，而塑性差的脆性材料则会发生突然断裂。因此，塑性材料在提高零件安全性方面是很有益的。

工程上也有根据材料延伸率的大小对材料进行分类的。将 $\delta < 5\%$ 的材料称为脆性材料，将 $5\% \leqslant \delta < 100\%$ 的材料称为塑性材料，将 $\delta \geqslant 100\%$ 的材料称为超塑性材料。

1.2 硬　　度

硬度是材料抵抗其他物质压入其表面的能力，是衡量材料软硬程度的指标。硬度是材料的重要力学性能之一，它表示材料表面抵抗局部塑性变形和破坏的能力。

1.2.1 布氏硬度

布氏硬度（Brinell Hardness）的测定原理如下：用一定压力将淬火钢球或硬质合金钢球压入试样表面，如图 1-3 所示。保持规定时间后，卸除载荷测量试样表面留下的压痕直径 d；再计算出压痕的球缺面积。此球缺在单位面积上承受的载荷即为布氏硬度，用 HB 表示。

一般只标明布氏硬度值的大小，不注明单位。材料越软，压痕直径 d 越大，布氏硬度值就越低。当载荷和钢球直径选定时，从压痕直径的大小可以估测硬度值的高低。

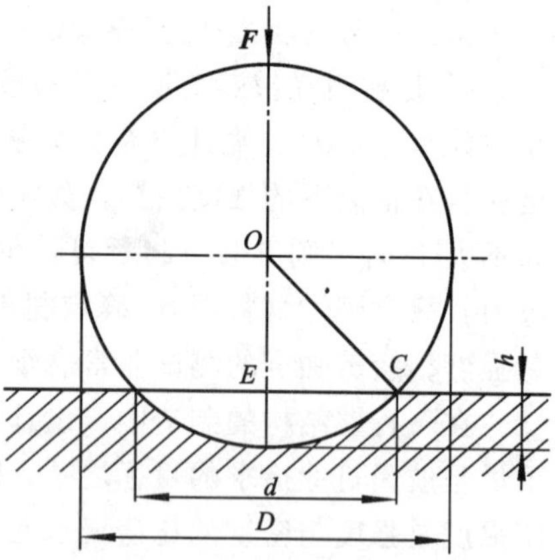

图 1-3　布氏硬度试验原理

《金属布氏硬度试验　第 3 部分：标准硬度块的标定》（GB/T 231.3—2002）规定，以钢球为压头测出的硬度值用 HBS 表示；以硬质合金球为压头测出的硬度值用 HBW 表示。HBS 或 HBW 前面的数值代表硬度值，如 180HBS 等。HBS 适用于测定退火钢、正火钢、调质钢及铸铁、非金属等布氏硬度低于 450 的低硬度材料；HBW 则适用于布氏硬度为 450~650 的高硬度材料的硬度测定。

采用布氏硬度试验的特点是压痕面积大，不受微小不均匀硬度的影响，试验数据稳定，重复性好，但不适用于成品零件和薄壁零件的硬度检验。

$$\text{HBS（HBW）} = \frac{2F/g}{\pi D\left(D - \sqrt{D^2 - d^2}\right)} \tag{1-3}$$

式中：F——载荷（N）；

D——钢球体直径（mm）；

d——压痕平均直径（mm）；

g——重力加速度（m/s²）。

1.2.2　洛氏硬度

洛氏硬度（Rockwell Hardness）的试验原理如图 1-4 所示。以顶角为 120°的金刚石锥体或直径为 1.588 mm 的淬火钢球做压头，以一定的压力压入材料的表面，根据测录的压痕深度确定材料的硬度。洛氏硬度用 HR 表示，计算公式为

$$HR = \frac{C - h}{0.002}$$

式中：C——常数；

h——卸载后测得的压痕深度（mm）；

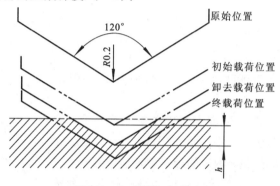

图 1-4　洛氏硬度试验原理

压痕越深，材料的硬度越低；压痕越浅，材料的硬度越高。在硬度试验机上，被测材料的硬度可以直接读出。

由于压头的形状、材料及所加压力的不同，洛氏硬度分为 A、B、C、D 标尺，其中以 HRA、HRB、HRC 这 3 种标尺应用最多。表 1-1 给出了 3 种常用标尺的试验范围和应用。

表 1-1　洛氏硬度试验的标尺、试验规范及应用

标尺	硬度符号	压头类型	初载荷/N（kgf）	主载荷/N（kgf）	总载荷/N（kgf）	测量硬度范围	应用举例
A	HRA	金刚石圆锥	98.07（10）	490.3（50）	588.4（60）	20 ~ 88	硬化合金、硬化薄钢板、表面薄层化钢
B	HRB	φ1.588 钢球	98.07（10）	882.6（90）	980.7（100）	20 ~ 100	低碳钢、铜合金、铁素体可锻铸铁
C	HRC	金刚石圆锥	98.07（10）	1373（140）	1471（150）	20 ~ 70	淬火钢、高硬度铸铁、珠光体可锻铸铁

洛氏硬度的表示方法为 HR 左边为硬度值，HR 的右边为标尺记号，如 55HRC 表示用 C 标尺测定的洛氏硬度值为 55。

洛氏硬度试验的优点是压痕较小，可用于成品零件的质量检验，并且测试方便。缺点是由于压痕较小，对组织粗大且不均匀的材料，如灰铸铁、滑动轴承合金的硬度测量不够准确。另外，不同标尺测得的硬度值彼此没有联系，其间不存在换算关系，不可直接比较。

洛氏硬度的 3 种标尺中，C 标尺的应用最多，广泛应用于淬火及回火钢件的硬度测试。

1.2.3 维氏硬度

维氏硬度（Vickers Hardness）的测定原理与布氏硬度相同，所不同的是压头，维氏硬度的压头是锥面夹角为136°的金刚石正四棱锥体，压痕是四方锥形。图1-5所示为维氏硬度试验原理。

维氏硬度用HV表示，计算公式为

$$HV = \frac{F}{S} = \frac{0.185\,44F}{d^2} \tag{1-4}$$

式中：F——试验载荷（kg）；

S——压痕表面积；

d——压痕对角线长度（mm）。

试验时，测出对角线的平均长度，代入公式计算出维氏硬度值，也可从表格中查得硬度值。维氏硬度的单位为MPa，不用标出。

维氏硬度的表示法与布氏硬度类似，在硬度符号HV的左边写硬度值，右边为试验条件。如600HV30/20，表示在30 kg的载荷条件下，保持20 s测得的维氏硬度值为600。

维氏硬度测定的硬度值比布氏硬度法和洛氏硬度法都精确。维氏硬度测定硬度时所加的载荷小，压痕浅，适用于测定零件表面薄的硬化层（如渗碳层、渗氮层等）、金属涂镀层及薄片金属的硬度。此外，载荷的可调范围大，故对软、硬材料均适用。

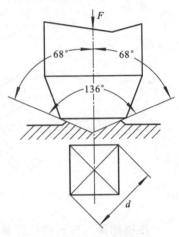

图1-5　维氏硬度试验原理

1.3　冲击韧性

在实际生产中，有很多零件的工作速度很高（如冷冲模、热锻模、键等），受到载荷作用的速度也很高，这种高速度作用于零件的载荷称之为冲击载荷。零件在冲击载荷的作用下产生的变形和应力，要比静载荷时严重得多，有时甚至会产生脆断。

工件抵御冲击载荷破坏的能力主要取决于冲击韧性。冲击韧性是指在冲击载荷较大时，材料抵抗变形、断裂破坏的能力。冲击韧性的大小，用摆锤冲击试验测定。图1-6所示为冲击试验原理图。

试验时，首先将加工好的带缺口的标准试样放置在试验机的支座上，然后，将质量为m的摆锤提升到一定高度H_1后，释放摆锤，冲断试样。若忽略摩擦和空气阻力等，则冲断试样消耗的能量，即冲击吸收的功为

$$A_k = mg(H_1 - H_2) \tag{1-5}$$

式中：g——重力加速度；

m——质量（kg）；

H_1、H_2——高度（m）。

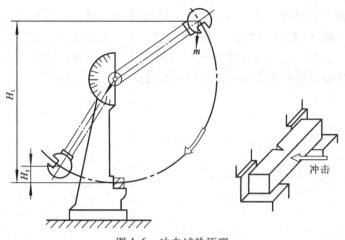

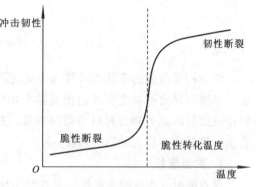

图 1-6　冲击试验原理

对强度相近的材料，一般来说，冲击功越大，则材料抵抗大载荷冲击破坏的能力越强，即冲击韧性越好。

材料冲击韧性的大小与材料本身的特性（如化学成分、显微组织和冶金质量等）、试样几何参数（尺寸、缺口形状、表面粗糙度等）和试验温度有关。

材料的冲击韧性与温度的关系如图 1-7 所示。在脆性转化温度附近，随温度降低，冲击韧性明显下降。当零件的使用温度高于脆性转化温度时，材料呈韧性断裂（断裂前有明显的塑性变形）；当使用温度低于脆性转化温度时，材料呈脆性断裂（断裂前无塑性变形）。

图 1-7　冲击韧性与温度的关系

脆性断裂是非常危险的，因此，在设计低温下工作的零件时，零件的工作温度应高于脆性转化温度。

1.4　疲 劳 强 度

1.4.1　疲劳的概念

有许多零件是在交变载荷下工作的，如齿轮、轴、弹簧等。交变载荷是指载荷的大小、方向随时间而发生周期性循环变化的载荷。单位面积上的交变力称为交变应力，通常选取交变应力中的最大值代表交变应力。零件在这种交变载荷的作用下，即使交变应力低于屈服应力，经过长时间的工作，也会发生断裂，这种断裂称为疲劳。

1.4.2　疲劳抗力的指标

图 1-8 所示为材料所能承受的最大交变应力 σ_{max} 与其断裂前所承受应力循环次数 N 之

间的关系曲线，称为材料的疲劳曲线。由疲劳曲线可知，材料所受交变应力越大，疲劳断裂前的应力循环次数 N 越低，材料的使用寿命就越低；反之越小，应力循环次数 N 越高。而当应力低于某一值时，应力循环无数次材料也不会发生断裂，这种受交变载荷作用无数次也不致发生疲劳断裂的最大应力称为材料的疲劳强度，用 σ_r 表示。

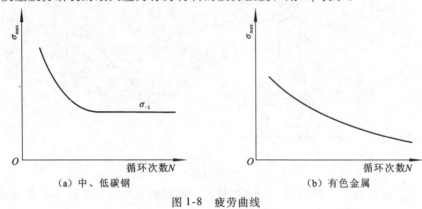

（a）中、低碳钢　　　　　　　　　　　　（b）有色金属

图 1-8　疲劳曲线

1.5　磨　损

两个相互接触的零件或零件与介质之间发生相对运动时，其接触面之间就会产生摩擦。由于摩擦而导致材料表面逐渐损耗甚至损伤的现象称为磨损。磨损是摩擦的必然结果，材料抵抗磨损的能力称为材料的耐磨性能。按磨损机理的不同，将磨损分为黏着磨损、磨粒磨损、接触疲劳磨损和腐蚀磨损。

1. 黏着磨损

黏着磨损（也称咬合磨损）是在滑动摩擦条件下，两工件的接触面由于不平整，在凸出部分出现局部的高应力区。在高应力作用下，润滑油膜或氧化膜被挤破，两零件发生黏着。

当零件发生相对运动时，黏着处又分开，使接触面上有小颗粒材料被拉拽下来。这种过程经过长时间反复多次地进行就造成了黏着磨损。蜗轮与蜗杆、螺栓与螺母之间常常发生这种磨损。

影响黏着磨损的因素很多，工作压力大、温度高、相对滑动速度快都会增大材料的黏着磨损，从而降低材料的磨损性能。摩擦材料的选择对黏着磨损有很大的影响，异类材料、互溶性小的材料可显著降低材料表面的黏着。另外，合理地设置摩擦零件的表面粗糙度、选择润滑剂都有利于降低黏着磨损。

2. 磨粒磨损

磨粒磨损（也称磨料磨损）是指在摩擦过程中，摩擦副接触面之间存在硬颗粒或硬的凸起物时所产生的磨损。硬粒子可以是砂、尘，也可以是摩擦时脱落的磨屑。在农业机械、矿山机械中常发生这种磨损。

3. 接触疲劳磨损

接触疲劳磨损（也称接触磨损）是指滚动轴承、齿轮及钢轨等零构件的接触表面，长期在交变接触应力的作用下引起表面疲劳剥落的现象。这种疲劳剥落多发生于表层下一定深度的薄弱处（如缺陷、硬化表面的过渡层）。提高材料的表面加工质量，减少材料中的组织缺陷，可以降低材料的接触疲劳磨损。

4. 腐蚀磨损

腐蚀磨损是由于外界环境引起金属表面的腐蚀产物剥落，与金属表面之间的机械磨损相结合而出现的磨损。

1.6　蠕　变

1.6.1　蠕变的概念

蠕变是指材料在较高的恒定温度下，外加应力低于屈服极限时，就会随着时间的延长逐渐发生缓慢的塑性变形直至断裂的现象，如图 1-9 所示。金属材料、陶瓷在较高温度就可能发生蠕变。材料的蠕变过程可用蠕变曲线来描述。

1.6.2　蠕变的性能指标

常用的蠕变性能指标有蠕变极限和持久强度。

1. 蠕变极限

蠕变极限是以在给定温度 T（℃）下和规定的试验

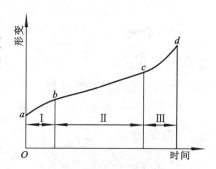

图 1-9　蠕变试验曲线图

时间 t（h）内，使试样产生一定蠕变伸长量的应力作为蠕变极限，用符号 $\sigma_{\delta/t}^{T}$ 表示。

2. 持久强度

表征材料在高温载荷长期作用下抵抗断裂的能力，以试样在给定温度 T（℃）经规定时间 t（h）发生断裂的应力作为持久强度，用符号 σ_{t}^{T} 表示。

课堂讨论

1. 塑性指标在工程上有哪些实际意义？

2. 在高温和载荷作用下服役的零件，若处理成细晶粒组织是否适宜？

习题

1. 画出低碳钢拉伸时的应力－应变曲线，从曲线中注明低碳钢的刚度、屈服强度、抗拉强度。

2. 举例说明布氏硬度、洛氏硬度、维氏硬度各适合测试哪些材料的硬度。

3. 举例说明材料的磨损包括哪些类型。

4. 将 6 500 kN 的力施加直径为 10 mm、屈服强度为 520 MPa 的钢棒上，试计算并说明钢棒是否产生塑性变形。

第 **2** 章　金属的晶体结构与结晶

内容提要

- 了解金属键及金属特性。
- 理解纯金属结晶的过冷现象以及金属铸锭（件）的组织及缺陷。
- 掌握常见金属的晶体结构。
- 掌握金属的实际晶体结构和缺陷。

教学重点

- 常见金属的晶体结构，包括其原子半径、原子数、配位数、致密度。
- 点缺陷、线缺陷、面缺陷。

教学难点

- 实际晶体结构和缺陷。
- 材料的性能与主价键的定性关系。
- 晶面指数、晶向指数。

在科学技术突飞猛进的今天，材料的重要作用正在日益为人们所认识。在元素周期表的 109 种元素中，金属占 86 种，即金属占绝大部分。任何先进机器、成套设备和机械产品都缺少不了金属，特别是钢铁，当前仍然是机械工业的基本材料。性能优良的材料是整机的重要保证。正确选择好材料，并充分发挥材料性能的潜力，是每个工程技术人员的一项重要任务。为此，对金属材料的成分、结构、组织和性能之间的关系及其变化规律要有深入的了解。下面从有关金属的基本概念开始进行研究和分析。

2.1　金属键、金属晶体和金属特性

自然界中所有固体物质的原子在空间的排列方式有两种：

① 原子在空间不规则排列所形成的物体称为非晶体。例如，玻璃、松香和沥青等固态物质均属于非晶体。

② 原子在空间规则排列所形成的物体称为晶体。在一般情况下，金属固体都是晶体。

下面分别介绍金属键、金属晶体和金属特性。

2.1.1　金属键

固态金属是金属原子的集合体，它是由许多金属原子组成的固体。金属原子的特点是价电子少，而且容易失去，使其变为金属正离子和自由电子。而自由电子也有可能进入金

属正离子的外层轨道，使金属正离子变为金属原子。当金属原子组成金属固体时，其中金属原子状态是极少数，而绝大多数是以金属正离子和自由电子状态存在的。

根据量子力学研究确定，金属中原子的核外电子都是处于微观运动状态，并形成电子云，只是不同电子有不同的电子云图形。自由电子运动也形成自由电子云，而且它在空间分布的图形都是球面对称的，这表明自由电子在原子核外各个方向上出现的几率相同。在这样的条件下，任意相邻金属正离子之间都可通过自由电子云相互结合起来。固态金属原子就是通过金属正离子和自由电子云的相互吸引而结合在一起，这种结合方式称为金属键。

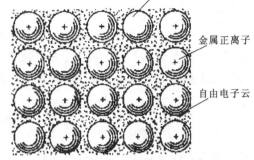

由此可见，金属中原子或离子是由自由电子云联结在一起的，从而使其成为固态金属。金属键模型如图 2-1 所示。

图 2-1　金属键模型

2.1.2　金属晶体

固态金属原子是以金属键的方式结合在一起，它是以正离子状态为主来实现的。金属正离子的结构是以原子核为中心，在其外面有电子呈壳层分布。从统计规律看，金属正离子的电荷在原子核周围的分布具有球面对称性质。由于金属正离子带正电荷，是带电体（＋），这种带电体和它所形成的电场或电场力也具有球面对称性质，在球面对称电场力的作用下，必然使金属原子以对称的方式规则排列堆集，结果金属正离子在自由电子云中作简单的、周期性的、有规律的排列，形成了晶体，即金属原子在一般条件下形成的固体都是金属晶体。

2.1.3　金属特性

根据金属晶体的金属键的结合方式可以解释金属的一般特性。

1. 金属导电性好

当金属原子组成晶体时，由于金属内有大量的自由电子存在，如果金属的两端存在着电势差或外加电场时则自由电子便会定向流动，形成电流。在宏观上金属具有良好的导电性能。

值得指出的是，金属的导电性随它所处的温度升高而降低，这是由于金属的导电性在受热后所产生的变化引起的。原因是受热后金属的规则性被破坏，金属中离子热振动振幅增大和自由电子无规律的热运动增加，从而减弱了自由电子的定向运动，使电阻增加。因此，金属的电阻随温度的升高而增加，即金属具有正的电阻温度系数。它是金属独有的特性，其他绝大部分固体都没有这一特性。

2. 金属导热性好

导热性是指传递热量的能力。当金属两端有温差时，金属通过正离子热交换，传递了热量，同时热端高能量电子通过运动把能量传递给冷端，使其能量增加，增高了温度。因此，金属具有良好的导热性能。

3. 金属不透明

固态金属由于入射光束产生的交变电磁场作用，引起金属内电子振动，从而吸收了可见光所有波长的光能量，即金属能强烈地吸收可见光。即使是很薄的金属片，也不能透过可见光，因此金属是不透明的。

4. 金属具有特殊光泽

金属因其电子吸收入射光的能量处于不稳定的高能量状态，当不稳定的高能量电子回到低能量状态时放射出能量产生辐射，即被光波辐射激发了的电子，当跳回较低能级时发出辐射，光线几乎全部被金属反射，使金属具有特殊的光泽。

5. 金属塑性好

塑性是表示金属变形的能力。金属晶体变形时微观上是金属晶体内原子作相对的移动，而移动后的金属原子或正离子还是通过自由电子云连接在一起，即仍然保持着金属键结合。在宏观上使金属表现出一定的变形能力，即金属塑性好。

2.2 金属的晶体结构

晶体中原子的分布和排列方式称为晶体结构，简称结构。它对金属材料的性能起着重要作用。金属晶体结构不同，性能也不同。若想了解金属材料的性能，必须深入研究金属的晶体结构。为便于理解和研究金属晶体中原子的分布和排列情况，需要说明几个基本概念。

1. 晶格

组成晶体的原子有规则排列所形成的空间格架称为晶格。晶格格架的交点称为节点。晶格和节点是人们为研究晶体结构，用几何观点抽象出来的，它表示金属内原子分布及排列的几何方式。晶格的主要特征是晶体中任意部位的原子分布和排列方式完全相同。

2. 晶胞

组成晶格的最基本的几何单元称为晶胞。它代表着晶格的几何特征。可把晶格看作是在空间由许多相同大小、形状和位向的晶胞所组成，即晶格是由晶胞在空间作周期而重复的排列所构成的。

3. 晶格常数

晶胞各边的尺寸称为晶格常数，它表示晶胞的大小。若晶胞各边长度用 a、b、c 表示，且 $a=b=c$，且相互间成 $90°$，则晶胞形状为立方体，同时晶胞在三维空间各边的长度，即为立方晶胞的晶格常数，它们决定于金属晶体中原子的大小和排列方式。其测量单位用 Å（埃），$1\ \text{Å} = 10^{-10}\ \text{m}$。

若晶胞的形状为立方体，并在立方体的各个顶角上分别有一个原子，则这个晶胞称为简单立方晶胞，其中 $\alpha = \beta = \gamma = 90°$。由简单立方晶胞所组成的晶体和晶格分别称为简单立方晶体和简单立方晶格。图 2-2 所示为简单立方晶体、简单立方晶格和简单立方晶胞的示意图。

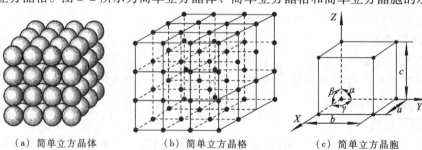

(a) 简单立方晶体　　　　(b) 简单立方晶格　　　　(c) 简单立方晶胞

图 2-2　简单立方晶体示意图

2.2.1　常见金属的晶体结构

在各种物质晶体结构中，由于其原子构造和原子间结合力的性质不同，组成了不同的晶体结构。由于非金属晶体的对称性低，一般晶体的晶格类型都比较复杂。而金属晶体由于对称性很高，致使金属晶体的晶格类型十分简单。在金属元素中，有 90% 以上的金属晶体都属于以下 3 种基本晶格类型。

1. 体心立方晶格

体心立方晶格的晶胞如图 2-3 所示，它是个立方体。在体心立方晶胞的每个顶角和中心各有一个原子，故称其为体心立方晶胞。因为它的晶格常数为 $a = b = c$，因此可用于表示晶格常数。

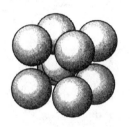

（a）体心立方原子排列　　　　（b）晶格　　　　（c）晶胞原子数

图 2-3　体心立方晶胞示意图

属于体心立方晶格的金属有 Na、K、Cr、Mo、W、V、Ta、Nb、$\alpha - Fe$ 和 $\beta - Ti$ 等。通常用 bcc 表示体心立方晶格。

2. 面心立方晶格

面心立方晶格的晶胞如图 2-4 所示。它也是个立方体。在面心立方晶胞的每个顶角和面的中心各有一个原子，故称其为面心立方晶胞。它的晶格常数 $a = b = c$，因此，也可用 α 表示晶格常数。

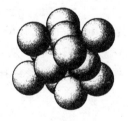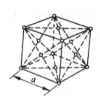

（a）面心立方原子排列　　　　（b）晶格　　　　（c）晶胞原子数

图 2-4　面心立方晶胞示意图

属于面心立方晶格的金属有 Au、Ag、Cu、Al、Ni、Pb、$\gamma - Fe$ 和 $\beta - Co$ 等。通常用 fcc 表示面心立方晶格。

3. 密排六方晶格

密排六方晶格的晶胞如图 2-5 所示。它的形状是六方柱体。在六方晶胞的各个顶角和上下两面的中心各有一个原子，并在上下两面中间有 3 个原子，即在六方柱体中有 3 个原子。

它的晶格常数常用底面棱边边长 a 和上下两面间距 c 表示，即常用 a 和 c 两个晶格常数来表示，而且 c/a 值常在 $1.58\sim1.89$ 之间。当晶格常数 c 和 a 的比值为 1.633 时金属原子排列最紧密，此时称为密排六方晶胞。在几何关系上，$c/a=1.633$ 属于六方晶格的金属有 Mg、Zn、Cd、Be 等。通常用 hcp 表示六方晶格。

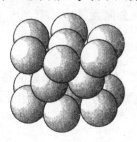 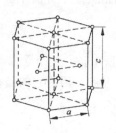 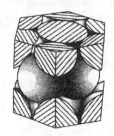

（a）六方结构原子排列　（b）晶格　（c）晶胞原子数

图 2-5　密排六方晶胞示意图

由上可看出，立方结构可用一个晶格常数 a 表示晶胞的大小。而非立方结构，则必有一个以上的晶格常数。例如，对于六方结构为两个，即 a 和 c。

表 2-1 给出了一些常见金属的晶格类型和晶格常数。

表 2-1　常见金属的晶格类型及晶格常数（室温）

面心立方晶格		体心立方晶格		密排六方晶格			
金属	$a/\text{Å}$	金属	$a/\text{Å}$	金属	$a/\text{Å}$	$a/\text{Å}$	轴比（c/a）
Al	4.049 6	Cr	2.884 5	Mg	3.209 4	5.210 3	1.623
γ-Fe	3.646 8	Mo	3.146 6	Zn	2.664 9	4.946 8	1.856
Cu	3.614 7	W	3.164 8	Cd	2.978 8	5.6181	1.886
Au	4.078 8	K	5.344	Be	2.285 6	3.584 3	1.568
Pb	4.950 2	α-Fe	2.866 4	α-Ti	2.950 4	4.683 3	1.587

从表 2-1 中可看出，在大多数六方结构的金属中，其 c/a 值都偏离 1.633。例如，镁的 c/a 值为 1.623，锌为 1.856，镉为 1.886，铍为 1.568，α-Ti 为 1.587，从 c/a 值可知，它们都不属于真正的密排六方晶体结构，而是一般六方结构的金属晶体，只有镁近似于密排六方晶体结构。

2.2.2　晶胞的原子数

晶胞中的原子数是指在一个晶胞中实际包括的原子数目，常用 N 表示。可按下述方法计算，在立方晶胞中顶角处的原子为 8 个晶胞所共有，即有 1/8 个原子为该晶胞所有，这样的原子在晶胞中共有 8 个。在六方晶胞中顶角处的原子为 6 个晶胞所共有，即有 1/6 个原子为该六方晶胞所有，这样的原子在六方晶胞中共有 12 个。而晶胞面上的原子为 2 个晶胞所共有，这样的原子在面心立方晶胞中有 6 个，在六方晶胞中有 2 个。只有晶胞内的原子才为 1 个晶胞单独所有，这样的原子在体心立方晶胞中有 1 个，在六方晶胞中有 3 个。因此有如下结论：

体心立方晶胞中的原子数目为

$$N_体 = 8 \times 1/8 + 1 = 1 + 1 = 2$$

面心立方晶胞中的原子数目为

$$N_面 = 8 \times 1/8 + 6 \times 1/2 = 1 + 3 = 4$$

密排六方晶胞中的原子数目为

$$N_密 = 12 \times 1/6 + 2 \times 1/2 + 3 = 2 + 1 + 3 = 6$$

2.2.3　晶体的致密度及配位数

1. 晶体的致密度

金属晶胞中原子所占有的总体积与该晶胞体积之比称为晶体的致密度，它表示金属晶体中原子排列的密集程度。根据晶胞中的原子数目、原子的大小和晶格常数可算出晶体的致密度为

$$晶体的致密度 = \frac{晶胞中的原子数 \times 原子体积}{晶胞体积}$$

$$体心立方晶体的致密度 = \frac{2 \times 4\pi r^3/3}{a^3} = 68\% = 0.68, \quad r = \frac{\sqrt{3}}{4}a$$

$$面心立方晶体的致密度 = \frac{4 \times 4\pi r^3/3}{a^3} = 74\% = 0.74, \quad r = \frac{\sqrt{2}}{4}a$$

$$密排六方晶体的致密度 = \frac{6 \times 4\pi r^3/3}{\frac{3\sqrt{3}}{2}a^2\sqrt{\frac{8}{3}}a} = 74\% = 0.74, \quad r = \frac{1}{2}a$$

从以上 3 种典型的金属晶体来看，体心立方晶体中原子只占据了总体积的 68%，面心立方晶体是 74%，密排六方晶体也只有 74%。同时可看出面心立方晶体和密排六方晶体具有相同的致密度。金属晶体内其余的 32% 和 26%，分别为体心立方晶体内和面心立方晶体或密排六方晶体内的空隙。通过以上可以看出，晶体致密度计算较为复杂，通常采用配位数来表示晶体中原子排列的密集程度。

2. 晶体的配位数

在晶体中距任一原子最近且等距离的原子数目称为晶体的配位数。实际上它是在晶体中与任一原子紧挨着的原子数目。经分析和计算，在常见 3 种金属晶体中的配位数分别为：

体心立方晶体的配位数为 8，用 C8 表示；面心立方晶体的配位数为 12，用 C12 表示；密排六方晶体的配位数为 12，用 H12 表示。

晶体的配位数越大，原子排列紧密程度就越大。

表 2-2 列出了 3 种常见的金属晶格的有关数据。

表 2-2　3 种典型金属晶格的有关数据

晶格类型	晶胞中的原子数	原子半径	配位数	致密度
体心立方	2	$\frac{\sqrt{3}}{4}a$	8	0.68
面心立方	4	$\frac{\sqrt{2}}{4}a$	12	0.74
密排六方	6	$a/2$	12	0.74

2.2.4　晶面和晶向

1. 晶面和晶面指数的确定

晶面在晶体中由任一系列原子所组成的平面称为晶面。它代表着晶体内某方位的原子面。表示晶面在晶体内空间方位的符号称为晶面指数，常用（×××）表示。晶面指数用来确定晶面在晶体内空间的方位。

立方晶体中晶面指数的确定步骤如下：

① 在晶格中取任一节点为原点，通过原点，以晶胞的 3 个棱边作为坐标轴 OX、OY 和 OZ，以相应的晶格常数 a、b 和 c 为测量单位，求出所需确定的晶面在三坐标轴的截距（若晶面与某轴平行，则在该轴上的截距为∞）。

② 将所得的 3 个截距值变为倒数。通过这一步可消除符号中的∞。

③ 将各倒数所得的 3 个数值化为最小整数。通过这一步可消除其中的分数值，最后可以得到一个完全由最小整数组成的符号，然后加上圆括号，即为该晶面的晶面指数。

根据上述 3 个步骤可分别求出如图 2-6 所示立方晶格中 3 种典型的晶面指数，即（100）、（111）和（110）。在括号内的 3 个整数不用标点分开，因为这些数字已经是最小整数。

应当指出，晶面指数表示晶面在晶体中的方位。由于坐标原点在晶格中是任意选择的，所以在晶体中可能有许多晶面平行，并且具有相同的原子分布。因此，也可以说晶面指数在晶体中是代表着位向相同且相互平行的晶面，即晶面指数实际上是代表着晶体中一系列原子分布相同和相互平行的晶面。

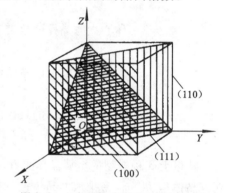

图 2-6　立方晶格中的 3 种重要晶面

图 2-6 所示为立方晶格中 3 种重要晶面。

同样，用上述步骤可在立方晶体内求出（100）、（010）和（001）这 3 个晶面，从图 2-6 中可看出，它们的位向虽然不同，但原子排列完全相同。（100）、（010）和（001）等统称为同一晶面族，用 {100} 符号表示。它代表着在立方晶体中原子排列相同，但方位不同的一族晶面。

2. 晶向和晶向指数的确定

在晶体中由任一系列原子所组成的直线称为晶向。它代表着晶体内原子排列的方向。表示晶向在晶体内空间方向的符号称为晶向指数，常用 ［×××］ 表示。用晶向指数可确定晶向在晶体内的方向。

立方晶体中晶向指数的确定步骤如下：

① 在晶格中通过所选择的坐标原点引一直线，使其平行于所求的晶向。

② 以相应的晶格常数 n、b 和 c 为测量单位，求出该直线上任一点的 3 个坐标值。

③ 将求出的 3 个坐标数值按比例化为最小整数加一方括号，即为所求的晶向指数。

根据上述 3 个步骤可分别求出图 2-7 所示的在简单立方晶体中几种典型的晶向指数。例如，若求图 2-7 中 AB 的晶向指数，可通过原点 O 作 OP 线，使之平行于 AB，选 OP 线上的任意点，并使之坐标化简，求出为 ［110］。同时也可分别求出 ［100］、［010］、［001］ 和

[111] 等晶向指数。其中的 [100]、[110] 和 [111] 晶向具有重要意义。同时在图 2-7 中还可看出，在 [100]、[010] 和 [001] 的晶向上具有相同的原子排列，[100]、[010] 和 [001] 称为同一晶向族，统一用 <100> 表示，它代表了在立方晶格中所有原子排列相同的一族晶向。

从图 2-6 和图 2-7 中还可看出，在立方晶体中，凡具有相同指数的晶面和晶向是相互垂直的。例如，[100] 垂直 (100)、[110] 垂直 (110) 和 [111] 垂直 (111) 等。

在研究金属晶体性能时，需要分析晶体结构的规律性和不同晶面或晶向上原子的排列密度以及分布特点。金属的性能和金属中发生的许多现象，都与晶体中的特定的晶面和晶向有着密切的关系，所以金属晶体中的晶面和晶向上原子分布状况具有特殊的重要性。

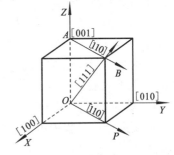

图 2-7　立方晶格中的 3 个重要晶向

2.2.5　晶体的各向异性

金属晶体中存在着不同的晶面和晶向，它们的原子排列密度也不同。例如，在体心立方晶体中的 (110) 晶面上原子密度都大于其他晶面。而且原子排列密度大的晶面之间的距离也大，晶面之间的作用力小。又如，[111] 晶向上原子密度也都大于其他晶向。按一般的规律是原子密度大时原子之间的作用力或结合力就强，而原子密度小时原子之间的作用力或结合力就弱。

在晶体内由于各晶面和各晶向上的原子分布和排列紧密程度的不同，从而使晶体内在不同晶面和不同晶向上产生不同的性能，这种在不同方位上具有不同性能的现象称为晶体的各向异性。它使晶体的性能具有方向性，其中包括晶体的力学、物理和化学性能。

2.3　金属的实际晶体结构和缺陷

2.3.1　金属的实际晶体结构——多晶体

工程上用的金属绝大多数是由许多晶粒和晶界组成，一般称为多晶体。金属内晶粒和晶界的结构对金属性能分别起着不同的作用。金属多晶体结构如图 2-8（a）所示。

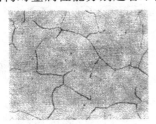

（a）工业纯铁，退火，多晶体显微
组织，4% 硝酸酒精（160×）

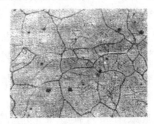

（b）工业纯铁，高温退火，多晶体内亚晶粒
显微组织，2 g 苦味酸 +2% 硝酸酒精（150×）

图 2-8　金属多晶体结构

1. 晶粒

在多晶体内有许多不同大小、形状、位向和分布的晶粒。以数量而论，它在多晶体内是多数。晶粒的典型尺寸一般为 0.01 ~ 0.1 mm，很小，故必须在显微镜下才能看见。在显微镜下所观察到的金属中的各种晶粒的大小、数量、形状和分布形态称为显微组织。

在晶粒内，原子是规则排列或近似规则排列的，由于在不同方向上原子排列密度不同，从而使晶体具有各向异性。但工程上使用的金属是由许多不同位向的晶粒组成的多晶体，使晶粒的各向异性相互抵消，因此，在宏观上使多晶体不具有方向性，这种性质称为多晶体的"伪无向性"。它给工程上使用多晶体金属材料创造了方便条件。

2. 晶界

在金属结晶过程中由于杂质易被挤到晶界处，同时晶枝之间又相互插入，由于金属液体添入不足，使结晶后造成显微孔洞等，所有这些都使晶界上原子排列不规则，这种不规则结构的过渡层大约为几个原子层厚，即晶界的厚度为几个原子层厚。虽然多晶体内晶界在数量上是少数，但它对金属的性能起着重要作用。

由于晶界上原子排列不规则，原子离开了平衡位置，使原子在不同方向上受力不等，因而它是处于受力状态，在能量上也处于较高的不稳定状态，这种状态称为畸变状态。这使晶界在性能上显示出一系列的特点：

① 在室温下，由于晶界上原子相对移动困难，显示出很高强度，即室温下晶界强度高于晶内强度。因此，室温下晶粒越细，强度越高。

② 晶界由于处于高能量的不稳定状态，热力学的稳定性差。因此，晶界抗化学腐蚀性差，即晶界易被腐蚀。因为晶界结构的不规则性，也使它的导电能力下降，即晶界的电阻也大。

2.3.2 晶体的缺陷

金属晶体的实际结构是以多晶体为主，其中晶界的不规则结构实质上也是一种缺陷。即使在晶粒内部也不是理想的原子规则排列，而是存在着很多缺陷。它们按几何形式可分为以下 3 类：

1. 点缺陷

① 空位：在金属晶体中，由于热运动等原因，使原子离开了平衡位置，出现了空节点，形成了空位。

② 间隙原子：离开平衡位置的原子或杂质原子等存在于晶体的间隙位置上，这种原子称为间隙原子。

③ 置换原子：金属中杂质原子占据在金属晶体原子的位置上，即节点的位置，代替了金属原来的一个原子，这种杂质原子称为置换原子。晶体中的各种点缺陷如图 2-9 所示。

空位、间隙原子和置换原子都是晶体中的点缺陷，它们破坏了晶体原子的平衡状态，使晶格发生扭曲，在这些部位和其周围的原子都处于畸变状态，它对金属起着强化的作用。

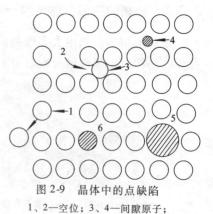

图 2-9　晶体中的点缺陷
1、2—空位；3、4—间隙原子；
5、6—置换原子

2. 线缺陷

由于应力或杂质等的作用，在晶体中某部位出现有一列或数列原子发生了有规律的错排现象，而且常在一维方向上发生，这种缺陷称为线缺陷。例如，在晶体的某处出现多一个或少一个原子面时的线缺陷。常见的线缺陷是位错，其中最简单的是刃型位错，如图 2-10 所示。

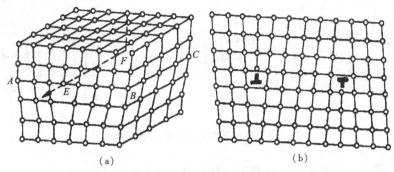

图 2-10　刃型位错示意图

在图 2-10（a）中的 EF 线即为位错线，并在图 2-10（b）表示有"正位错"和"负位错"，其符号分别为"$\perp$"、"$\top$"。在晶体中 ABC 晶面 E 点的上部多一排原子面，在 ABC 晶面另一处的下部多一排原子面。在位错线 EF 和其周围的原子都是处于畸变状态，它们的周围有应力场存在，比点缺陷的强化作用范围更大，对金属的性能有重要影响。因为位错是一条线，可用单位面积中位错线的根数或单位体积中位错线的长度来表示金属晶体中位错密度。例如：

① 高纯度单晶体 $0 \sim 10^3$ 根/cm^2 或 $0 \sim 10^3$ cm/cm^3；

② 普通单晶体 $10^5 \sim 10^6$ 根/cm^2 或 $10^5 \sim 10^6$ cm/cm^3；

③ 退火多晶体 $10^7 \sim 10^8$ 根/cm^2 或 $10^7 \sim 10^8$ cm/cm^3；

④ 冷压力加工多晶体 $10^{11} \sim 10^{12}$ 根/cm^2 或 $10^{11} \sim 10^{12}$ cm/cm^3。

3. 面缺陷

在晶体内因有杂质、位错等缺陷存在，使晶粒内本来较为完整的晶体变为较小的小晶块，在其内部近似于理想的晶体，这种结构称为亚结构，也称亚晶粒，其边界称为亚晶界。亚晶粒和亚晶界如图 2-8（b）所示。亚结构小晶块的大小与形成条件有关：

铸态金属中亚结构小晶块大小为 10^{-2} cm；冷压力加工或热处理的亚结构大小为 $10^{-6} \sim 10^{-4}$ cm。

亚结构小晶块彼此之间以 $10' \sim 20'$ 的角度互相倾斜排列着，但最大倾斜角度不超过 $1° \sim 2°$。

① 亚晶界：在晶粒内小晶块之间相互倾斜而形成的小角度晶界，其结构可以看成是位错的规则排列。

② 晶界：更大范围的面缺陷，也称为大角度晶界。两个晶粒的位向差一般大于 $10° \sim 15°$。晶界的宽度通常为 $5 \sim 10$ 个原子间距。当然晶界上原子排列是不规则的。图 2-11 所示为晶界和亚晶界的示意图。

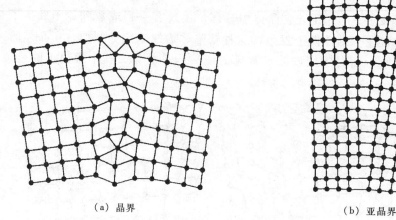

（a）晶界　　　　　　　　　　　　（b）亚晶界

图 2-11　晶界和亚晶界的示意图

　　金属多晶体内由于晶界、亚晶界、位错等缺陷的存在，使金属晶体中很大部分原子处于畸变状态，这些结构对金属的性能起着很重要的作用。

2.4　纯金属的结晶

2.4.1　纯金属结晶的过冷现象

　　结晶是指从原子不规则排列的液态转变为原子规则排列的晶体状态的过程。纯金属都有一定的熔点，在熔点温度时液体和固体共存。因此，金属熔点又称平衡结晶温度或理论结晶温度。下面介绍一下金属结晶的基本规律。

1. 冷却曲线

　　将待测的纯金属在坩埚内加热熔化，用热电偶测温，然后停止加热缓慢冷却。每隔一段时间记录一次温度。用所得数据绘制液态金属在冷却时的温度和时间的关系曲线，称此曲线为冷却曲线，如图 2-12 所示。

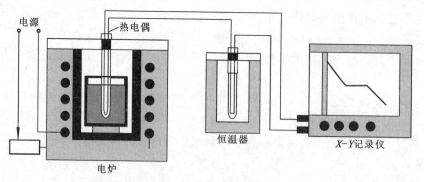

图 2-12　热分析装置示意图

2. 结晶潜热

通过冷却曲线（见图 2-13）可以看出，当液态金属下降到一定温度时，在冷却曲线上出现了平台。产生这种现象的原因是液态金属结晶时释放出了热量，称此热量为结晶潜热。冷却曲线上往往会出现一个平台，这是由于液态金属结晶时放出的潜热与散失的热量相等，使得坩埚内的温度保持不变。

3. 结晶的温度条件

冷却曲线上出现平台时，液态金属正在结晶，这时对应的温度就是纯金属的实际结晶温度。实验表明，纯金属的实际结晶温度总是低于其熔点，这种现象称为过冷。两者之间的差值称为过冷度（见图 2-13）。过冷是金属结晶的必要条件。

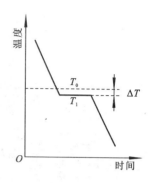

图 2-13　纯金属结晶时的
冷却曲线示意图

2.4.2　纯金属的结晶过程

液态金属结晶时，首先在液体中形成一些极微小的晶体，然后再以它们为核心不断地在液体中长大。这些作为结晶核心的小晶体称为晶核。结晶就是不断地形成晶核和晶核不断长大的过程，如图 2-14 所示。

图 2-14　纯金属结晶过程示意图

1. 形核

液态金属中原子排列呈现短程有序，这些短程有序的原子团尺寸各异，时聚时散，称为晶胚。当晶胚的尺寸大于某一临界值时，晶胚就能自发地长大而成为晶核。

（1）形核方式

液态金属结晶时，有两种形核方式：一种是均匀形核；另一种是非均匀形核。

① 均匀形核：指完全依靠液态金属中的晶胚形核的过程。

② 非均匀形核：指晶胚依附于液态金属中的固态杂质表面形核的过程。在实际的液态金属中，总是或多或少地含有某些杂质，所以实际金属的结晶主要以非均匀形核方式进行。

（2）形核率

形核率指单位时间内单位体积液体中形成晶核的数量，用 N 表示。

2. 长大

结晶过程的进行一方面要依靠新晶核连续不断地产生，另一方面还要依靠已有晶核的不断长大。

（1）长大方式

晶核长大初期外形比较规则，但随着晶核的长大，晶体形成棱角。由于棱角处散热速度快，因而优先长大，如树枝一样先形成枝干，称为一次晶轴（见图 2-15），然后再形成分支，称为二次晶轴，依次类推。晶核的这种成长方式称为树枝状长大，如图 2-16 所示。

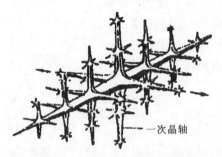

图 2-15　树枝状晶体生长示意图

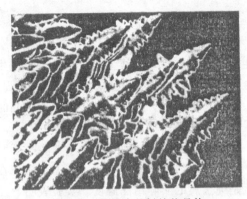

图 2-16　钢锭中的树枝状晶体

（2）长大速度

长大速度指在单位时间内晶核生长的线速度，用 G 表示。

2.4.3　晶粒大小的控制

晶粒的大小称为晶粒度，通常用晶粒的平均面积或平均直径来表示。晶粒的大小取决于形核率和长大速率的相对大小，即 N/G 比值越大，晶粒越细小。可见，凡是能促进形核、抑制长大的因素，都能细化晶粒。在工业生产中通常采用如下几种方法：

1. 控制过冷度

形核率和长大速率都随过冷度的增大而增大。但两者的增加速率不同，形核率的增长率大于长大速率的增长率，如图 2-17 所示。在通常金属结晶时的过冷度范围内，过冷度越大，则 N/G 比值越大，因而晶粒越细小。增加过冷度的方法是提高液态金属的冷却速度。例如，选用吸热和导热性较强的铸型材料（用金属型代替砂型），采用水冷铸型，降低浇注温度等。但这些措施只对小型或薄壁的铸件有效。

2. 变质处理

变质处理是在浇注前往液态金属中加入某些难熔的固态粉末（变质剂），促进非均匀形核来细化晶粒。例如，在铝和铝合金以及钢中加入钛、锆等。但是铝硅合金中加入钠盐不只是起形核作用，主要作用是阻止硅的长大来细化合金晶粒。

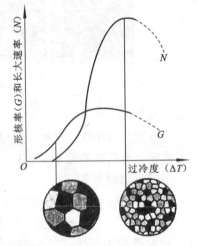

图 2-17　形核率和长大速率度的
关系曲线

3. 振动、搅拌

对正在结晶的金属进行振动或搅拌，一方面可依靠外部输入的能量来促进形核，另一方面也可使成长中的枝晶破碎，使晶核数目显著增加。

2.4.4　金属铸锭（件）的组织及缺陷

在实际生产中，液态金属是在铸锭模或铸型中凝固的，前者得到铸锭，后者得到铸件。冶炼后的液态金属及其合金，除少数直接铸成铸件外，绝大部分要先铸成铸锭，然后再进行轧制，制成各种型材。铸锭的组织和质量不但影响到它的压力加工性能，还影响到压力加工后的金属材料的组织和性能。因此，有必要了解铸锭的组织及其形成规律，并设法改善铸锭的组织。

1. 铸锭的组织

铸锭的宏观组织通常分为 3 个各具特征的晶区，如图 2-18 所示。

（1）细晶区

当高温的金属液体倒入铸型后，结晶首先从型壁处开始。这是由于温度较低的型壁有强烈的吸热和散热作用，使靠近型壁的一薄层液体产生极大的过冷，同时型壁可以作为非均匀形核的基底，因此在这一薄层液体中立即产生大量晶核，并同时向各个方向生长。由于晶核数量多，临近的晶核很快彼此相遇，不能继续生长，因此在靠近型壁处形成一薄层等轴细晶区。

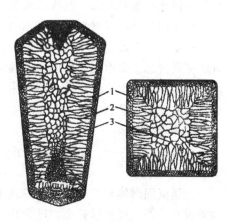

图 2-18　铸锭的 3 个晶区示意图
1—细晶区；2—柱状晶区；3—等轴晶区

细晶区的晶粒十分细小，组织致密，力学性能很高。但纯金属铸锭表层的细晶区一般都很薄，有的只有几毫米厚，因此没有多大实际意义，而合金铸锭一般则有较厚的表层细晶区。

（2）柱状晶区

在表层细晶区形成的同时，一方面型壁的温度由于被液态金属加热而迅速升高；另一方面由于金属凝固后收缩，使细晶区和型壁脱离，形成空气层，阻碍了液态金属的散热。同时，细晶区的形成释放出大量结晶潜热，结果导致液体金属冷却速度降低，过冷度减小，形核速率下降。由于垂直于型壁方向散热最快，因而晶体沿其相反方向择优生长，形成柱状晶。

在柱状晶区，晶粒彼此间的界面比较平直，气泡缩孔很小，组织比较致密。但当沿着不同方向生长的两组柱状晶相遇时，在柱状晶的交界处常会聚集杂质、气泡等，形成铸锭的脆弱结合面，简称弱面。例如，方形铸锭的对角线处就很容易形成弱面。当压力加工时，易于沿这些弱面形成裂纹或开裂，所以，对于杂质多、塑性差的金属及合金，如钢铁、镍基合金等，不希望形成发达的柱状晶。但是，对于塑性好的金属，即使全部为柱状晶组织，也能顺利通过热轧而不致开裂，例如铝、铜等有色金属及其合金，往往希望得到发达的致密柱状晶组织。

柱状晶的性能具有明显的方向性，沿柱状晶晶轴方向的强度较高，对于那些主要受单向载荷的机器零件，例如汽轮机叶片等，柱状晶结构是非常理想的。

熔化温度高、浇注温度高、浇注速度快等因素有利于在铸锭的截面上保持较大的温度梯度，获得较发达的柱状晶。结晶时单向散热，也有利于柱状晶的生成。

（3）等轴晶区

随着柱状晶区的发展，心部液体金属的冷却速度逐渐减慢，过冷度大大减小，温度差不断降低，趋于均匀化；柱状晶的长大速度也越来越小，散热逐渐失去方向性，剩余液体中存在的大量枝晶的残枝碎片作为晶核，向各个方向均匀长大，形成中心等轴晶区。

中心等轴晶区的各个晶粒在长大时彼此嵌入，枝杈间的搭接牢固，裂纹不易扩展，不存在明显的弱面，性能均匀，没有方向性，是一般情况下的金属特别是钢铁铸件所要求的组织。但是，等轴晶的树枝状晶体比较发达，分枝较多，因而显微缩孔也较多，组织不够致密。但这些显微缩孔一般均未氧化，经热压力加工后，一般均可焊合，对性能影响不大。

对于钢铁等许多材料的铸锭和大部分铸件来说，一般都希望得到尽可能多的等轴晶。限制柱状晶的发展、细化晶粒，成为改善铸造组织、提高铸件性能的重要途径。为此，应设法提高液态金属中的形核率。浇注温度越低，晶粒尺寸越小。对于大型铸件，进行变质处理是最常用的方法。此外，还可采用机械振动、电磁搅拌等物理方法，破坏柱状晶的形成，有利于细化晶粒。

2. 铸锭的缺陷

在铸锭或铸件中，经常存在一些缺陷，常见的有缩孔、缩松、气孔和夹杂等。

（1）缩孔

金属凝固时体积要收缩，原来充满铸型的液态金属，凝固收缩后就不能再填满铸型。如果没有液态金属继续补充，就会出现孔洞，称为缩孔。缩孔是一种严重的铸造缺陷，对性能影响很大，它的出现是不可避免的，只能通过改变结晶时的冷却条件和铸锭的形状来控制其出现的部位和分布状况。缩孔一般在轧制前予以切除。

为了使铸锭的缩孔尽可能提高到顶部，减少切头率，提高材料的利用率，通常采取加快底部冷却速度的方法，如在铸锭模底部安放冷铁，使凝固尽可能自下而上地进行，从而使缩孔大大减小。或在铸锭顶部加保温冒口，使铸锭上部的液体最后凝固，收缩时可得到液体的补充，把缩孔集中到顶部的保温冒口中。

（2）缩松

缩松即分散缩孔，是枝晶结晶时不能保证液体的补给而在枝晶间和枝晶内形成的细小分散的缩孔。铸件中心的等轴晶区最容易生成这种缩孔。为了减少缩松，可提高浇注时的液面以改善液体的补给条件。铸锭中的缩松在热轧过程中可以焊合。

（3）气孔

金属液体比固体溶解的气体多，凝固时要析出气体；铸型中的水分、铸型表面的锈皮等与液体作用时可能产生气体；浇注时液体流动过程也可能卷进气体，等等。如果这些气体在凝固时来不及逸出，就会保留在金属内部，形成气泡。若表面凝固快，气体停留在表面附近，则形成所谓皮下气孔。在铸锭轧制过程中，气孔大多可以焊合。但孔面已经氧化的气孔，特别是皮下气孔，能造成微细裂纹和表面起皱现象，严重影响金属的质量，所以在冶炼和浇铸过程中，应严格控制可能产生气体的各种因素。

（4）夹杂

铸锭中的夹杂物，根据来源可分为两类：一类是外来夹杂物，如在浇注过程中混入的耐火材料等；另一类是内生夹杂物，即在液态金属冷却过程中形成的，如金属与气体形成的金属氧化物或其他金属化合物等。夹杂物的存在对铸锭（件）的性能会产生一定的影响。

2.4.5 同素异构转变

大部分金属只有一种晶体结构，但也有少数金属如 Fe、Mn、Ti、Be、Sn 等具有两种或几种晶体结构，即具有多晶型。当外部条件（如温度和压强）改变时，金属内部由一种晶体结构向另一种晶体结构的转变称为多晶型转变或同素异构转变。例如，Fe 在 912 ℃ 以下时为体心立方结构，称为 $\alpha - Fe$；在 912 ~ 1 394 ℃ 时，具有面心立方结构，称为 $\gamma - Fe$；而从 1 394 ℃ 至熔点时，又转变为体心立方结构，称为 $\delta - Fe$。由于不同的晶体结构具有不同的致密度，因而当发生多晶型转变时，将伴有比体积或体积的突变。图 2-19 所示为纯铁加热时的膨胀曲线。

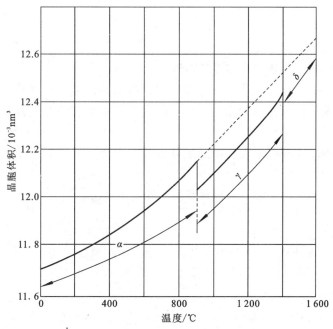

图 2-19　纯铁加热时的膨胀曲线

其中，$\alpha - Fe$ 的致密度小，$\gamma - Fe$ 的致密度大，$\delta - Fe$ 的致密度又小，所以在 912℃ 由 $\alpha - Fe$ 转变为 $\gamma - Fe$ 时体积突然减小，而 $\gamma - Fe$ 在 1 394℃ 转变为 $\delta - Fe$ 时体积又突然增大，在曲线上出现了明显的转折点。除体积变化外，多晶型转变还会引起其他性能的变化。

课堂讨论

铁在加热到 912℃ 时由体心立方结构转变为面心立方结构，在转变温度下，体心立方结构的晶格常数为 0.286 3 nm，面心立方结构的晶格常数为 0.359 1 nm，试确定发生此转变时的体积变化率，说明是膨胀还是收缩。

习题

1. 体心立方钨的原子半径是 0.136 7 nm，试计算：（a）钨的晶格常数；（b）钨的密度。
2. 体心立方镍的原子半径是 0.124 3 nm，试计算：（a）镍的晶格常数；（b）镍的密度。
3. 钯的晶格常数是 0.389 0 nm，密度是 7.19 g/cm^3，试通过适当计算确定钯的晶格类型。
4. 实际晶体中存在哪几类缺陷？

第 ❸ 章 合金的相结构与二元合金相图

内容提要

- 掌握相、固溶体、金属化合物等基本概念。
- 熟悉匀晶、共晶、包晶、共析等相图的主要特点及结晶转变规律，能熟练地分析相应合金的结晶过程及其组织和相变化，并用杠杆定律计算平衡结晶过程给定温度下的组织和相的相对变化。
- 能认识一般的二元相图，利用相图能分析任一合金平衡态的组织及推断不平衡态可能的组织变化。
- 能利用相图与性能的关系，掌握预测材料性能的方法。

教学重点

合金相图。

教学难点

杠杆定律。

虽然纯金属在工业生产上获得了一定的应用，但由于纯金属的力学性能较差，很难满足机械制造业对材料性能的要求，尤其是一些特殊性能如高强度、耐热、耐蚀、导磁、低膨胀等的要求，加上它冶炼困难，价格昂贵，所以在工业生产中广泛使用的金属材料主要是合金。

合金的性能比纯金属的优异，主要是因为合金的结构、组织与纯金属不同，而合金的组织是合金结晶后得到的，合金相图就是反映合金结晶过程的重要资料，也是制订各种热加工工艺的重要理论依据，本章着重介绍合金的结构与相图。

3.1 合金中的相

组成合金的基本的独立单元称为组元。组元大多数是元素，例如，铁碳合金中的铁元素和碳元素，铜锌合金中的铜元素和锌元素。有时稳定的化合物也可作为组元，如 Fe_3C 等。给定组元按不同比例可以配置一系列不同成分的合金，构成一个合金系。由两个组元构成的合金系称为二元合金，由 3 个组元构成的合金系称为三元合金。另外，也可由构成元素来命名，如铁碳合金、铜镍合金等。

当不同的组元经熔炼或烧结组成合金时，这些组元间由于物理的和化学的相互作用，形成具有一定晶体结构和一定成分的相。相是指在合金中具有相同成分、相同结构、相同性质的均匀组成部分，并与其他相有明显界面之分。例如，纯金属在固态时为一个相（固相），在熔点以上为另一个相（液相），而在熔点时，固态和液态共存，两者之间有界面分开，它们各自的结构不同，此时为固相和液相共存的混合物。若合金由成分、结构、性质都相同的同一种晶粒构成，各晶粒间虽有界面（晶界）分开，但它们属于同一相；若合金是由成分、结构、性质都不相同的几种晶粒构成，则它们属于不同的几种相。例如，液体合金一般都是单相，固态合金则由一个以上的相组成，由一个相组成的合金称为单相合金，由两个以上相组成的合金称为两相或多相合金。锌含量为 30% 的 Cu – Zn 合金是单相合金，一般称为单相黄铜，它是锌溶入铜中的固溶体。而当锌含量为 40% 时，则是两相合金，即除了形成固溶体外，铜和锌还形成另外一种新相，称为金属化合物的相，它的晶体结构与固溶体完全不同，成分与性能也不相同，中间有界面把两种不同的相分开。

合金的组织是由一种或多种相以不同的形态、尺寸、数量和分布形式而组成的综合体。只由一种相组成的组织称为单相组织；由几种不同的相组成的组织称为多相组织。相是组成组织的基本组成部分，但是同样的相，当它们的大小及分布不同时，就会出现不同的组织。组织是决定合金性能的一个极为重要的因素，而组织又首先取决于合金的相。所以，在研究合金的组织、性能之前要先了解合金组织中的相及其结构。

3.2　合金的相结构

由于组成合金的各组元的结构和性质不同，在组成合金时，它们之间的相互作用也不同，因此可以形成许多不同的相。但按这些相的结构特点，可以将它们分为两大类，即固溶体和金属间化合物。

3.2.1　固溶体

合金的组元之间以不同比例相互混合后形成的固相，其晶体结构与组成合金的某一组元的相同，这种相被称为固溶体。固溶体中含量较多的并保留原有晶格结构的组元称为溶剂，固溶体中含量较少的并失去原有晶格结构的其他组元称为溶质。工业上所使用的金属材料，绝大部分以固溶体为基体，有的甚至完全由固溶体所组成。

1. 固溶体的分类

固溶体的分类方法很多，下面简单介绍几种：

（1）按溶质原子在晶格中占据的位置分类

① 置换固溶体：指溶质原子位于溶剂晶格的某些节点位置所形成的固溶体，犹如这些节点上的溶剂原子被溶质原子所置换一样，因此称之为置换固溶体，如图 3-1（a）所示。

② 间隙固溶体：溶质原子不是占据溶剂晶格的正常节点位置，而是填入溶剂原子间的一些间隙中，如图 3-1（b）所示。

 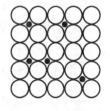

（a）置换固溶体　　　　（b）间隙固溶体

图 3-1　固溶体的两种类型

● ●溶质原子；○溶剂原子

（2）按固溶度分类

① 有限固溶体：溶质原子在溶剂晶格中的溶解量具有一定的限度，超过该限度，它们将形成其他相。例如，间隙固溶体只能是有限固溶体，因为晶格间隙是有限的。例如，碳在面

心立方中的最大固溶度为 2.11% （质量分数），而在体心立方中最大只能溶解 0.021 8% ，但体心立方晶格的致密度比面心立方的低，理应具有较高的溶解度。上例说明间隙固溶体的溶解度，与溶剂的晶格类型有关，不同的晶格类型其间隙的大小和类型也不相同，另外一般发现随温度的升高，固溶体的溶解度增大，随温度的降低固溶体的溶解度减小。这样在高温时具有较大溶解度的固溶体到低温时会从中析出新相（多余的溶质与部分溶剂所形成）。

② 无限固溶体：溶质能以任意比例溶入溶剂所形成的固溶体，其溶解度可达 100%（见图 3-2），即两组元可连续无限置换。由此可见，无限固溶体只可能是置换固溶体。

但并不是所有的置换固溶体都能形成无限固溶体，只有当两组元具有相同的晶格类型，并且原子尺寸相差不大，负电性相近（在元素周期表中比较靠近）时，才可能形成无限固溶体。即使形成有限固溶体，它们之间的溶解度也较大。常见的能形成无限固溶体的合金系有 Cu – Ni、Ag – Au、Ti – Zr、Mg – Cd 等。

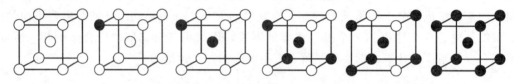

图 3-2   无限置换固溶体中两组元素原子置换示意图

（3）按溶质原子在晶格中的分布状态分类

① 无序固溶体：溶质原子统计地或随机地分布于溶剂的晶格中，它或占据着与溶剂原子等同的一些位置，或占据着溶剂原子间的间隙中，看不出有什么次序性或规律性，这类固溶体叫做无序固溶体。

② 有序固溶体：当溶质原子按适当比例并按一定顺序和一定方向围绕着溶剂原子分布时，这种固溶体就叫做有序固溶体，它既可以是置换式的有序，也可以是间隙式的有序。

2. 影响置换固溶体固溶度的因素

金属元素彼此之间一般能形成置换固溶体，但固溶度的大小往往相差十分悬殊。例如，铜和镍可以无限互溶，锌在铜中仅能溶解 39% ，而铅在铜中几乎不溶解。大量的实验表明，随着溶质原子的溶入，往往引起合金的性能发生显著变化，因而研究影响固溶度的因素很有实际意义。很多学者作了大量的研究工作，发现不同元素间的原子尺寸、负电性、电子浓度和晶体结构等因素对固溶度均有明显的规律性影响。

（1）原子尺寸因素

设 A、B 两组元的原子半径分别为 r_A、r_B，则两组元间的原子尺寸相对大小 $\Delta r = \left| \dfrac{r_A - r_B}{r_A} \right|$。$\Delta r$ 对置换固溶体的固溶度有重要影响。组元间的原子半径越相近，即 Δr 越小，则固溶体的固溶度越大；而当 Δr 越大时，则固溶体的固溶度越小。有利于大量固溶的原子尺寸条件是 Δr 不大于 15% ，或者说溶质与溶剂的原子半径比 $r_{溶质}/r_{溶剂}$ 在 0.85 ~ 1.15 之间。当超过以上数值时，就不能大量固溶。在以铁为基的固溶体中，当铁与其他溶质元素的 Δr 小于 8% 且两者的晶体结构相同时，才有可能形成无限固溶体，否则就只能形成有限固溶体。在以铜为基的固溶体中，只有 Δr 小于 10% ~ 11% 时，才可能形成无限固溶体。

原子尺寸因素对固溶度的影响可以作如下定性说明。当溶质原子溶入溶剂晶格后，会引起晶格畸变，即与溶质原子相邻的溶剂原子要偏离其平衡位置，如图 3-3 所示。当溶质原子比溶剂原子半径大时，则溶质原子将排挤它周围的溶剂原子；若溶质原子小于溶剂原子，则其周围的溶剂原子将向溶质原子靠拢。不难理解，形成这样的状态必然引起能量的升高，这种升高的能量称为晶格畸变能。组元间的原子半径相差越大，晶格畸变能越高，晶格便越不稳定。同样，当溶质原子溶入越多时，则单位体积的晶格畸变能也越高，直至溶剂晶格不能再维持时，便达到了固溶体的固溶度极限。如此时再继续加入溶质原子，溶质原子将不再能溶入固溶体中，只能形成其他新相。

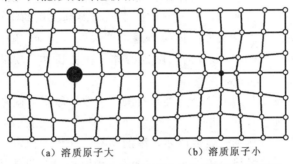

（a）溶质原子大　　　　　（b）溶质原子小

图 3-3　固溶体中溶质原子所引起的点阵畸变示意图

（2）亲和力（电负性因素）

元素的电负性定义为元素的原子获得或吸引电子的相对倾向。在元素周期表中，同一周期的元素，其电负性自左至右依次递增；同一族的元素，其电负性自下而上依次递增。两元素在元素周期表中的位置相距越远，电负性差值越大，越不利于形成固溶体，而易于形成金属化合物；两元素间的电负性差值越小，形成的置换固溶体的固溶度越大。

（3）电子浓度因素（原子价因素）

在研究 IB 族贵金属（Cu 基、Ag 基等）固溶体时，发现在尺寸因素比较有利的情况下，溶质的原子价越高，则其在 Cu、Ag 中的溶解度越小，如表 3-1 所示。溶质原子价的影响实质上是由电子浓度所决定的（原子价通常对应于它们在周期表中的族数。过渡金属元素的原子价在确定电子浓度时通常为零）。合金的电子浓度是指合金晶体结构中的价电子总数与原子总数之比。溶质在溶剂中的固溶度受电子浓度的控制，固溶体的电子浓度有一极限值，超过此极限值，固溶体就不稳定，而要形成另外的新相。

表 3-1　不同原子价的溶质在 IB 族 Cu 基、Ag 基中的溶解度

溶剂 IB 族	不同溶质的溶解度／（at%）			
	Zn（IIB）	Ga（IIIA）	Ge（IVA）	As（VA）
4 周期 Cu	38%	20%	12%	7%
溶剂 IB 族	不同溶质的溶解度／（at%）			
	Cd（IIB）	In（IIIA）	Sn（IVA）	Sb（VA）
5 周期 Ag	42%	20%	12%	7%

注：at% 表示原子数百分含量。

（4）晶体结构因素

溶质与溶剂的晶体结构相同，是置换固溶体形成无限固溶体的必要条件。只有晶体结

构类型相同，溶质原子才有可能连续不断地置换溶剂晶格中的原子，一直到溶剂原子完全被溶质原子置换完为止。如果组元的晶格类型不同，则组元间的固溶度只能是有限的，只能形成有限固溶体。即使晶格类型相同的组元间不能形成无限固溶体，那么，其固溶度也将大于晶格类型不同的组元间的固溶度。

3. 间隙固溶体

一些原子半径很小的溶质原子溶入到溶剂中时，不是占据溶剂晶格的正常节点位置，而是填入到溶剂晶格的间隙中，形成间隙固溶体，其结构如图 3-4 所示。间隙固溶体的固溶度与溶质原子的大小有关，通常，插入溶质的半径与溶剂质点的半径相比特别小时易于形成。在具有金属键的物质中这类固溶体很普遍，填入的氢、碳、硼都容易处在这些晶格的间隙位置中。如碳溶入 γ-Fe 中形成的间隙固溶体称为奥氏体。实验证明，只有当 $r_{溶质}/r_{溶剂} < 0.59$ 时，才有可能形成间隙固溶体。

间隙固溶体的固溶度还与溶剂的晶格类型有关，当溶质原子（间隙原子）溶入溶剂后，将使溶剂的晶格常数增加，并使晶格发生畸变，如图 3-5 所示。溶入的溶质原子越多，引起的晶格畸变越大，当畸变量达到一定数值后，溶剂晶格将变得不稳定。间隙元素小间隙大，溶解度相对较大，但与具体情况有关。γ-Fe 中溶入碳原子，八面体间隙半径 0.535Å，碳原子半径 0.77Å，点阵畸变，溶解度受限，（1 148 ℃）仅 2.11 wt%（wt% 表示质量百分比），约相当于 9.2 at%；α-Fe 中，虽四面体间隙大于八面体间隙，但尺寸仍远小于碳，溶解度极小。且测定表明，碳在 α-Fe 八面体间隙中。在无机非金属材料中可利用的空隙较多。面心立方结构的 MgO，四面体空隙可利用；TiO_2 中还有八面体空隙可利用；CaF_2 结构中则有配位为八的较大空隙存在。

间隙固溶体的形成常有助于晶体的硬度、熔点和强度的提高。

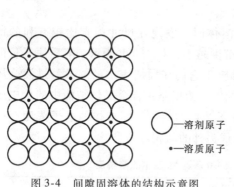

图 3-4 间隙固溶体的结构示意图

○—溶剂原子
·—溶质原子

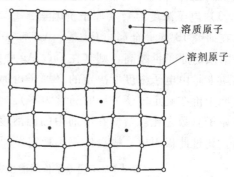

·—溶质原子
溶剂原子

图 3-5 间隙固溶体中的晶格畸变

4. 固溶体的结构

（1）晶格畸变

由于溶质与溶剂的原子大小不同，因而在形成固溶体时，必然在溶质原子附近的局部范围内造成晶格畸变，并因此而形成一弹性应力场。晶格畸变的大小可由晶格常数的变化所反映。对置换固溶体来说，当溶质原子较溶剂原子大时，晶格常数增加；反之，当溶质原子较溶剂原子小时，则晶格常数减小。形成间隙固溶体时，晶格常数总是随着溶质原子的溶入而增大。工业上常见的以铝、铜、铁为基的固溶体，其晶格常数的变化如图 3-6 所示。

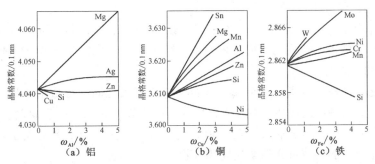

图 3-6　各元素溶入铝、铜、铁中形成置换固溶体时晶格常数的变化

（2）偏聚与有序

长期以来，人们认为溶质原子在固溶体中的分布是统计的、均匀的和无序的，如图 3-7（a）所示。但经 X 射线精细研究表明，溶质原子在固溶体中的分布总是在一定程度上偏离完全无序状态，存在着分布的不均匀性。当同种原子间的结合力大于异种原子间的结合力时，溶质原子倾向于成群地聚集在一起，形成许多偏聚区，如图 3-7（b）所示；反之，当异种原子间的结合力较大时，则溶质原子的近邻皆为溶剂原子，溶质原子倾向于按一定的规则呈有序分布，这种有序分布通常只在短距离小范围内存在，称之为短程有序，如图 3-7（c）所示。

（a）无序　　　　（b）有偏聚区　　　　（c）短程有序

图 3-7　固溶体中溶质原子分布情况示意图

具有短程有序的固溶体，当低于某一温度时，可能使溶质和溶剂原子在整个晶体中都按一定的顺序排列起来，即由短程有序转变为长程有序，这样的固溶体称为有序固溶体，或称为超结构、超点阵。有序固溶体有确定的化学成分，可以用化学式来表示。当有序固溶体加热至某一临界温度时，将转变为无序固溶体，而在缓慢冷却至这一温度时，又可转变为有序固溶体。这一转变过程称为有序化，发生有序化的临界温度称为固溶体的有序化温度。

（3）固溶体的性能

一般来说，固溶体的硬度、屈服强度和抗拉强度等总是比组成它的纯金属的平均值高；在塑性韧性方面，如伸长率、断面收缩率和冲击吸收功等，固溶体要比组成它的两个纯金属的平均值低，但比一般的金属化合物要高得多。因此，综合起来看，固溶体具有比纯金属和金属化合物更为优越的综合力学性能，因此，各种金属材料总是以固溶体为基体相。

3.2.2　金属间化合物

两组元在组成合金时，当它们的溶解度超过固溶体的极限溶解度后，将形成新的合金相，这种新相一般称为化合物。化合物通常可以分为金属间化合物和非金属化合物。

1. 金属间化合物

金属间化合物是指两组元（金属之间、金属与类金属 Pb、Sn、Bi、Sb 等或少数非金属）在一定成分范围内，形成的不同于原两组元晶体结构，并具有金属特性的物质。

2. 非金属化合物

非金属间化合物是指金属与非金属，非金属与非金属之间，形成的不同于原两组元晶体结构的，没有金属特性的物质，如 FeS、MnS、NaCl 等，它们在金属材料中的数量很少，以杂质形式存在通常称为非金属夹杂物，但它们的存在对金属材料性能的影响却很坏。这在后面章节将介绍，下面着重介绍金属间化合物。

3. 金属间化合物的一般特点

金属间化合物是在固溶体达到极限溶解度后形成的，它一般处在合金相图的中间部位，故又称为中间相。它的特点是结合键具有多样性，晶体结构与两组元不同，并且有多样性、高的熔点、硬度和脆性，当在合金中分布合理时，可起强化相作用，能提高金属材料的强度、硬度、耐磨性和耐热性；但当它在金属中的数量过多时，会使合金的塑性、韧性大大降低，所以它不能单独作为结构材料使用。

4. 金属间化合物的分类

金属间化合物的类型很多，但是根据它们的形成条件不同，可将大致分为 3 类，正常价化合物、电子化合物、间隙相和间隙化合物。

（1）正常价化合物

正常价化合物的组元之间的结合服从原子价规律，它们的成分可以用分子式表达，通常有 AB、AB_2（或 A_2B）、A_3B_2 等类型。通常是由金属元素与周期表中非金属性较强的第 4、第 5、第 6 族元素所组成。包括从离子键、共价键过渡到金属键的一系列化合物，组元之间的电负性差决定了化合物的结合键类型和稳定性。电负性差越大，化合物就越稳定，趋于离子键结合；电负性差越小，化合物越不稳定，越趋于金属键结合。例如，Mg_2Si、Mg_2Sn、Mg_2Pb、MnS 等，其中 Mg_2Si 是铝合金中常见的强化相，MnS 则是钢铁材料中常见的夹杂物。

正常价化合物通常具有较高的硬度和脆性，而其中以共价键为主的化合物由于其半导体性质，尤为引起重视。

（2）电子化合物

电子化合物是由第 1 族或过渡族金属元素与第 2～第 5 族金属元素形成的金属化合物，它不遵守原子价规律，而是按照一定电子浓度的比形成的化合物。电子化合物的晶体结构取决于合金的电子浓度，一定的电子浓度对应一定的晶体结构。例如，电子浓度为 3/2（21/14）时，晶体结构为体心立方晶格，简称为 β 相；电子浓度为 21/13 时，晶体结构为复杂立方晶格，称为 γ 相；电子浓度为 7/4（21/12）时，晶体结构为密排六方晶格，称为 ε 相。此外，尺寸因素及电化学因素对结构也有影响。例如 c/a 为 21/14 的电子化合物，当两组元的原子半径相近时，形成密排六方结核的倾向较大；而当原子半径相差较大时，形成体心立方结构的倾向较大。

电子化合物可以用化学式表示，但其成分可以在一定的范围内变化，因此可以把它看作是以化合物为基的固溶体。由于这种相从化学意义上来说并非化合物，所以也有人称之为电子相。电子化合物中原子之间多为金属键结合，故是所有化合物中金属性最强的。它的熔点和硬度都很高，脆性很大，但塑性很低，与其他金属化合物一样，不适于作为合金的基体相。在有色金属材料中，电子化合物是重要的强化相。

3.2.3　间隙相和间隙化合物

间隙化合物主要受组元的原子尺寸因素控制，通常由过渡族金属与原子甚小的非金属元素 H、N、C、B 形成化合物，它们具有金属的性质、很高的熔点和极高的硬度。例如，FeC、$Cr_{23}C_6$、Cr_7C_3、WC、Mo_2C、VC 等都是间隙化合物。根据非金属元素（以 X 表示）与金属元素（以 M 表示）原子半径的比值，可将其分为两类：当 $r_X/r_M < 0.59$ 时，化合物具有比较简单的晶体结构，称为简单间隙化合物（或间隙相）；当 $r_X/r_M > 0.59$ 时，其结构很复杂，称为复杂间隙化合物（或间隙化合物）。由于 H、N 的原子半径较小，所以过渡族金属的氢化物和氮化物都是间隙相。B 的原子最大，所以过渡族金属的硼化物都是间隙化合物。C 的原子半径比 H、N 大，但比 B 小，所以一部分碳化物是间隙相；另一部分是间隙化合物。

1. 间隙相

间隙相具有比较简单的晶体结构，间隙相具有面心立方、体心立方、简单六方、密排六方 4 种晶格类型，多数为面心立方和密排六方结构，少数具有体心立方和简单六方结构。金属原子位于晶格的正常位置上，非金属原子则位于该晶格的间隙位置，从而构成了一种新的晶体结构。间隙相的化学成分可以用简单的分子式表示，如 M_4X、M_2X、MX、MX_2。但是它们的成分可以在一定范围内变动，这是由于间隙相的晶格中的间隙未被填满，即某些本应为非金属原子占据的位置出现空位，相当于以间隙相为基的固溶体，这种以缺位方式形成的固溶体称为缺位固溶体。

间隙相不但可以溶解组元元素，而且可以溶解其他间隙相，有些具有相同结构的间隙相甚至可以形成无限固溶体，如 TiC – ZrC、TiC – VC、TiC – NbC、TiC – TaC、ZrC – NbC、VC – TaC、VC – NbC、VC – TaC 等。

应当指出，间隙相与间隙固溶体之间有着本质的区别，间隙相是一种化合物，它具有与其组元完全不同的晶体结构，而间隙固溶体则仍保持着溶剂组元的晶格类型。

间隙相具有极高的熔点和硬度，但很脆。许多间隙相具有明显的金属特性，如金属的光泽、较高的导电性、正的电阻温度系数等。这些特性表明，间隙相的结合既具有共价键性质，又带有金属键性质。

间隙相的高硬度在一些合金工具钢和硬质合金中得到了应用。间隙相作为其显微组织中的第二相，不仅具有强化效果，而且可以保证工具的耐磨性要求。生产中，通过制备的间隙相粉末及其与黏结剂混合加压烧结，获取硬质合金或具有特殊性能的粉末冶金制品。另外，利用沉积、溅射等涂层方法，使工具和零件表面形成含有间隙相的薄层，可显著增加钢的表面硬度和耐磨性，延长零件的使用寿命。

2. 间隙化合物

间隙化合物一般具有复杂的晶体结构，Cr、Mn、Fe 的碳化物均属此类。间隙化合物的类型很多，合金钢中常遇到的间隙化合物有 M_3C 型（如 Fe_3C、Mn_3C）、M_7C_3 型（如 Cr_7C_3）、$M_{23}C_6$ 型（如 $Cr_{23}C_6$）、M_6C 型（如 Fe_3W_3C、Fe_4W_2C）等，在这些碳化物中，基体金属原子 M 可表示一种金属元素，也可以表示有几种金属元素固溶在内。式中 Fe_3C 是钢铁材料中一种基本组成相，称为渗碳体，其中 Fe 原子可被 Mn、Cr、Mo、W 等原子所置换，形成以间隙化合物为基的固溶体，如 $(Fe, Mn)_3C$、$(Fe, Cr)_3C$ 等，而当合金中含有某些原子半径较小的非金属元素时，也可处于 C 原子的位置上，如 $Fe_3(C, N)$ 等，这种以渗碳体为基的金属间化合物称为合金渗碳体。渗碳体的硬度为 950 ~ 1 050 HV。

以上讨论了合金的相结构，它主要有固溶体和金属间化合物两大类相结构，但在工业上实际使用的合金，主要是由固溶体与固溶体或固溶体与金属间化合物组成的机械混合物。该混合物的性能主要取决于组成它的合金相本身的性能，以及它们的形状、大小、数量和分布情况。要了解这些问题就必须搞清楚合金的结晶过程，而合金相图就是反映合金结晶过程的重要资料。

3.3 二元合金相图

相图是表示合金系的状态，是合金的状态与温度、成分之间关系的图解。利用相图，可以知道各种成分的合金在不同温度的组织状态及什么温度下发生结晶和相变，也可以了解不同成分的合金在不同温度下由哪些相组成及相对含量，还能了解合金在加热和冷却过程中可能会发生的转变。合金状态图为进行金相分析、合金熔炼、铸造、锻造及热处理工艺提供了理论依据。

3.3.1 二元合金相图的表示方法

合金存在的状态通常由合金的成分、温度和压力三个因素确定，合金的化学成分变化时，则合金中所存在的相及相的相对含量也随之发生变化。同样，当温度和压力发生变化时，合金所存在的状态也要发生改变。由于合金的熔炼、加工处理等都是在常压下进行，所以合金的状态可由合金的成分和温度两个因素确定。对于二元系合金来说，通常用横坐标表示成分，纵坐标表示温度，如图 3-8 所示。横坐标上的任一点均表示一种合金的成分，如 A、B 两点表示组成合金的两个组元，C 点的成分为 $\omega_B = 40\%$、$\omega_A = 60\%$，D 点的成分为 $\omega_B = 60\%$、$\omega_A = 40\%$ 等。

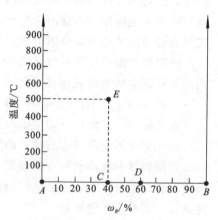

图 3-8　二元合金相图的坐标

在成分和温度坐标平面上的任意一点称为表象点，一个表象点的坐标值表示一个合金的成分和温度。图 3-8 中的 E 点表示合金的成分为 $\omega_A = 40\%$、$\omega_B = 60\%$，温度为 500 ℃。

3.3.2 二元合金相图的建立方法

二元合金相图是由实验测定的。测定相图的方法有热分析法、金相分析法、硬度法、膨胀试验、X 射线分析等。这些方法都是以合金相变时发生某些物理变化为基础而选定的。下面重点介绍热分析法建立相图。

合金凝固时释放凝固潜热，用热分析法可以方便地测定合金的凝固温度。建立二元合金相图的具体步骤如下：

① 首先配制一系列不同成分的同一合金系。

② 将合金熔化后，分别测出它们的冷却曲线。

③ 根据冷却曲线上的转折点确定各合金的状态变化温度。

④ 将上述数据引入以温度（℃）为纵轴，成分（质量分数 %）为横轴的坐标平面中。

⑤ 连接意义相同的点，作出相应的曲线，标明各区域所存在的相，便得到合金系相图。

测定时所配制的合金数目越多、所用金属纯度越高、测温精度越高、冷却速度越慢（$0.5 \sim 1.5$℃/min），则所测得的相图越精确。图 3-9 所示为用热分析法建立的 Cu – Ni 合金的相图过程示例。

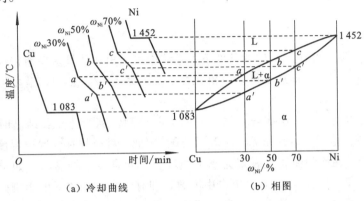

（a）冷却曲线　　　　　　　　　（b）相图

图 3-9　用热分析法建立 Cu – Ni 相图

图 3-9（a）给出纯 Cu、Ni 含量分别为 $\omega_{Ni}30\%$，$\omega_{Ni}50\%$，$\omega_{Ni}70\%$ 的合 Cu – Ni 金及纯 Ni 的冷却曲线。可见，纯 Cu 和纯 Ni 的冷却曲线都有一水平阶段，表示其结晶的临界点，其他几种合金的冷却曲线都没有水平阶段，但有两次转折，转折点所对应的温度代表两个临界点，表明这些合金都是在一定温度范围内进行结晶，温度较高的临界点是开始结晶温度，称为上临界点，温度较低的临界点是结晶终了温度，称为下临界点。

将上述的临界点标在温度-成分坐标图中，再将相应的临界点连接起来，就得到图 3-9（b）所示的 Cu – Ni 相图。其上临界点的连接线称为液相线，表示合金在缓慢冷却过程中开始结晶（或在加热过程中熔化终了）的温度；下临界点的连线称为固相线，表示合金在冷却过程中结晶终了（或在加热时开始熔化）的温度。这两条曲线把 Cu – Ni 合金相图分成 2 个相区，液相线以上区域表明所有合金均为液相，用符号 L 表示。固相线以下的区域表明所有合金均为固相，用符号 α 表示。液、固相线之间的区域是液相与固相两相平衡共存的区域，以 L + α 表示。

1. 相律

相律是表示在平衡条件下，系统的自由度数、组元数和相数之间的关系，是系统平衡条件的数学表达式，是检验、分析和使用相图的重要工具。所测定的相图是否正确，要用相律检验。在研究和使用相图时，也要用到相律。相律可用式（3-1）表示

$$f = c - p + 2 \tag{3-1}$$

当系统的压力为常数时，则为

$$f = c - p + 1 \tag{3-2}$$

式中：c——系统的组元数；

　　　p——平衡条件下系统中的相数；

　　　f——自由度数。所谓自由度是指在保持合金系中相的数目不变的条件下，合金系中可以独立改变的影响合金状态因素的数目，自由度 f 不能为负数。

影响合金状态的因素有合金的成分、温度和压力。当压力不变时，则合金的状态由成分和温度两个因素确定。

利用相律可以判断在一定条件下系统最多可能平衡共存的相数目。当组元 c 给定时，自由度 f 越小，平衡共存的相数越多。当 $f=0$ 时，由式（3-2）得出

$$p = c + 2 \tag{3-3}$$

压力恒定时，

$$p = c + 1 \tag{3-4}$$

式（3-4）表明，在压力给定的条件下，系统中可能出现的最多平衡相数比组元数多1，例如一元系 $c=1$，$p=2$，即最多可以两相共存。二元系 $c=2$，$p=3$，最多可以三相平衡共存，等等。

利用相律可以说明纯金属或合金结晶时的某些差别，例如纯金属结晶时存在液体与固体两相，即 $p=2$，由相律可得出 $f=1-2+1=0$。因此，纯金属在结晶时温度不能改变，只能在恒温下进行，在冷却曲线上表现为水平线段。二元合金在结晶时，如果是固、液两相平衡共存，则 $f=2-2+1=1$，有一个自由度数，即有一个可以改变的影响因素，因而可以在一定的温度范围内进行结晶。如果在二元合金结晶时出现二相平衡共存，则 $f=2-3+1=0$，因而这种转变只能在恒温下进行。

2. 杠杆定律

合金在结晶过程中，各相的成分及其相对含量都在不断地发生变化。

利用相图及杠杆定律，不但能够确定任一成分的合金在任一温度下处于平衡时的两相的成分，而且可以确定两相的相对含量。

如图 3-10 所示，在 Cu–Ni 合金中，要想确定含 Ni 量为 $C\%$ 的合金 I 在结晶过程中冷却到温度 T_1 后，其组织由哪两个相组成以及各相的成分，可以通过 T_1 作一水平线段 arb，arb 线与液相线（液相区）相交于 a 点，与固相线（固相区）相交于 b 点，也就是表示合金 II 在温度 T_1 时是由液相 L 与固相（α 固溶体）所组成，液相 L 的成分含 Ni 量为 $C_L\%$，固溶体 α 的成分含 Ni 量为 $C_\alpha\%$。

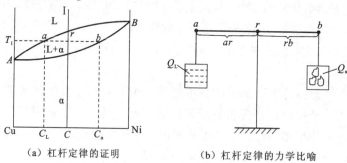

（a）杠杆定律的证明　　　　　（b）杠杆定律的力学比喻

图 3-10　杠杆定律的证明及力学比喻

设合金 I 的总质量为 1，在温度为 T_1 时液相的质量为 Q_L，α 固溶体的质量为 Q_α，则有

$$Q_L + Q_\alpha = 1 \tag{3-5}$$

另外，合金 I 中所含的 Ni 的质量应该等于液相中 Ni 的质量与固溶体中 Ni 的质量之和。

$$Q_L \cdot C_L + Q_\alpha \cdot C_\alpha = 1 \times C \tag{3-6}$$

由式（3-5）、式（3-6）可以得到

$$Q_L = \frac{C_\alpha - C}{C_\alpha - C_L} = \frac{rb}{ab} \tag{3-7}$$

$$Q_\alpha = \frac{C - C_L}{C_\alpha - C_L} = \frac{ar}{ab} \tag{3-8}$$

或

$$\frac{Q_L}{Q_\alpha} = \frac{rb}{ar} \tag{3-9}$$

这个式子与力学中的杠杆定律非常相似，所以也称为杠杆定律。在图 3-10（b）中，如将 r 看作是支点，假定杠杆 arb 的两端分别悬挂质量 Q_L 及 Q_α，则杠杆的平衡条件就是

$$Q_L \cdot ar = Q_\alpha \cdot rb \tag{3-10}$$

即

$$\frac{Q_L}{Q_\alpha} = \frac{rb}{ar} \tag{3-11}$$

应当注意，杠杆定律只能用于处于平衡状态的两相区，对相的类型不作限制。

3.3.3　匀晶相图

1. 相图分析

两组元在液态、固态均无限互溶，冷却时发生匀晶反应（结晶）的合金系，构成匀晶相图。具有这类相图的二元合金系主要有 Cu－Ni、Au－Ag、Pt－Rh、Fe－Cr、Cr－Mo、Fe－Ni 等。这类合金结晶时，都是从液相结晶出单相的固溶体，这种结晶过程称为匀晶转变。下面以 Cu－Ni 二元合金相图为例进行分析。

图 3-11（a）所示的 Cu－Ni 二元合金相图，该相图上面一条是液相线，下面一条是固相线，液相线和固相线把相图分成 3 个区域，即液相区 L、固相区 α 以及液固两相区 L＋α。

2. 合金的平衡结晶过程

平衡结晶是指合金在极其缓慢冷却条件下进行结晶的过程。图 3-11 所示为 Cu－Ni 合金的冷却曲线及结晶过程示意图，在 1 点温度以上，合金为液相 L，缓慢冷却到 1～2 温度之间，发生匀晶反应（结晶），从液相中逐渐结晶出 α 固溶体，2 点温度以下，合金全部结晶为 α 固溶体，其他合金系结晶过程与此类似。

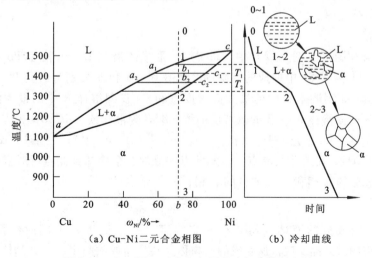

（a）Cu-Ni 二元合金相图　　　（b）冷却曲线

图 3-11　Cu－Ni 二元合金相图及冷却曲线示意图

与纯金属一样，α固溶体从液相中结晶的过程，也包括形核和长大的过程，固溶体结晶是在一个温度范围内进行，即是一个变温结晶过程。在两相区，温度一定时，两相成分是确定的，确定成分的方法是：过指定温度 T_1 作水平线，分别交液相线和固相线于 a_1 点和 c_1 点，则 a_1 点和 c_1 点在成分轴上的投影即为液相 L 和固相 α 的成分。随着温度的降低，液相成分随液相线变化，固相成分随固相线变化。

在两相区内，温度一定时，两相的质量比是一定的，如 T_1 时，利用杠杆定律可得两相的质量比的表达式：

$$\frac{Q_L}{Q_\alpha} = \frac{b_1 c_1}{a_1 b_1} \tag{3-12}$$

式中：Q_L 为液相 L 的质量；Q_α 为固相 α 的质量；$b_1 c_1$、$a_1 b_1$ 为线段长度，可用其成分坐标上的数字来度量。

3. 枝晶偏析

在实际生产中，液态合金浇入铸型之后，冷却速度较大，在一定温度下扩散过程尚未进行完全时温度就继续下降了，这样就使液相尤其是固相内保持着一定的浓度梯度，造成各相内成分的不均匀。得到不均匀的枝状组织，先结晶出的枝晶的晶轴含有较多的高熔点组元，而后结晶出来的分枝及其枝间空隙则含有较多的低熔点组元。这种树枝状晶体中成分不均匀的现象称为枝晶偏析，又称为晶内偏析。

枝晶偏析会使晶粒内部的性能不一致，从而使合金的力学性能降低，特别是其塑性和韧性降低。枝晶偏析也会导致合金化学性能的不均匀，使其耐蚀性能降低。在生产上一般采用扩散退火或均匀化退火的方法来消除枝晶偏析，即将铸件加热到低于固相线以下 100 ℃～200 ℃的温度，进行长时间的保温，使偏析元素进行充分的扩散，以达到均匀化的目的。铸锭经过热轧或热锻后，也可以使其枝晶偏析程度有所减轻。

3.3.4 共晶相图

两组元在液态无限溶解，在固态有限溶解，且冷却过程中发生共晶反应的相图，称为共晶相图。这类合金有 Pb - Sn、Pb - Sb、Ag - Cu、Al - Si 等。下面以 Pb - Sn 二元共晶相图为例分析其结晶过程。

1. 相图分析

Pb - Sn 合金相图（见图 3-12）中，Pb 与 Sn 形成的液相 L，Sn 溶于 Pb 中形成的有限固溶体 αSn 相，Pb 溶于 Sn 中形成的有限固溶体 β 相。A 和 B 分别为组元 Pb 和 Sn 的熔点，C、D 点分别是 Sn 在固溶体 α 中的最大溶解度点和 Pb 在固溶体 β 中的最大溶解度点，而 CF 及 DG 则代表两固溶体 α 及 β 的溶解度曲线。AEB 为液相线，$ACEDB$ 为固相线，相图中有三个单相区（（L，α，β）；三个双相区（L + α，L + β，α + β）；一条 L + α + β 的三相共存线（水平线 CED），E 点是共晶点，表示此点成分的合金冷却到此点所对应的温度时，共同结晶出 C 点成分的 α 相和 D 点成分的 β 相：

$$L_E \xrightarrow{\text{共晶温度}} \alpha_C + \beta_D \tag{3-13}$$

这种具有一定成分的液体（L_E）在一定温度（共晶温度）下同时结晶出两种固体（$\alpha_C + \beta_D$）的反应叫做共晶反应，所生成的产物称为共晶体或共晶组织。共晶体的显微组织特征是两相交替分布，其形态与合金的特性及冷却速度有关，一般为片层状或树枝状，或针状。

2. 典型合金的平衡结晶过程

（1）合金 I

合金 I 为共晶合金，其结晶过程如图 3-13 所示。合金从液态冷却到 1 点温度后，发生共晶反应，经过一定时间到 1′时，反应结束，液相全部转变为共晶体（$\alpha_C + \beta_D$）。从共晶温度冷却到室温，共晶体中的 α_C 和 β_D 均发生二次结晶，从 α 中析出 β_{II}，从 β 中析出 α_{II}。α 的成分由 C 点变为 F 点，β 的成分由 D 点变为 G 点。由于析出的 α_{II} 和 β_{II} 都相应地与 α 和 β 相连在一起，共晶体的成分和形态不变，合金的室温组织全部为共晶体，即只含有一种组织组成物，而其组成相为 α 和 β。

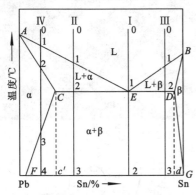

图 3-12　Pb–Sn 二元合金相图

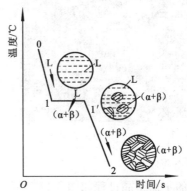

图 3-13　共晶合金冷却曲线及组织转变示意图

（2）合金 II

合金 II 为亚共晶合金，其结晶过程如图 3-14 所示。合金冷却到 1 点温度以后，开始结晶出 α 固溶体，称为初生 α 固溶体。从 1 点到 2 点温度的冷却过程中，α 固溶体逐渐增多，液相逐渐减少，α 相的成分沿 AC 变化，液相成分沿 AE 变化。这一阶段的转变属于匀晶转变。当温度降至 2 点温度尚未发生共晶转变时，α 相和剩余液相的成分分别到达 C 点和 E 点，此时用杠杆定律可以求出两相的相对含量：

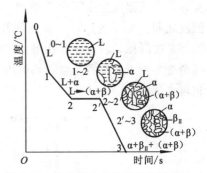

图 3-14　亚共晶合金结晶结构示意图

$$\omega_\alpha = \frac{E2}{CE} \times 100\% \tag{3-14}$$

$$\omega_\beta = \frac{C2}{CE} \times 100\% \tag{3-15}$$

在温度为 T_E、成分为 E 点的液相便发生共晶转变，初生 α 相不变。经过一段时间到 2′时，剩余液相全部形成共晶组织（$\alpha_C + \beta_D$），此时组织为 $\alpha +$（$\alpha_C + \beta_D$）。从共晶温度继续往下冷却时，将从 α 中析出 β_{II}，从 β 中析出 α_{II}。室温组织为初生 $\alpha + \beta_{II} +$（$\alpha_C + \beta_D$），显微组织如图 3-15 所示，图中暗黑色枝状晶是先共晶 α 相，其中的白色颗粒是 β_{II}，黑白相间分布的是共晶组织。此时合金的相组成为 α 和 β，它们的相对含量为

$$\omega_\alpha = \frac{3G}{FG} \times 100\% \tag{3-16}$$

$$\omega_\beta = \frac{F3}{FG} \times 100\% \tag{3-17}$$

（3）合金Ⅲ

合金Ⅲ为过共晶，其平衡结晶过程与亚共晶合金相似，也包括匀晶反应、共晶转变和二次结晶阶段，所不同的是先共晶相不是 α 而是 β，二次结晶过程为从 β 中析出 α_{II}，所以室温组织为 $\beta + \alpha_{II} + (\alpha + \beta)$。其组织示意图如图 3-16 所示，图中白色卵形部分为 β 初晶，其余为共晶组织。

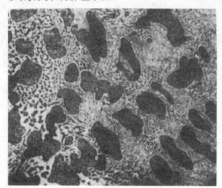

图 3-15　亚共晶组织示意图

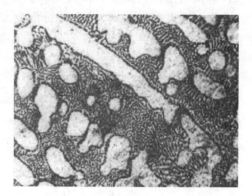

图 3-16　过共晶组织示意图

（4）合金Ⅳ

合金Ⅳ的平衡结晶过程如图 3-17 所示。

液态合金冷却到 1 点温度以后，发生匀晶结晶过程，至 2 点温度合金完全结晶成 α 固溶体，在 2～3 点温度之间 α 相不变，从 3 点温度开始，由于 Sn 在 α 中的溶解度降低，从 α 中析出 β_{II}，到室温时 α 中 Sn 含量逐渐变为 4 点。最后合金得到的组织为 $\alpha + \beta_{II}$，两相的相对含量为

$$\omega_\alpha = \frac{4G}{FG} \times 100\% \qquad (3\text{-}18)$$

$$\omega_\beta = \frac{F4}{FG} \times 100\% \qquad (3\text{-}19)$$

图 3-17　合金Ⅳ的结晶过程示意图

3. 不平衡结晶及其组织

（1）伪共晶

在平衡结晶条件下，只有共晶成分的合金才能获得完全的共晶组织。但在不平衡结晶条件下，成分在共晶点附近的亚共晶或过共晶合金，也可能得到全部共晶组织，这种非共晶成分的合金所得到的共晶组织称为伪共晶组织。由于伪共晶组织具有较高的力学性能，所以研究它具有一定的实际意义。

从图 3-18 可以看出，在不平衡结晶条件下，由于冷却速度较快，将会产生过冷。当液态合金过冷到两条液相线的延长线所包围的影线区时，就可得到共晶组织。

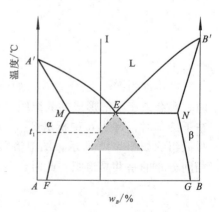

图 3-18　伪共晶示意图

40

（2）离异共晶

在先共晶相数量较多而共晶相组织甚少的情况下，有时共晶组织中与先共晶相相同的那一相，会依附于先共晶相上生长，剩下的另一相则单独存在于晶界处，从而使共晶组织的特征消失，这种两相分离的共晶称为离异共晶。离异共晶可以在平衡条件下获得，也可以在不平衡条件下获得。

3.3.5　包晶相图

两组元在液态相互无限互溶，在固态有限互溶，结晶过程发生包晶转变的二元合金系相图，称为包晶相图。具有包晶转变的二元合金系有 Sn – Sb、Pt – Ag、Cu – Sn、Cu – Zn 等。下面以 Pt – Ag 相图为例分析包晶转变过程。

1. 相图分析

Pt – Ag 二元合金相图如图 3-19 所示。图中存在 3 种相：Pt 与 Ag 形成的液相 L、Ag 溶于 Pt 中的有限固溶体 α、Pt 溶于 Ag 中的有限固溶体 β。单相区之间有 3 个两相区，即 L + α、L + β 和 α + β。两相区之间存在一条三相（L、α、β）共存水平线，即 PDC 线。ACB 为液相线，$APDB$ 为固相线，PE 及 DF 分别是溶解度曲线，水平线是包晶转变线，D 点是包晶点，在 P 和 C 之间所有成分的合金在此温度都将发生二相平衡的包晶转变，这种转变的反应式为 $L_C + \alpha_P \xrightarrow{\text{包晶温度}} \beta_D$。

这种由一种液相与一种固相在恒温下相互作用而转变为另一种固相的反应叫做包晶反应或包晶转变。发生包晶反应时，三相共存。根据相律，在包晶转变时，其自由度 $f = 2 - 3 + 1 = 0$。即 3 个相的成分不变，且转变在恒温下进行。

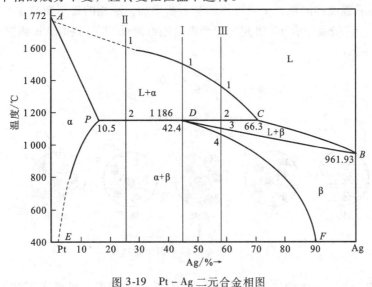

图 3-19　Pt – Ag 二元合金相图

2. 典型合金的平衡结晶过程

（1）合金 I

合金 I 的平衡结晶过程如图 3-20 所示。

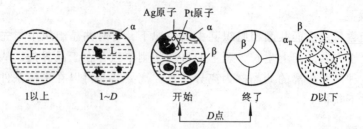

图 3-20　合金Ⅰ的平衡结晶过程

当合金自液态缓慢冷却到与液相线相交的 1 点时，开始从液相中结晶出 α 相，随着温度的降低，α 相的量不断增多，液相的量则不断减少，α 固溶体的成分沿固相线 AP 变化，L 相成分沿液相线 AC 变化。当温度刚刚降低 T_D（1 186℃）时，α 相与 L 相的相对量可由杠杆定律算出

$$\omega_L = \frac{PD}{PC} \times 100\% \qquad (3-20)$$

$$\omega_\alpha = \frac{DC}{PC} \times 100\% \qquad (3-21)$$

在温度 T_D 下，液相 L 和固相 α 发生包晶转变，转变结束后，L 和 α 相全部转变为 β 固溶体。温度继续降低，从 β 中析出 α_{II}，室温组织为 $\beta + \alpha_{II}$。

（2）合金Ⅱ

合金Ⅱ的平衡结晶过程如图 3-21 所示。

当合金由液态缓慢冷却到与液相线相交的 1 点时，开始从液体中结晶出 α 固溶体，在 1～2 点之间，随着温度的降低，α 固溶体的量不断增加，液相的量不断减少，α 固溶体的成分沿 AP 线变化，液相成分沿 AC 线变化。当温度刚好降低到 T_D 点时，α 固溶体与液相 L 的相对含量为

$$\omega_L = \frac{2C}{PC} \times 100\% \qquad (3-22)$$

$$\omega_\alpha = \frac{P2}{PC} \times 100\% \qquad (3-23)$$

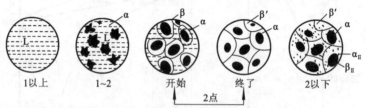

图 3-21　合金Ⅱ的平衡结晶过程

在 T_D 温度以下时，α 固溶体与液相共同作用发生包晶转变，形成 β 固溶体。由于合金Ⅱ在 T_D 温度时，其中 α 固溶体的相对量较多，因此，包晶转变结束后，合金中除了新形成的 β 固溶体外，还有剩余的 α 固溶体。由于随着温度的降低，Ag 在 α 固溶体中的溶解度沿 PE 线减小，Pt 在 β 固溶体中的溶解度沿 DF 线减小，因此，当合金继续冷却时，将不断从 α 固溶体中析出 β_{II}，从 β 固溶体中析出 α_{II}，合金Ⅱ冷却到室温时的组织为 $\alpha + \beta + \alpha_{II} + \beta_{II}$。

（3）合金Ⅲ

合金Ⅲ的平衡结晶过程如图 3-22 所示。

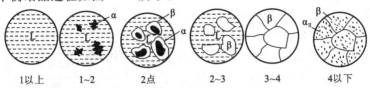

| 1以上 | 1~2 | 2点 | 2~3 | 3~4 | 4以下 |

图 3-22　合金Ⅲ的平衡结晶过程

合金由液态缓慢冷却到与液相线相交的 1 点时开始结晶出 α 固溶体，在 1~2 点之间，随着温度的降低，α 固溶体的量不断增加。当温度降到 T_D 时后，α 固溶体与液相 L 共同作用，发生包晶转变，形成 β 固溶体。这些转变与合金Ⅱ类似，但由杠杆定律可算出，合金Ⅲ在包晶转变完以后，除了新形成的 β 固溶体外，还有剩余的液相存在。当合金的温度继续降低，剩余的液相将继续结晶出 β 固溶体。在 2~3 点之间，随着温度的降低，β 固溶体的量不断增加，当温度降低到 3 点时，合金全部结晶为 β 固溶体。在 3~4 点温度之间，合金组织不发生变化，为单相 β 固溶体。当温度降低到 4 点后，与 β 固溶体的溶解度线 DF 相交，将从 β 固溶体中析出 α_{II}，室温组织为 $\beta + \alpha_{II}$。

上述分析的是包晶转变线（PDC 线）范围内的 3 种不同典型合金的平衡结晶过程。其中成分在 PD 之间的平衡合金结晶过程与合金Ⅱ类似，成分在 DC 之间的合金平衡结晶过程与合金Ⅲ类似，至于含 Ag 量小于 P 点及大于 C 点的合金，其平衡结晶过程与匀晶相图类似。

在合金结晶过程中，如果冷速较快，包晶反应时原子扩散不能充分进行，则生成的 β 固溶体会发生较大的成分偏析，原 α 固溶体中 Pt 含量较高，而液相区 Pt 含量较低。这种由于包晶转变不能充分进行而产生化学成分不均匀的现象称为包晶偏析。在生产中，可以采用在结晶后进行长时间扩散退火，使原子得以充分扩散来减少或消除包晶偏析。

3.3.6　其他常用的二元合金相图简介

1. 形成稳定化合物的二元合金相图

所谓稳定化合物，就是指具有一定熔点，在熔点以下不发生分解的化合物。在分析这类相图时，将稳定化合物看成一个独立的组元，并将整个相图分成几个相区。Mg – Si 相图就是这类相图的一个典型，如图 3-23 所示。Mg 和 Si 形成稳定化合物 Mg_2Si，如果把 Mg_2Si 看作一个组元，则可以把 Mg – Si 相图看成是由 Mg – Mg_2Si 和 Mg_2Si – Si 两个共晶相图来分析。

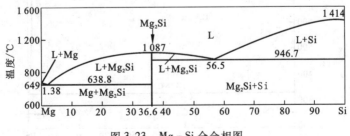

图 3-23　Mg – Si 合金相图

2. 形成不稳定化合物的相图

具有形成不稳定化合物（KNa_2）的 K–Na 合金相图，如图 3-24 所示。当 $\omega_{Na} = 54.4\%$ 的 K–Na 合金所形成的不稳定化合物被加热到 6.9℃时，便会分解为成分与之不同的液相和 Na 晶体，实际上它是由包晶转变 $L + Na \to KNa_2$ 得到的。同样，不稳定化合物也可能有一定的溶解度，则在相图上为一个相区。

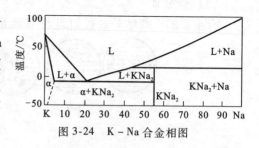

图 3-24　K–Na 合金相图

3. 具有共析转变的相图

在有些合金系中，液态合金在完全形成固溶体后，继续冷却时，在一定温度下，将由一定成分的固相分解为一定成分的两相混合物，称之为共析转变。在相图上，与液态结晶时的共晶转变类似，都是由一个相分解为两个相的三相恒温转变。如图 3-25 所示的 Al–Cu 相图所示，在 565℃时，由单相的 β 中同时析出 α 和 γ_2 两相。

$$\beta 11.8 \to \alpha 9.4 + \gamma_2 15.6$$

4. 具有偏晶转变的相图

图 3-26 所示的 Cu–Pb 相图为具有偏晶转变的相图，其特点是，一定成分和温度范围内，两组元在液态下也只能有限溶解，存在两种浓度不同的液相 L_1 和 L_2。在一定温度下从 L_1 中同时分解出一个固相与另一种成分的液相，且固相的相对量总是偏多，故称为偏晶转变。

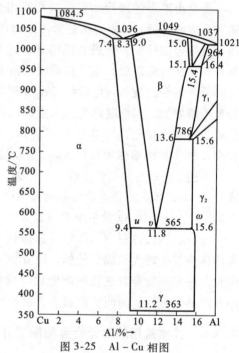

图 3-25　Al–Cu 相图

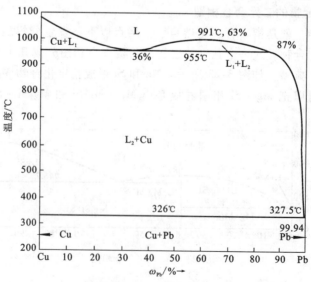

图 3-26　Cu–Pb 二元相图

5. 具有熔晶转变的相图

某些合金结晶过程中发生固相的再熔现象，即一个固相分解成一个液相和另一个固相，称为熔晶转变。图 3-27 所示的 Fe－B 合金相图，在 1 381℃时发生的转变：$\delta \underset{\overset{}{\longleftarrow}}{\overset{1\,380℃}{\longrightarrow}} \gamma + L$ 即为熔晶转变。

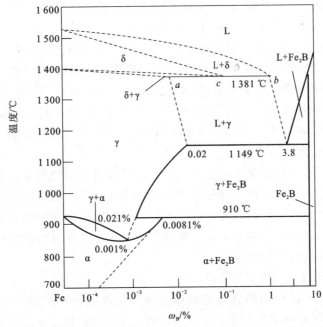

图 3-27　Fe－B 合金相图

3.3.7　合金的性能与相图的关系

1. 相图分析步骤

① 首先看相图中是否存在稳定化合物，如果存在，则以稳定化合物为独立组元，把相图分成几个部分进行分析。

② 在分析各相区时先要熟悉单相区中所标的相，然后根据相接触法则辨别其他相区。

③ 找出三相共存水平线及与其相接触（以点接触）的 3 个单相区，从这 3 个单相区与水平线相互配置位置，可以确定三相平衡转变的性质。这是分析复杂相图的关键步骤。

④ 利用相图分析典型合金的结晶过程及组织。

2. 应用相图时要注意的问题

（1）相图反映的是在平衡条件下相的平衡，而不是组织的平衡

相图只能给出合金在平衡条件下存在的相、相的成分及其相对量，并不能表示相的形状、大小和分布等，即不能给出合金的组织状态。例如，固溶体合金的晶粒大小及形态、共晶系合金的先共晶相及共晶的形态及分布等，而这些主要取决于相的特性及其形成条件。因而在使用相图分析实际问题时，既要注意合金中存在的相、相的成分及相对含量，还要注意相的特性和结晶条件对组织的影响，了解合金的成分、相的结构、组织与性能之间的变化关系，并考虑在生产实际条件下如何加以控制。

（2）相图给出的是平衡状态时的情况

相图只表示平衡状态的情况，而平衡状态只有在非常缓慢加热和冷却，或者在给定温

度长期保温的情况下才能达到。在生产实际条件下很少能够达到平衡状态，当冷却速度较快时，相的相对含量及组织会发生很大变化，甚至于将高温相保留到室温，或者出现一些新的亚稳相。因此，在应用相图时，不但要掌握合金在平衡条件下的相变过程，而且要掌握在不平衡条件下的相变过程及组织变化规律，否则，以相图上的平衡观点来分析合金在不平衡条件下的组织，并以此制订合金的热加工工艺，就往往会产生错误，甚至造成废晶。

（3）二元相图只反映二元系合金相的平衡关系

二元相图只反映了二元系合金相的平衡关系，实际生产中所使用的金属材料不只限于两个组元，往往含有或有意加入其他元素，此时必须考虑其他元素对相图的影响，尤其是当其他元素含量较高时，相图中的平衡关系会发生重大变化，甚至完全不能适用。此外，在查阅相图资料时，也要注意到数据的准确性，因为原材料的纯度、测定方法的正确性和灵敏度以及合金是否达到平衡状态等，都会影响临界点的位置、平衡相的成分，甚至相区的位置和形状等。

3. 根据相图判断合金的性能

由相图可以看出在一定温度下合金的成分与其组成相之间的关系，而组成相的本质及其相对含量又与合金的力学性能和物理性能密切相关。此外，相图还反映了不同合金的结晶特点，所以相图与合金的铸造性能也有一定的联系。因此，在相图、合金成分与合金性能之间存在着一定的联系，当熟悉了这些规律之后，便可以利用相图大致判断不同合金的性能，作为选用和配制合金的参考。

（1）合金的使用性能与相图的关系

具有匀晶相图、共晶相图的合金的机械性能和物理性能随成分而变化的一般规律如图 3-28 所示。图 3-28 表示了匀晶系合金、共晶系合金和包晶系合金的成分与力学性能和物理性能之间的关系。对于匀晶系合金而言，合金的强度和硬度均随溶质组元含量的增加而提高。若 A、B 两组元的强度大致相同，则合金的最高强度应是 $r_B = 50\%$ 的地方，若 B 组元的强度明显高于 A 组元，则其强度的最大值稍偏向 B 组元一侧。合金塑性的变化规律正好与上述相反，固溶体的塑性随着溶质组元含量的增加而降低。这正是固溶强化的现象。固溶强化是提高合金强度的主要途径之一，在工业生产中获得了广泛应用。

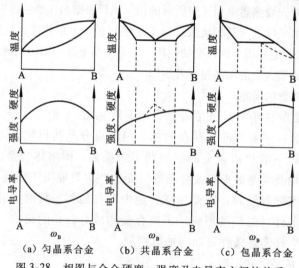

（a）匀晶系合金　　（b）共晶系合金　　（c）包晶系合金

图 3-28　相图与合金硬度、强度及电导率之间的关系

固溶体合金的电导率与成分的变化关系呈曲线变化。这是由于随着溶质组元含量的增加，晶格畸变增大，增大了合金中自由电子的阻力。同理可以推测，热导率的变化关系与电导率相同，随着溶质组元含量的增加，热导率逐渐降低。

共晶相图和包晶相图的端部均为固溶体，相图的中间部分为两相混合物，在平衡状态下，当两相的大小和分布都比较均匀时，合金的性能大致是两相性能的算术平均值。

（2）合金的铸造工艺性能与相图的关系

纯组元和共晶成分的合金的流动性最好，缩孔集中，铸造性能好。相图中液相线和固相线之间距离越小，液体合金结晶的温度范围越窄，对浇注和铸造质量越有利。合金的液、固相线温度间隔大时，形成枝晶偏析的倾向性大；同时先结晶出的枝晶阻碍未结晶液体的流动，而降低其流动性，增多分散缩孔。所以，铸造合金常选共晶或接近共晶的成分。图 3-29 所示为相图与合金铸造性能之间的关系。

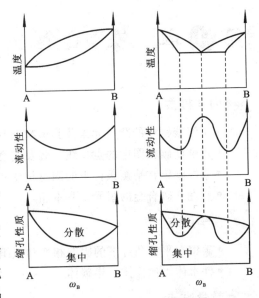

图 3-29　相图与合金铸造性能之间的关系

单相合金的锻造性能好。合金为单相组织时变形抗力小，变形均匀，不易开裂，因而变形能力大。双相组织的合金变形能力差些，特别是组织中存在有较多的化合物相时，因为它们都很脆。

课堂讨论

图 3-30 所示为二元共晶相图。分析合金Ⅰ、合金Ⅱ的结晶过程。说明室温下合金Ⅰ、合金Ⅱ的相和组织是什么，并计算出相和组织组成物的相对量。

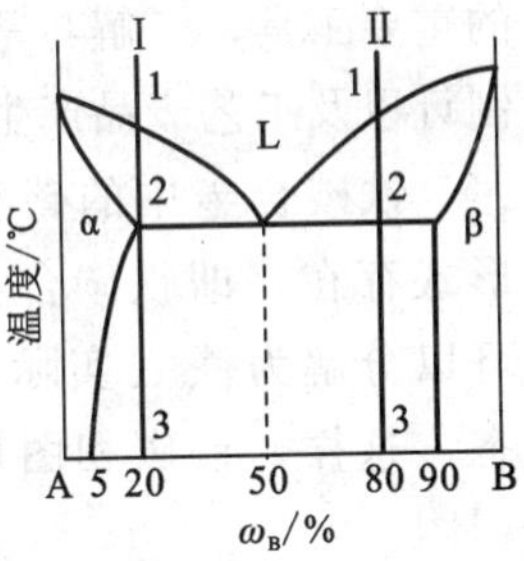

习题

1. 理解重要的术语和基本概念：相、组织、固溶体、相图、相律、匀晶相图、晶内偏析、共晶相图、伪共晶、离异共晶、包晶相图等。

2. 何谓相律？写出表达式。用相律可以说明哪些问题？

3. 什么是枝晶偏析，是如何形成的，影响因素有哪些？对金属性能有何影响，如何消除？

4. 说明伪共晶、离异共晶的形成条件。

5. 如何根据相图大致判定合金的力学性能、物理性能和铸造性能？

图 3-30　二元共晶相图

第 ④ 章　铁碳合金

内容提要

- 了解碳钢中的杂质元素及其影响以及含碳量对碳钢平衡组织和性能的影响。
- 理解铁碳相图中的点、线、区及其意义。
- 掌握碳钢在平衡条件下的固态相变和组织。
- 掌握铁碳合金的组元及基本相。

教学重点

- 碳钢在平衡条件下的固态相变和组织。
- 铁素体、奥氏体、渗碳体。

教学难点

- 碳钢在平衡条件下的固态相变和组织。
- 铁碳相图中的点、线、区及其意义。

碳钢和铸铁都是铁碳合金，是使用最广泛的金属材料。铁碳合金相图是研究铁碳合金的重要工具，了解与掌握铁碳合金相图，对于钢铁材料的研究和使用、各种热加工工艺的制订以及工艺废品产生原因的分析等方面都有很重要的指导意义。

铁碳合金中的碳有两种存在形式：渗碳体 Fe_3C 和石墨。在通常情况下，碳以 Fe_3C 形式存在，即铁碳合金按 $Fe-Fe_3C$ 系转变。但是 Fe_3C 是一个亚稳相，在一定条件下可以分解为铁（实际上是以铁为基的固溶体）和石墨，所以石墨是碳存在的更稳定状态。这样，铁碳相图就存在 $Fe-Fe_3C$ 和 $Fe-$石墨两种形式。下面先研究 $Fe-Fe_3C$ 相图。

4.1　铁碳合金的组元及基本相

4.1.1　纯铁

铁是元素周期表上的第 26 个元素，相对原子质量为 55.85，属于过渡族元素。在一个大气压下，它于 1 538 ℃熔化，2 738 ℃汽化。在 20 ℃时的密度为 7.87 g/cm^3。

如前所述，铁具有多晶型性，图 4-1 所示为铁的冷却曲线及晶格结构变化。由图可以看出，纯铁在 1 538 ℃结晶为 δ-Fe，X 射线结构分析表明，它具有体心立方晶格。当温度继续冷却至 1 394 ℃时，δ-Fe 转变为面心立方晶格的 γ-Fe，通常把 δ-Fe ⇌ γ-Fe 的转变称为 A_4 转变，转变的平衡临界点称为 A_4 温度。当温度继续降至 912 ℃时，面心立方晶格

的 $\gamma - Fe$ 又转变为体心立方晶格的 $\alpha - Fe$，把 $\gamma - Fe \rightleftharpoons \alpha - Fe$ 的转变称为 A_3 转变，转变的平衡临界点称为 A_3 温度。在 912 ℃ 以下，铁的结构不再发生变化。这样，铁就具有 3 种同素异构状态，即 $\delta - Fe$、$\gamma - Fe$ 和 $\alpha - Fe$。纯铁在凝固后的冷却过程中，经两次同素异构转变后晶粒得到细化，如图 4-2 所示。铁的同素异构转变具有很大的实际意义，它是钢的合金化和热处理的基础。

应当指出，$\alpha - Fe$ 在 770 ℃ 还将发生磁性转变，即由高温的顺磁性转变为低温的铁磁性状态。通常把这种磁性转变称为 A_2 转变，把磁性转变温度称为铁的居里点。在发生磁性转变时铁的晶格类型不变，所以磁性转变不属于相变。

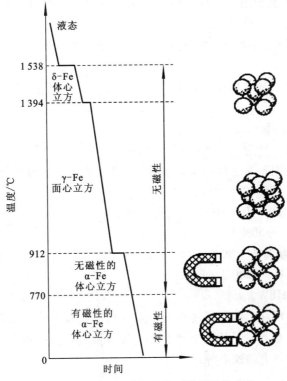

图 4-1　纯铁的冷却曲线及晶格结构变化

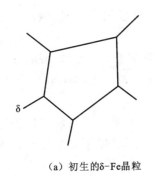

（a）初生的δ-Fe晶粒

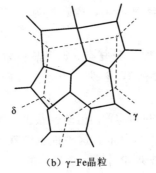

（b）γ-Fe晶粒

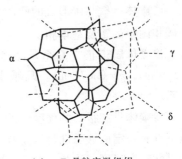

（c）α-Fe晶粒室温组织

图 4-2　纯铁结晶后的组织

4.1.2 铁素体与奥氏体

1. 铁素体

铁素体是碳溶于 $\alpha-Fe$ 中的间隙固溶体，为体心立方结构，常用符号 F 或 α 表示。

2. 奥氏体

奥氏体是碳溶于 $\gamma-Fe$ 中的间隙固溶体，为面心立方结构，常用符号 A 或 γ 表示。铁素体和奥氏体是铁碳相图中两个十分重要的基本相。

铁素体的溶碳能力比奥氏体小得多，根据测定，奥氏体的最大溶碳量 $w_C=2.11\%$（于 1 148 ℃），而铁素体的最大溶碳量仅为 $w_C=0.021\ 8\%$（于 727 ℃），在室温下铁素体的溶碳能力就更低了，一般在 0.008% 以下。

碳溶于体心立方晶格 $\delta-Fe$ 中的间隙固溶体，称为 δ 铁素体，以 δ 表示。在 1 495 ℃ 时其最大溶解度 $w_C=0.09\%$。

铁素体的性能与纯铁基本相同，居里点也是 770 ℃；奥氏体的塑性很好，但它具有顺磁性。

3. 纯铁的性能与应用

工业纯铁的含铁量一般为 $w_{Fe}=99.8\%\sim99.9\%$，含有 0.2% ~0.1% 的杂质，其中主要是碳。纯铁的力学性能因其纯度和晶粒大小的不同而差别很大，其大致范围如下：

① 抗拉强度 σ_b 为 176 ~274 MPa；

② 屈服强度 $\sigma_{0.2}$ 为 98 ~166 MPa；

③ 伸长率 δ 为 30% ~50%；

④ 断面收缩率 ψ 为 70% ~80%；

⑤ 冲击韧性 a_k 为 160 ~200 J/cm²；

⑥ 硬度为 50 ~80 HBW。

纯铁的塑性和韧性很好，但其强度很低，很少用作结构材料。纯铁的主要用途是利用它所具有的铁磁性。工业上炼制的电工纯铁和工程纯铁具有高的磁导率，可用于要求软磁性的场合，如各种仪器仪表的铁心等。

4.1.3 渗碳体

渗碳体是铁与碳形成的间隙化合物 Fe_3C，含碳量为 6.69%，可以用符号 C_m 表示，是铁碳相图中的重要基本相。

渗碳体属于正交晶系，晶体结构十分复杂，3 个晶格常数分别为 $a=0.452$ nm，$b=0.509$ nm，$c=0.674$ nm。晶胞中含有 12 个铁原子和 4 个碳原子，符合 $Fe:C=3:1$ 的关系。

渗碳体具有很高的硬度，约为 800 HBW，但塑性很差，伸长率接近于零。渗碳体于低温下具有一定的铁磁性，但是在 230 ℃ 以上，这种铁磁性就消失了，所以 230 ℃ 是渗碳体的磁性转变温度，称为 A 转变。根据理论计算，渗碳体的熔点为 1 227 ℃。

4.2　Fe－Fe₃C 相图分析

4.2.1　相图中的点、线、区及其意义

1.　点、线、区及其意义

图 4-3 是 Fe－Fe₃C 相图，图中各特性点的温度、碳浓度及意义如表 4-1 所示。各特性点的符号是国际通用的，不能随意更换。

表 4-1　铁碳合金相图中的特性点

符号	温度/℃	ω_C/%	含　义	符号	温度/℃	ω_C/%	含　义
A	1 538	0	纯铁的熔点	J	1495	0.17	包晶点
B	1 495	0.53	包晶转变时液态合金的成分	K	727	6.69	渗碳体的成分
C	1 148	4.3	共晶点	M	770	0	纯铁磁性转变温度
D	1 227	6.69	渗碳体的熔点	N	1 394	0	$\gamma - Fe \rightleftharpoons \delta - Fe$ 转变温度
E	1 148	2.11	碳在 $\gamma - Fe$ 中的最大溶解度	P	727	0.022	碳在 $\alpha - Fe$ 中的最大溶解度
G	912	0	$\alpha - Fe \rightleftharpoons \gamma - Fe$ 转变温度	S	727	0.77	共析点
H	1 495	0.09	碳在 $\alpha - Fe$ 中的最大溶解度	Q	600	0.006	该温度下碳在 $\alpha - Fe$ 中的溶解度

相图中 $ABCD$ 是液相线，$AHJECF$ 是固相线，相图中有 5 个单相区：$ABCD$ 以上为液相区（L）；$AHNA$ 为 δ 固溶体区（δ）；$NJESGN$ 为奥氏体区（γ 或 A）；$GPQG$ 为铁素体区（α或 F）；$DFKL$ 为渗碳体区（Fe₃C 或 C_m）。

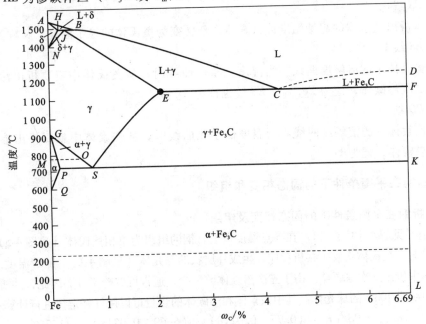

图 4-3　以相组成表示的铁碳相图

相图中有 7 个两相区，分别存在于相邻两个单相区之间。这些两相区分别是 $L + \delta$、$L + \gamma$、$L + Fe_3C$、$\delta + \gamma$、$\alpha + \gamma$、$\gamma + Fe_3C$ 及 $\alpha + Fe_3C$。

此外，相图上有两条磁性转变线，即 MO 为铁素体的磁性转变线，230 ℃虚线为渗碳体的磁性转变线。

铁碳相图上有 3 条水平线，即 HJB 为包晶转变线；ECF 为共晶转变线；PSK 为共析转变线。事实上，$Fe - Fe_3C$ 相图由包晶反应、共晶反应和共析反应三部分组成。下面对这三部分进行分析。

2. 三条水平线

（1）水平线 HJB

在 1 495 ℃的恒温下，$\omega_c = 0.53\%$ 的液相与 $\omega_c = 0.09\%$ 的 δ 铁素体发生包晶转变，生成 $\omega_c = 0.17\%$ 的奥氏体，其反应式如下：

$$L_B + \delta_H \Longrightarrow \gamma_J$$

（2）水平线 ECF

共晶转变是在 1 148 ℃恒温下，由 $\omega_c = 4.3\%$ 的液相转变为 $\omega_c = 2.11\%$ 奥氏体和渗碳体组成的混合物，称为莱氏体，记为 Ld。其反应式如下：

$$Ld \Longrightarrow \gamma_E + Fe_3C$$

（3）水平线 PSK

共析转变是在 727 ℃恒温下，由 $\omega_c = 0.77\%$ 的奥氏体转变为 $\omega_c = 0.0218\%$ 铁素体和渗碳体组成的混合物，称为珠光体，记为 P。其反应式如下：

$$\gamma_S \Longrightarrow \alpha + Fe_3C$$

3. 三条曲线

相图中还有 3 条重要的固态转变线。

（1）GS 线

奥氏体析出铁素体的起始温度或铁素体全部转变为奥氏体的终了温度，又称为 A_3 线。

（2）ES 线

碳在奥氏体中的溶解度曲线，当温度低于此曲线时，从奥氏体中就要析出渗碳体，通常称之为二次渗碳体，记为 Fe_3C_{II}。ES 线也称为 A_{cm} 线。

（3）PQ 线

碳存铁素体中的溶解度曲线。当温度低于此曲线时，从铁素体中就要析出渗碳体，称之为三次渗碳体，记为 Fe_3C_{III}。

4.2.2 碳钢在平衡条件下的固态相变和组织

1. 共析钢在平衡条件下的固态相变及组织

共析钢（见图 4-4 中合金 I）在 S 点温度以上，钢的组织为单相奥氏体（见图 4-5）。当冷却到 S 点温度时，奥氏体将发生共析反应，生成片层状的珠光体（见图 4-6）。随着温度继续下降，将从铁素体中析出三次渗碳体。由于三次渗碳体数量少，通常可忽略不计。因此，共析钢在室温下的平衡组织为 100% 的珠光体。其中铁素体和渗碳体的含量可以用杠杆定律进行计算：

$$\omega_{Fe_3C} = PS/PK = (0.77 - 0.0218) / (6.69 - 0.0218) = 11.3\% \tag{4-1}$$

$$\omega_F = 1 - w_{Fe_3}C = 88.7\% \tag{4-2}$$

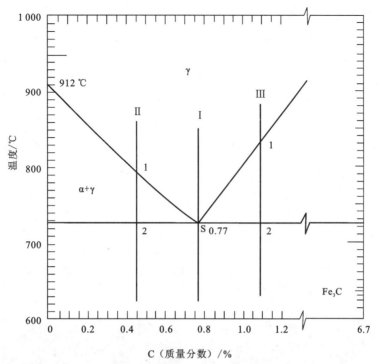

图 4-4　典型碳钢冷却时的组织转变过程分析示意图

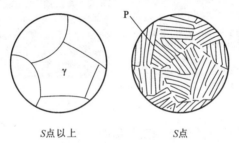

S 点以上　　　　　　　　　　　S 点

图 4-5　共析钢平衡条件下的固态相变过程示意图

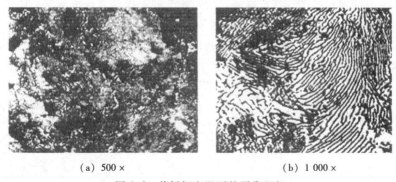

（a）500×　　　　　　　　　　（b）1 000×

图 4-6　共析钢室温下的平衡组织

2. 亚共析钢在平衡条件下的固态相变及组织

以合金Ⅱ为例，当奥氏体冷到 1 点温度时，开始析出铁素体（见图 4-7）。由于析出了含碳量极低的铁素体，使未转变的奥氏体含碳量增加。随着温度的下降，奥氏体的含碳量沿 GS 线变化，铁素体的含碳量沿 GP 线变化。当合金冷却到 2 点时，剩余奥氏体的含碳量达到共析浓度，在恒温下发生共析转变，生成珠光体。因此，亚共析钢室温下平衡组织由铁素体和珠光体构成（见图4-8），其中铁素体和珠光体的比例取决于钢的含碳量，钢的含碳量越高，珠光体所占的比例越大。

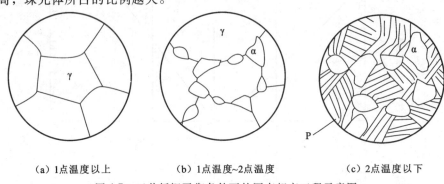

| （a）1点温度以上 | （b）1点温度~2点温度 | （c）2点温度以下 |

图 4-7　亚共析钢平衡条件下的固态相变工程示意图

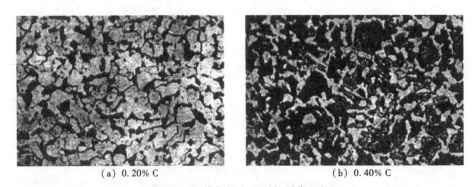

| （a）0.20% C | （b）0.40% C |

图 4-8　亚共析钢室温下的平衡组织

3. 过共析钢在平衡条件下的固态相变及组织

以合金Ⅲ为例，当奥氏体冷到 1 点温度时，开始沿着晶界析出二次渗碳体，如图4-9 所示。由于析出了含碳量极高的二次渗碳体，使未转变的奥氏体含碳量减少。随着温度的下降，奥氏体的含碳量沿 ES 线变化。当合金冷却到 2 点时，剩余奥氏体的含碳量达到共析浓度，在恒温下发生共析转变，生成珠光体。因此，过共析钢室温下平衡组织由珠光体和沿晶界析出的网状二次渗碳体构成，如图4-10 所示。钢的含碳量越高，二次渗碳体所占的比例越大。

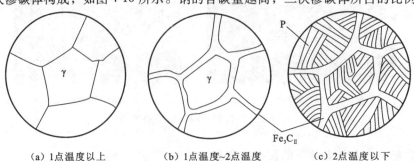

| （a）1点温度以上 | （b）1点温度~2点温度 | （c）2点温度以下 |

图 4-9　过共析钢平衡条件下的固态相变工程示意图

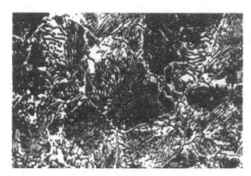 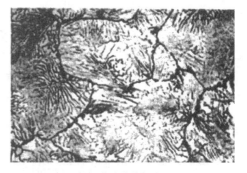

（a）硝酸酒精侵蚀　　　　　　　　　　（b）苦味酸钠侵蚀

图 4-10　含 1.2% C 的过共析钢室温下平衡组织

4.2.3　铁碳合金分类

在 $Fe-Fe_3C$ 相图上的各种合金，根据含碳量和室温组织的不同，一般可分为如下 3 类：

① 工业纯铁：$\omega_C \leqslant 0.021\,8\%$

② 钢：$\omega_C = 0.021\,8\% \sim 2.11\%$ $\begin{cases} \text{亚共析钢}\ \omega_C = 0.021\,8\% \sim 0.77\% \\ \text{共析钢}\ \omega_C = 0.77\% \\ \text{过共析钢}\ \omega_C = 0.77\% \sim 2.11\% \end{cases}$

③ 白口铸铁：$\omega_C = 2.11\% \sim 6.69\%$ $\begin{cases} \text{亚共晶白口铸铁}\ \omega_C = 2.11\% \sim 4.3\% \\ \text{共晶白口铸铁}\ \omega_C = 4.3\% \\ \text{过共晶白口铸铁}\ \omega_C = 4.3\% \sim 6.69\% \end{cases}$

4.3　含碳量对碳钢平衡组织和性能的影响

以上分析表明，碳钢在室温下的平衡组织皆由铁素体（F）和渗碳体（Fe_3C）两相组成。随着含碳量的增加，碳钢中铁素体的数量逐渐减少，渗碳体的数量逐渐增多，从而使得组织按下列顺序发生变化：$F \longrightarrow F+P \longrightarrow P \longrightarrow P + Fe_3C_{II}$。

铁素体是软韧相，渗碳体是硬脆相。珠光体由铁素体和渗碳体所组成，渗碳体以细片状分布在铁素体的基体上，起了强化作用，因此，珠光体有较高的强度和硬度，但塑性较差。随着含碳量升高，钢的强度、硬度增加，塑性下降。当钢中的含碳量超过 1.0% 以后，钢的硬度继续增加，而强度开始下降，这主要是由于脆性的二次渗碳体沿奥氏体晶界呈网状析出所致，如图 4-11 所示。

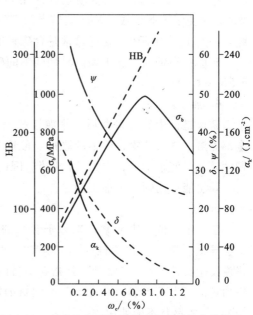

图 4-11　含碳量对平衡状态碳钢力学性能的影响

4.4　碳钢中的杂质元素及其影响

在钢的冶炼过程中，不可能除尽所有杂质，总会或多或少地有少量杂质残留。常存杂质元素有锰、硅、硫、磷等，这些杂质元素的存在会影响钢的质量和性能。氢、氮、氧等元素对性能也有影响。

1. 锰

一般来说，锰作为钢中的有益元素存在。在炼钢过程中，锰作为脱氧剂，和 FeO 反应生成 MnO，把 FeO 还原成铁。锰还可以和硫反应生成 MnS，起到除硫的作用，减轻硫的危害。脱氧剂中的锰总会有一部分溶于钢液中，冷却凝固后固溶于铁素体中，起到固溶强化作用，还能增加珠光体的相对量，这些因素都能提高钢的强度和硬度。通常碳钢中锰的质量分数小于 0.8%，当锰含量不高，在钢中仅作为少量杂质存在时，对钢的力学性能影响并不显著。

2. 硅

硅和锰一样，也是钢中的有益元素。作为脱氧剂，硅和 FeO 反应生成 SiO_2，残留的硅冷却后溶于固溶体，能较明显地提高钢的强度、硬度。钢中硅的质量分数一般小于 0.5%，当含量较高时，将使钢的塑性、韧性下降。

3. 硫

硫是钢中的有害杂质，来源于炼钢时的矿石和燃料。硫不溶于铁，以 FeS 的形式存在。FeS 会与 Fe 形成（Fe + FeS）共晶体，分布在奥氏体晶界上。钢材进行热加工的温度一般为 1 150～1 250 ℃，而（Fe + FeS）共晶体的熔点只有 989 ℃，加工时已在晶界处熔化，导致工件沿晶界开裂。这种现象称为"热脆"。

钢中要严格控制硫含量，普通碳素钢的硫的质量分数应不超过 0.055%，优质碳素钢应不超过 0.040%，高级优质碳素钢应不超过 0.030%。加入适量锰可除硫，因锰与硫形成 MnS，避免了 FeS 生成。MnS 的熔点为 1 620 ℃，并且在高温下有一定的塑性，不会引起热脆。一般工业用钢中，含锰量常是含硫量的 5～10 倍。

硫能提高钢的可加工性。易切削钢的硫的质量分数为 0.08%～0.2%，锰的质量分数为 0.5%～1.2%。

4. 磷

磷也是钢中的有害杂质，来源于矿石和生铁等炼钢原料。磷在铁中有较大的溶解度，全部固溶在铁素体中，使钢的强度、硬度提高，但会使塑性、韧性急剧下降，尤其是低温韧性降低，使钢变脆，称为"冷脆"。因此，钢中应严格控制磷含量。

磷也能提高钢的可加工性。

5. 氢

氢是钢中的有害元素，来源于含水的炉料，或含有水蒸气的炉气通过扩散进入钢内。氢会导致"氢脆"和"自点"。"氢脆"是指在低于钢材强度极限的情况下，事先无任何预兆就发生突然断裂。"白点"是指在钢材内部产生的大量细微裂纹，因在钢材的断面上呈现银白色的斑点而得名。"白点"使钢材的塑性、韧性显著下降，有时可接近于零。因此有"白点"的钢是不能使用的。

4.5　Fe – Fe₃C 相图的应用

4.5.1　在选用材料方面的应用

根据 Fe – Fe₃C 相图中合金的成分、结构、组织和性能之间关系的变化规律，可为工程上选择材料提供依据。

低碳钢（碳质量分数为 0.10% ~ 0.25%）适用于要求塑性和韧性好的材料。例如，建筑结构、各种型钢和容器用钢等。

中碳钢（碳质量分数为 0.25% ~ 0.60%）适用于要求强度、塑性和韧性较好的材料。例如，各种机器零件等。

高碳钢（碳质量分数为 0.60% ~ 1.3%）适用于要求硬度高、耐磨性好的材料。例如，各种工具等。

白口铸铁虽然有脆性，但硬度高，具有很好的耐磨能力，可用于需要耐磨而不受冲击的零件。例如，拉丝模、冷轧辊、犁铧和球磨机的铁球等。

4.5.2　在铸造工艺方面的应用

根据合金在铸造时对流动性的要求，主要是依熔点低和结晶温度区间较小为好的原则，在相图上可选择合金的成分和合金的浇注温度。一般选择液相线以上 50 ~ 100 ℃ 作为浇注温度比较适宜。从 Fe – Fe₃C 相图可看出，共晶成分附近，即碳质量分数为 4.3% 成分附近和接近纯铁成分的合金的流动性最好。在铸钢生产上常选用碳质量分数为 0.15% ~ 0.60% 成分的合金，而铸铁生产常选在共晶成分（碳质量分数为 4.3%）附近的合金。因为它们的结晶温度区间小或熔点低，铸造性能较好。

4.5.3　在锻造工艺方面的应用

在塑性变形中可知，钢处于 A 状态时，由于滑移系和滑移方向多，具有较好的变形能力。因此，钢的锻造和热轧一般都选择在单相的 γ 固溶体区域。钢的锻造和热轧的开始温度常选择在固相线以下 100 ~ 200 ℃ 温度范围内，多数在 1 150 ~ 1 250 ℃ 范围内，不能高，否则钢材会过于氧化或过烧（晶界出现熔化）。而锻轧的终了温度常选在 750 ~ 850 ℃ 范围内，不能过低，否则会因钢材塑性差而导致钢材开裂；也不能过高，否则锻轧后再结晶可引起 γ 固溶体的晶粒粗大，使钢材性能变坏。一般是亚共析钢取接近上限温度，否则可能有带状分布的铁素体出现，使性能变坏。而过共析钢取接近下限温度。

4.5.4　在热处理工艺方面的应用

Fe – Fe₃C 相图对于钢的热处理工艺有着很重要的意义。特别是在钢的热处理时可作为选择加热温度的根据，没有 Fe – Fe₃C 相图，钢的热处理将无法或很难进行。

4.6 Fe-Fe₃C 相图应用注意事项

Fe-Fe_3C 相图虽然是研究钢铁材料的基础，但也有其局限性。

① Fe-Fe_3C 相图只能反映铁碳二元合金中相的平衡状态，当钢中加入其他元素时，相图将发生变化，因此，Fe-Fe_3C 相图无法确切表示多元合金相的状态，必须借助于三元或多元相图。

② Fe-Fe_3C 相图是反映相的概念，而不是组织的概念，从相图上不能反映出相的形状、大小及分布。

③ Fe-Fe_3C 相图是反映平衡条件下铁碳合金中相的状态，不能说明较快速度加热或冷却时组织的变化规律，也看不出相变过程所经历的时间。

课堂讨论

1. 说明实际生产中是怎样运用结晶理论来获得细晶粒组织。
2. Fe-Fe_3C 相图有哪些应用？又有哪些局限性？

习题

1. 金属结晶的基本规律是什么？过冷度与冷却速度有何关系？
2. 说明含碳量对钢组织与性能的影响。
3. 解释下列名称：铁素体、奥氏体、渗碳体。
4. 碳钢中的主要杂质元素是什么？其对钢性能有何影响？
5. 简述共析钢在平衡条件下的固态相变过程及其室温组织。

第 5 章 金属的塑性变形与再结晶

内容提要

- 了解金属塑性变形的实质以及塑性变形的主要方式。
- 掌握金属塑性变形后的组织结构与性能之间的变化规律。
- 熟悉断裂的基本类型及影响断裂类型的因素。
- 掌握变形金属在加热过程中组织结构和性能变化的特点。

教学重点

- 金属塑性变形后的性能变化。
- 热加工后变形金属的组织变化。

教学难点

单晶体、多晶体、合金的塑性变形。

5.1 金属的塑性变形

在工业生产中，经熔炼而得到的金属锭，如钢锭、铝合金锭或铜合金铸锭等，大多要经过轧制、冷拔、锻造、冲压等压力加工（见图 5-1），使金属产生塑性变形而制成型材或工件。金属材料经压力加工后，不仅改变了外形尺寸，而且改变了内部组织和性能。因此，研究金属的塑性变形，对于选择金属材料的加工工艺、提高生产率、改善产品质量、合理使用材料等均有重要的意义。

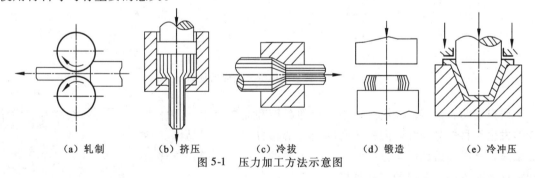

| (a) 轧制 | (b) 挤压 | (c) 冷拔 | (d) 锻造 | (e) 冷冲压 |

图 5-1 压力加工方法示意图

金属在外力（载荷）的作用下，首先发生弹性变形，载荷增加到一定值后，除了发生弹性变形外，还发生塑性变形，即弹塑性变形。继续增加载荷，塑性变形也将逐渐增大，直至金属发生断裂。即金属在外力作用下的变形可分为弹性变形、弹塑性变形和断裂 3 个连续的阶段。

弹性变形的本质是外力克服了原子间的作用力，使原子间距发生改变。当外力消除后，原子间的作用力又使它们回到原来的平衡位置，使金属恢复到原来的形状。金属弹性变形后其组织和性能不发生变化。

塑性变形后金属的组织和性能发生变化。塑性变形较弹性变形复杂得多，下面先来分析单晶体的塑性变形。

5.1.1 晶体的塑性变形

1. 单晶体的塑性变形

单晶体的塑性变形主要是以滑移的方式进行，即晶体的一部分沿着一定的晶面和晶向相对于另一部分发生滑动。由图 5-2 可见，要使某一晶面滑动，作用在该晶面上的力必须是相互平行、方向相反的切应力（垂直该晶面的正应力只能引起伸长或收缩），而且切应力必须达到一定值，滑移才能进行。当原子滑移到新的平衡位置时，晶体就产生了微量的塑性变形，如图 5-2（d）所示。许多晶面滑移的总和，就产生了宏观的塑性变形。图 5-3 所示为锌单晶体滑移变形时的情况。

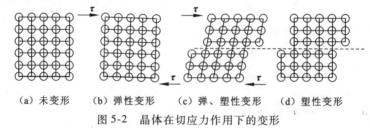

（a）未变形　　（b）弹性变形　　（c）弹、塑性变形　　（d）塑性变形

图 5-2　晶体在切应力作用下的变形

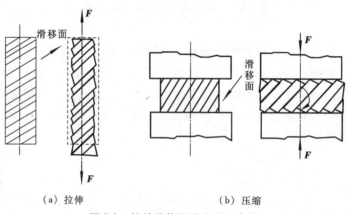

（a）拉伸　　　　　　　　　（b）压缩

图 5-3　锌单晶体滑移变形示意图

研究表明，滑移优先沿晶体中一定的晶面和晶向发生，晶体中能够发生滑移的晶面和晶向称为滑移面和滑移方向。不同晶格类型的金属，其滑移面和滑移方向的数目是不同的，一般来说，滑移面和滑移方向越多，金属的塑性越好。

理论及实践证明，晶体滑移时，并不是整个滑移面上的全部原子一起移动，因为那么多原子同时移动，需要克服的滑移阻力十分巨大（据计算比实际大得多）。实际上滑移是借助位错的移动来实现的，如图 5-4 所示。

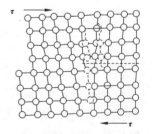

图 5-4　位错运动

位错的原子面受到前后两边原子的排斥，处于不稳定的平衡位置。只须加上很小的力就能打破力的平衡，使位错前进一个原子间距。在切应力作用下，位错继续移动到晶体表面，就形成了一个原子间距的滑移量，如图 5-5 所示。大量位错移出晶体表面，就产生了宏观的塑性变形。按上述理论求得位错的滑移阻力与实验值基本相符，证实了位错理论的正确。

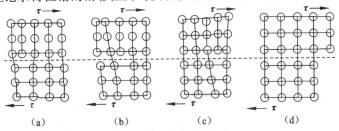

图 5-5　通过位错运动产生滑移的示意图

2. 多晶体的塑性变形

多晶体的塑性变形与单晶体比较并无本质上的区别，即每个晶粒的塑性变形仍然以滑移等方式进行。但由于晶界的存在和每个晶粒中晶格位向不同，多晶体的塑性变形要比单晶体复杂得多，表现出以下不同于单晶体的特点。

（1）不均匀的塑性变形过程

由于每个晶粒的位向不相同，以致其内部的滑移面及滑移方向分布也不一致，因此在外力作用下，各晶粒内滑移系上的分切应力也不相同，如图 5-6 所示。有些晶粒所处的位向能使其内部的滑移系获得最大的分切应力，并将首先达到临界分切应力值而开始滑移。这些晶粒所处的位向为易滑移位向，又称"软位向"；还有些晶粒所处的位向，只能使其内部滑移系获得的分切应力最小，最难滑移，被称为"硬位向"。与单晶体塑性变形一样，首批处于软位向的晶粒，在滑移过程中也要发生转动。转动的结果，可能会导致从软位向逐步到硬位向，使之不再继续滑移，而引起邻近未变形的硬位向晶粒转动到"软位向"并开始滑移。由此可见，多晶体的塑性变形，先发生于软位向晶粒，后发展到硬位向晶粒，是一个塑性变形有先后和不均匀的塑性变形过程。图 5-6 中的 A、B、C 示意了不同位向晶粒的滑移次序。

图 5-6　多晶体中各
晶粒所处位向

（2）晶粒间位向差阻碍滑移

由于各相邻晶粒之间存在位向差，当一个晶粒发生塑性变形时，周围的晶粒如不发生塑性变形就不能保持晶粒间的连续性，甚至造成材料出现孔隙或破裂。存在于晶粒间的这种相互约束，必须有足够大的外力才能予以克服，即在足够大的外力下，能使某晶粒发生滑移变形并能带动或引起其他相邻晶粒也发生相应的滑移变形。这就意味着增大了晶粒变形的抗力，阻碍滑移的进行。

（3）晶界阻碍位错运动

晶界是相邻晶粒的过渡区，原子排列不规则。当位错运动到晶界附近时，受到晶界的阻碍而堆积起来（即位错的塞积），如图 5-7 所示。若使变形继续进行，则必须增加外力，可见晶界使金属的塑性变形抗力提高。图 5-8 所示为双晶粒试样的拉伸试验，在拉伸到一定的伸长量后观察试样，发现在晶界处变形很小，而远离晶界的晶粒内变形量很大。这说明晶界的变形抗力大于晶内。

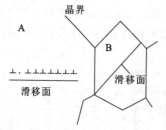

图 5-7　位错在晶界处的堆积示意图

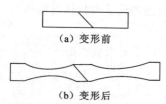

图 5-8　晶界对拉伸变形的影响

综上所述，金属的晶粒越细，晶界总面积越大，需要协调的具有不同位向的晶粒越多，其塑性变形的抗力便越大，表现出的强度越高。另外，金属晶粒越细，在外力作用下，有利于滑移和能参与滑移的晶粒数目也越多。由于一定的变形量会由更多的晶粒分散承担，不致造成局部的应力集中，从而推迟了裂纹的产生。即使发生的塑性变形量很大也不致断裂，表现出塑性的提高。在强度和塑性同时提高的情况下，金属在断裂前要消耗大量的功，因而其韧性也比较好。这进一步表明了细晶强化是金属的一种很重要的强韧化手段。

5.1.2　合金的塑性变形

生产中实际使用的金属材料大部分是合金，合金按其组织特征可分为两大类：一类为具有以基体金属为基的单相固溶体组织，称单相合金。另一类为加入合金元素数量超过了它在基体金属中的饱和溶解度，其显微组织中除了以基体金属为基的固溶体以外，还将出现新的第二相构成了所谓多相合金。

1. 单相固溶体合金的塑性变形

单相固溶体的显微组织与纯金属相似，因而其变形情况也与之类同，但是在固溶体中由于溶质原子的存在，使其对塑性变形的抗力增加。固溶体的强度、硬度一般都比其溶剂金属高，而塑性、韧性则有所降低，并具有较大的加工硬化率。

在单相固溶体中，溶质原子与基体金属组织中的位错产生交互作用，造成晶格畸变而增加滑移阻力。另外，异类原子大都趋向于分布在位错附近，又可减少位错附近晶格的畸变程度，使位错易动性降低，因而使滑移阻力增大。

2. 多相合金的塑性变形

多相合金也是多晶体，但其中有些晶粒是另一相，有些界面是相界面。多相合金的组织主要分为两类：一类是两相晶粒尺寸相近，两相的塑性也相近；另一类是由塑性较好的固溶体基体及其上分布的硬脆的第二相所组成。这类合金除了具有固溶强化效果外，还有因第二相的存在而引起的强化（这种强化方法称为第二相强化），它们的强度往往比单相固溶体合金高。多相合金的塑性变形除与固溶体基体密切相关外，还与第二相的性质、形状、大小、数量及分布状况等有关，后者在塑性变形时有时甚至起着决定性的作用。

（1）合金中两相的性能相近

合金中两相的含量相差不大，且两相的变形性能相近，则合金的变形性能为两相的平均值，如 Cu – 40% Zn 合金。此时合金的强度 σ 可以用下式表达：

$$\sigma = \varphi_\alpha \sigma_\alpha + \varphi_\beta \sigma_\beta$$

式中：σ_α、σ_β 分别为两相的强度极限；φ_α、φ_β 分别为两相的体积分数，$\varphi_\alpha + \varphi_\beta = 1$。可见，合金的强度极限随较强的一相的含量增加而呈线性增加。

（2）合金中两相的性能相差很大

合金中两相的变形性能相差很大，若其中的一相硬而脆，难以变形，另一相的塑性较好，且为基体相，则合金的塑性变形除与相的相对量有关外，在很大程度上取决于脆性相的分布情况。脆性相的分布有 3 种情况：

① 硬而脆的第二相呈连续网状分布在塑性相的晶界上，这时脆性相数量越多，网状越连续，合金塑性越差，甚至强度也随之下降。

② 脆性的第二相呈片状或层状分布在塑性相的基体上，增加继续变形的抗力，故提高了钢的强度。P 越细，片层间距越小，其强度越高。

③ 脆性相在塑性相中呈颗粒状分布，如共析钢及过共析钢经球化退火后获得的球状珠光体组织。由于 Fe_3C 呈球状对铁素体的变形阻碍作用大大减弱，故强度降低，塑性、韧性获得显著改善。

5.1.3　塑性变形对金属组织和性能的影响

1. 塑性变形对组织结构的影响

多晶体金属经塑性变形后，除了在晶粒内出现滑移带和孪晶等组织特征外，还具有下述组织结构的变化。

（1）显微组织的变化

金属与合金经塑性变形后，其外形、尺寸的改变是内部晶粒变形的总和。原来没有变形的晶粒，经加工变形后，晶粒形状逐渐发生变化。随着变形方式和变形量的不同，晶粒形状的变化也不一样，如在轧制时，各晶粒沿变形方向逐渐伸长，变形量越大，晶粒伸长的程度也越大。当变形量很大时，晶粒呈现出一片如纤维状的条纹，称为纤维组织，如图 5-9 所示。纤维的分布方向，即金属变形时的伸展方向。当金属中有杂质存在时，杂质也沿变形方向拉长为细带状（塑性杂质）或粉碎成链状（脆性杂质），这时光学显微镜已经分辨不清晶粒和杂质。

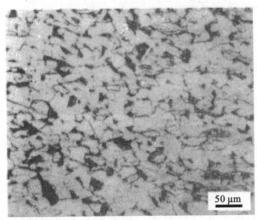

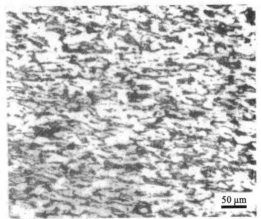

（a）30%压缩率　　　　　　　　　　　（b）50%压缩率

图 5-9　低碳钢冷塑性变形后的纤维组织

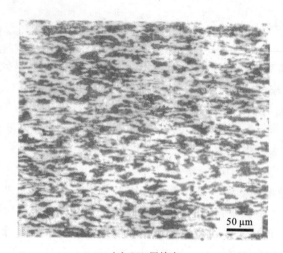

（c）70%压缩率

图 5-9　低碳钢冷塑性变形后的纤维组织（续）

（2）亚结构的细化

形变亚结构的边界是晶格畸变区，堆积有大量的位错，而亚结构内部的晶格则相对比较完整，这种亚结构常称为胞状亚结构或形变亚晶。胞块间的夹角不超过 2°，胞壁的厚度约为胞块直径的 1/5。位错主要集中在胞壁中。变形量越大，则胞块的数量越多，尺寸减小，胞块间的取向差也在逐渐增大，且其形状随着晶粒形状的改变而变化，均沿着变形方向逐渐拉长。

形变亚结构是在塑性变形过程中形成的。在切应力的作用下大量位错沿滑移面运动时，将遇到各种阻碍位错运动的障碍物，如晶界、第二相颗粒及割阶等，造成位错缠结。这样，金属中便出现了由高密度的位错缠结分隔开的位错密度较低的区域，形成形变亚结构。

（3）形变织构

与单晶体一样，多晶体在塑性变形时也伴随着晶体的转动过程，故当变形量很大时，多晶体中原为任意取向的各个晶粒会逐渐调整其取向而彼此趋于一致，这一现象称为晶粒的择优取向，这种由于金属塑性变形使晶粒具有择优取向的组织叫做形变织构。

形变织构一般分为两种：一种是各晶粒的一定晶向平行于拉拔方向，称为丝织构，例如低碳钢经大变形量冷拔后，其 <100> 平行于拔丝方向，如图 5-10（a）所示；另一种是各晶粒的一定晶面和晶向平行于轧制方向，称为板织构，低碳钢的板织构为 {001} <110>，如图 5-10（b）所示。

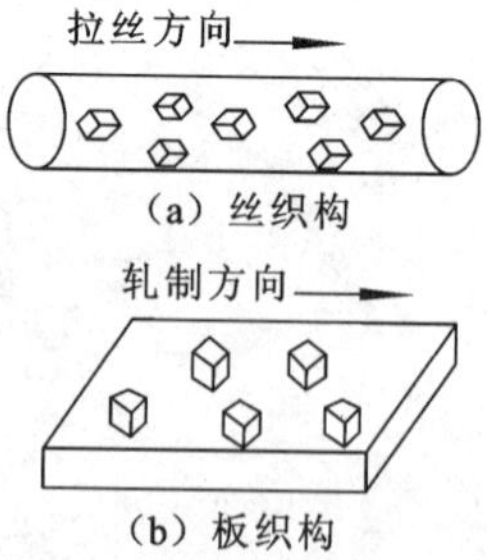

2. 塑性变形对金属性能的影响

（1）加工硬化

在塑性变形过程中，随着金属内部组织的变化，金属的力学性能也将产生明显的变化，即随着变形程度的增加，金属的强度、硬度增加，而塑性、韧性下降，这一现象即为加工硬化或形变强化。

关于加工硬化的原因，目前普遍认为与位错的交互作用有关。随着塑性变形的进行，位错密度不断增加，因此位错在运动时的相互交割加剧，产生固定割阶、位错缠结等障碍，

拉丝方向

（a）丝织构

轧制方向

（b）板织构

图 5-10　形变织构示意图

使位错运动的阻力增大，引起变形抗力的增加，因此提高了金属的强度。

（2）塑性变形对其他性能的影响

经塑性变形后，金属材料的物理性能和化学性能也将发生明显变化。如果使金属及合金的比电阻增加，导电性能和电阻温度系数下降，热导率也略为下降。塑性变形还使磁导率、磁饱和度下降，但磁滞和矫顽力增加。塑性变形提高金属的内能，使其化学活性提高，腐蚀速度增快。塑性变形后由于金属中的晶体缺陷（位错及空位）增加，因而使扩散激活能减少，扩散速度增加。

3. 残留应力

（1）宏观内应力（第一类内应力）

宏观内应力是由于金属工件或材料各部分的不均匀变形所引起的，它是整个物体范围内处于平衡的力，当除去它的一部分后，这种力的平衡就遭到了破坏，并立即产生变形。例如，冷拉圆钢，由于外圆变形度小，中间变形度大，所以表面受拉应力，心部受压应力，就圆钢整体来说，两者相互抵消，处于平衡。但如果表面车去一层，这种力的平衡遭到了破坏，结果就产生了变形。

（2）微观内应力（第二类内应力）

它是金属经冷塑性变形后，由于晶粒或亚晶粒变形不均匀而引起的，它是在晶粒或亚晶粒范围内处于平衡的力。此应力在某些局部地区可达很大数值，可能致使工件在不大的外力下产生显微裂纹，进而导致断裂。

（3）点阵畸变（第三类内应力）

塑性变形使金属内部产生大量的位错和空位，使点阵中的一部分原子偏离其平衡位置，造成点阵畸变。这种点阵畸变所产生的内应力作用范围更小，只在晶界、滑移面等附近不多的原子群范围内维持平衡。它使金属的硬度、强度升高，而塑性和耐腐蚀能力下降。

5.1.4　金属的断裂

根据断裂前金属是否呈现有明显的塑性变形，可将断裂分为韧性断裂与脆性断裂两大类。通常以单向拉伸时的断面收缩率大于 5% 者为韧性断裂，而小于 5% 者为脆性断裂。

1. 塑性断裂

塑性断裂又称为延性断裂，断裂前发生大量的宏观塑性变形，断裂时承受的工程应力大于材料的屈服强度。由于塑性断裂前产生显著的塑性变形，容易引起人们的注意，从而可及时采取措施防止断裂的发生。即使局部发生断裂，也不会造成灾难性事故。对于使用时只有塑性断裂可能的金属材料，设计时只需按材料的屈服强度计算承载能力，一般就能保证安全使用。

在塑性和韧性好的金属中，通常以穿晶方式（即裂纹穿过晶粒内部扩展）发生塑性断裂，在断口附近会观察到大量的塑性变形的痕迹，如缩颈。在简单的拉伸试验中塑性断裂经过了缩颈导致三向应力、微孔形成、微孔长大、微孔连接形成锯齿状和边缘剪切断裂的过程，如图 5-11 所示。典型宏观断口特征呈杯锥状，断口呈纤维状，灰暗色。图 5-12 所示为光滑圆形试样拉伸断口及示意图。杯锥状断口有纤维区、放射区、剪切唇区（断口三要素），如图 5-13 所示。

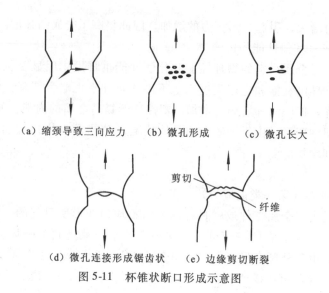

（a）缩颈导致三向应力　　（b）微孔形成　　（c）微孔长大

（d）微孔连接形成锯齿状　　（e）边缘剪切断裂

图 5-11　杯锥状断口形成示意图

图 5-12　光滑圆形试样拉伸断口及示意图

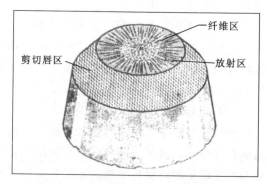

图 5-13　断口的三要素

杯锥状断口形成过程：光滑圆试样受拉伸力作用达到最大后，在局部产生缩颈，试样中心区应力状态由单向变为三向；导致夹杂物或第二相碎裂或夹杂物与基体界面脱离而形成微孔；微孔不断长大、聚合就形成微裂纹；显微裂纹连接、扩展，就形成锯齿形的纤维区；纤维区所在平面（即裂纹扩展的宏观平面）垂直于拉伸应力方向。

用扫描电镜可观察到微观断口特征：断口上分布大量"韧窝"。韧窝形状：视应力状态不同而异，主要有三类：等轴韧窝、拉长韧窝和撕裂韧窝。图 5-14 所示为韧性断裂微观断口等轴韧窝的形貌。

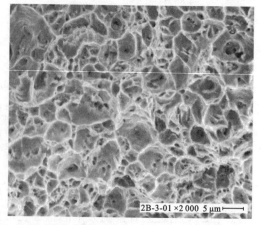

图 5-14　韧性断裂微观形貌——等轴韧窝

2. 脆性断裂

材料断裂前基本不产生明显宏观塑性变形，无明显预兆，表现为突然发生的快速断裂，故具有很大危险性。脆性断裂在断面外观上没有明显的塑性变形迹象，直接由弹性变形状态过渡到断裂，断裂面和拉伸轴接近正交，断口平齐。当晶粒粗大时，呈冰糖状；当晶粒细小时，断口呈细小颗粒状，断口颜色较纤维状断口明亮。图 5-15 所示为脆性断裂的典型宏观断口特征。

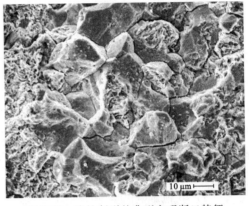

图 5-15　脆性断裂的典型宏观断口特征

脆性断裂的基本微观特征：解理台阶、河流花样、舌状花样。图 5-16 所示为脆性断裂的典型微观断口形貌——河流花样。河流花样形成示意图如图 5-17 所示。"河流"的流向与裂纹扩展方向一致时，根据"河流"流向确定在微观范围内解理裂纹的扩展方向，而按"河流"反方向去寻找断裂源。

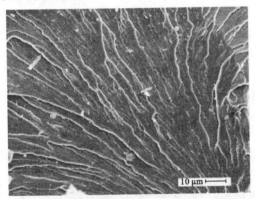

图 5-16　解理断口微观形貌——河流花样

图 5-17　河流花样形成示意图

3. 影响材料断裂的基本因素

（1）裂纹和应力状态的影响

对大量脆性断裂事故的调查表明，大多数断裂是由于材料中存在微小裂纹和缺陷引起的。为了说明裂纹的影响，可作下述试验。将屈服强度 $\sigma_{0.2} = 1\,400$ MPa 的高强度钢板状试样中部预制不同深度的半椭圆表面裂纹，裂纹平面垂直于拉伸应力，求出裂纹深度 a 与实际断裂强度 σ_c 的关系，如图 5-18 所示。

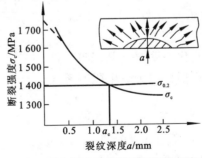

图 5-18　表面裂纹深度与高强度钢断裂强度的关系

由图 5-18 可以看出，随着裂纹深度的增大，试样的断裂强度逐渐下降，当裂纹深度达到 a_c 时，则 $\sigma_c = \sigma_{0.2}$。当 $a < a_c$ 时，$\sigma_c > \sigma_{0.2}$，意味着此时发生塑性断裂；当 $a > a_c$ 时，$\sigma_c < \sigma_{0.2}$，发生脆性断裂。由于高强度钢对裂纹十分敏感，所以用它制造零件时，必须从断裂的角度考虑其承载能力，如只根据其屈服强度或抗拉强度来设计，往往出现低应力断裂事故。

（2）温度的影响

研究表明，中、低强度钢的断裂过程都有一个重要现象，就是随着温度的降低，都有从塑性断裂逐渐过渡为解理断裂的现象。尤其是当试件上带有缺口和裂纹时，更加剧了这种过渡倾向。这就是说，在室温拉伸时呈塑性断裂的中、低强度钢材，在较低的温度下可能产生解理断裂，其断裂应力可能远远低于室温的屈服极限。因此，当使用此种钢材时，必须注意温度这一影响因素。

（3）其他影响因素

如不考虑材料本身因素，影响材料断裂的外界因素还很多。例如，环境介质对断裂有很大影响，某些金属与合金在腐蚀介质和拉应力的同时作用下，产生应力腐蚀断裂。金属材料经酸洗、电镀，或从周围介质中吸收了氢之后，产生氢脆断裂。变形速度的影响比较复杂，一方面，变形速度增加，使金属加工硬化严重，因而塑性降低；另一方面又使变形热来不及散出，促使加工硬化消除而提高塑性。至于哪个因素占主导地位，要视具体情况而定。

5.2　金属的回复与再结晶

金属经冷塑性变形后，组织处于不稳定状态，有自发恢复到变形前组织状态的倾向。但在常温下，原子扩散能力小，不稳定状态可以维持相当长时间，而加热则使原子扩散能力增加，金属将依次发生回复、再结晶和晶粒长大。冷塑性变形金属加热时组织与性能的变化如图 5-19 所示。

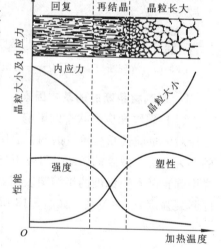

图 5-19　冷塑性变形金属的组织性能随温度变化示意图

1. 回复

回复是指在加热温度较低时，由于金属中点缺陷及位错的近距离迁移而引起的晶内某些变化。如空位与其他缺陷合并、同一滑移面上的异号位错相遇合并而使缺陷数量减少等。此外，由于位错运动使其由冷塑性变形时的无序状态变为垂直分布，形成亚晶界，这一过程称为多边形化。

在回复阶段，金属组织变化不明显，其强度、硬度略有下降，塑性略有提高，但内应力、电阻率等显著下降。

产生回复的温度 $T_{回复}$ 为

$$T_{回复} = (0.25 \sim 0.3) T_{熔点}$$

式中：$T_{熔点}$——该金属的熔点，单位为绝对温度（K）。

在工业上，常利用回复现象将冷变形金属低温加热，既稳定组织又保留了加工硬化，这种热处理方法称为去应力退火。例如，用冷拉钢丝卷制的弹簧要通过 $250\sim300℃$ 的低温处理以消除应力使其定型，经深冲工艺制成的黄铜弹壳要进行 $260℃$ 的去应力退火，以防止晶间应力腐蚀开裂等。

2. 再结晶

如图 5-19 所示，当冷塑性变形金属被加热到较高温度时，由于原子活动能力增大，晶粒的形状开始发生变化，由破碎拉长的晶粒变为完整的等轴晶粒。这种冷变形组织在加热时重新彻底改组的过程称为再结晶。再结晶也是一个晶核形成和长大的过程，但是再结晶只是改变了晶粒的外形，消除了因变形而产生的某些晶体缺陷，而再结晶前后新旧晶粒的晶格类型和成分完全相同，所以再结晶不是相变过程。

再结晶不是一个恒温过程，它是在一个温度范围内发生的。冷变形金属开始进行再结晶的最低温度，称为再结晶温度。实验表明，纯金属的再结晶温度与其熔点有如下关系：

$$T_{再}=0.4T_{熔}$$

最低再结晶温度与下列因素有关：

（1）预先变形度

金属再结晶前塑性变形的相对变形量称为预先变形度。预先变形度越大，金属的晶体缺陷就越多，组织越不稳定，最低再结晶温度也就越低。当预先变形度达到一定大小后，金属的最低再结晶温度趋于某一稳定值，如图 5-20 所示。

（2）金属的熔点

熔点越高，最低再结晶温度也就越高。

（3）杂质与合金元素

由于杂质和合金元素特别是高熔点元素，

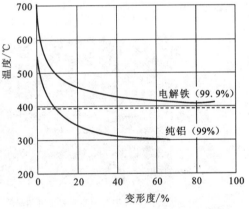

图 5-20　预先变形度对金属再结晶温度的影响

阻碍原子扩散和晶界迁移，可显著提高最低再结晶温度。例如，高纯度铝（99.999%）的最低再结晶温度为 $80\ ℃$，而工业纯铝（99.0%）的最低再结晶温度提高到 $290\ ℃$，如表 5-1 所示。

表 5-1　几种金属和合金的再结晶温度

材　料	再结晶温度/℃	材　料	再结晶温度/℃
铜（无氧铜）	200	铜锌合金（$w_{Zn}=5\%$）	320
铝（99.999%）	80	铝（99.0%）	290
镍（99.99%）	370	镍（99.4%）	600

（4）加热速度和保温时间

再结晶是一个扩散过程，需要一定时间才能完成。提高加热速度会使再结晶在较高温度下发生，而保温时间越长，再结晶温度越低。

再结晶是物理冶金过程中一个十分重要的现象。可以利用再结晶软化材料，如经过拉拔的线材发生了加工硬化，只有进行多次再结晶退火软化后才能继续拉拔直到最终尺寸。对于不能通过相变而细化晶粒的材料，可以通过形变再结晶工艺使晶粒得到细化。深冲钢和硅钢也要通过形变再结晶获取合适的织构，达到改善深冲性能和磁性的目的。

3. 结晶后的晶粒长大

再结晶完成后，若继续升高加热温度或延长加热时间，将发生晶粒长大，这是一个自发的过程。晶粒的长大是通过晶界迁移进行的，是大晶粒吞并小晶粒的过程。而晶粒粗大会使金属的强度，尤其是塑性和韧性降低。图 5-21 所示为经 70% 塑性变形工业纯铁加热时的组织变化过程。

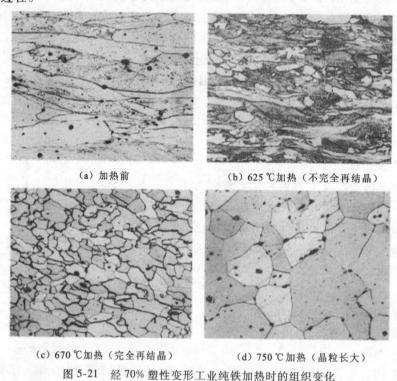

（a）加热前　　　　　　　（b）625 ℃加热（不完全再结晶）

（c）670 ℃加热（完全再结晶）　　　（d）750 ℃加热（晶粒长大）

图 5-21　经 70% 塑性变形工业纯铁加热时的组织变化

再结晶的晶粒长大受以下因素的影响：

（1）加热温度与保温时间的影响

再结晶加热温度越高，保温时间越长，金属的晶粒越大，其中加热温度的影响尤为显著，如图 5-22 所示。这是由于加热温度升高，原子扩散能力和晶界迁移能力增强，有利于晶粒长大。

（2）预先变形程度的影响

预先变形程度对再结晶晶粒度的影响如图 5-23 所示。预先变形度的影响，实质上是变形均匀程度的影响。当变形程度很小时，由于金属的畸变能也很小，不足以引起再结晶，因而晶粒仍保持原来的形状。

当变形程度达 2%～10% 时，金属中只有部分晶粒发生变形，变形极不均匀，再结晶时形成的核心数不多，可以充分长大，从而导致再结晶后的晶粒特别粗大。这个变形程度称为临界变形度，如图 5-23 所示。生产中应尽量避开这一变形程度。超过临界变形程度之后，随变形程度的增加，变形越来越均匀，再结晶时形成的核心数大大增多，故可获得细小的晶粒，并且在变形量达到一定程度后，晶粒大小基本不变。

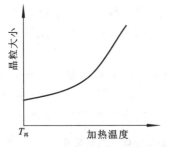

图 5-22　加热温度对晶粒度的影响

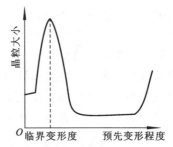

图 5-23　预变形程度对晶粒度的影响

5.3　金属的热加工及其对组织和性能的影响

在工业生产中，热加工通常是指将金属材料加热至高温进行锻造、热轧等的压力加工过程。除了一些铸件和烧结件之外，几乎所有的金属材料都要进行热加工，其中一部分成为成品，在热加工状态下使用；另一部分为中间制品，尚需进一步加工。无论是成品还是中间制品，它们的性能都受热加工过程所形成组织的影响。

通常以再结晶温度作为冷加工和热加工的分界。低于再结晶温度的加工称为冷加工，高于再结晶温度的加工称为热加工。但是，这样的划分不太严格。因为一般的再结晶温度是在先变形后加热，且在规定条件下测得的，与热加工时加工硬化和再结晶两个过程同时进行的情况不完全一致。有的加工虽在较高温度下进行，但未能完全消除加工硬化，这种加工仍属于冷加工。严格地说，对于所有的加工速度，材料能够不断地发生再结晶并在完全消除加工硬化的温度下所进行的加工称为热加工。各种金属材料的再结晶温度相差很大。钨在 800 ℃变形仍为冷加工，而铅在室温变形就可称为热加工。

由于在再结晶温度以上金属材料的塑性较好，且可消除加工硬化，故能连续承受很大的变形而不断裂，这在生产上得到了广泛的应用。

热加工不引起金属的加工硬化，但因有回复和再结晶过程产生，金属的组织和性能也发生显著变化。

1. 改善铸锭组织

通过热加工（如热轧、锻造等）可使金属毛坯中的气孔和疏松焊合，部分消除某些偏析，将粗大的柱状晶粒与枝晶变为细小均匀的等轴晶粒，改善夹杂物、碳化物的形态、大小与分布，其结果可使金属材料致密程度与力学性能提高。

2. 细化晶粒

热加工的金属经过塑性变形和再结晶作用，一般可使晶粒细化，因而可以提高金属的力学性能。但热加工金属的晶粒大小与变形程度和终止加工的温度有关。变形程度小，终止加工的温度过高，再结晶晶核长大又快，加工后得到粗大晶粒；相反则得到细小晶粒。但终止加工温度不能过低，否则造成形变强化及残余应力。因此，制定正确的热加工工艺规范，对改善金属的性能有重要的意义。

3. 形成锻造流线

金属内部的夹杂物（如 MnS 等）在高温下具有一定的塑性，在热变形过程中金属锭中的粗大枝晶和各种夹杂物都要沿变形方向伸长，这样就使金属锭中枝晶间富集的杂质和非金属夹杂物的走向逐步与变形方向一致，使之变成条状带、线状或片层状，在宏观试样上沿着变形方向呈现为一条条的细线，这就是热变形金属中的流线。有一条条流线勾画出来的这种组织称为热变形纤维组织。

由于锻造流线的出现，使金属材料的性能在不同的方向上有明显的差异。通常沿流线的方向，其抗拉强度及韧性高，而抗剪强度低。在垂直于流线方向上，抗剪强度较高，而抗拉强度较低。表 5-2 所示为 $\omega_C = 0.45\%$ 的碳钢的力学性能与流线方向的关系。

表 5-2　碳钢（$\omega_C = 0.45\%$）力学性能与流线方向的关系

性能 取样方向	σ_b/MPa	$\sigma_{0.2}$/MPa	δ/（%）	ψ/（%）	a_k/（J·cm^{-2}）
纵向	715	470	17.5	62.8	62
横向	675	440	10.0	31.0	30

注：σ_b 为抗拉强度；$\sigma_{0.2}$ 为残余变量为 0.2% 时的屈服强度；δ 为伸长率；ψ 为断面收缩率；a_k 为冲击韧性。

采用正确的热加工工艺，可以使流线合理分布，以保证金属材料的力学性能。图 5-24（a）所示为锻造曲轴，图 5-24（b）所示为切削加工曲轴的流线分布。很明显，锻造曲轴流线分布合理，因而其力学性能较高。在生产上，广泛采用铸型锻造方法以制造齿轮及中小型曲轴，用局部墩粗法制造螺栓。

（a）锻造曲轴　　（b）切削加工曲轴

图 5-24　曲轴中的流线分布

热处理方法是不能消除或改变工件中的流线分布的，而只能依靠适当的塑性变形来改善流线的分布。在某些场合下，不希望金属材料中出现各向异性，此时须采用不同方向的变形（如锻造时采用墩粗与拔长交替进行）以打乱流线的方向性。

4. 形成带状组织

若钢在铸态下存在严重的夹杂物偏析，或热变形加工时的温度过低，则在钢中出现沿变形方向呈带状或层状分布的显微组织，称为带状组织，如图 5-25 所示。带状组织使钢的性能变坏，特别是横向的塑性、韧性降低。

图 5-25　钢中的带状组织

课堂讨论

如果在室温下对铅或锡进行变形，请解释这是热加工还是冷加工。

习题

1. 试用多晶体的塑性变形过程说明金属晶粒越细、强度越高、塑性越好的原因。

2. 解释下列名词：回复、再结晶、带状组织。

3. 试述金属材料经塑性变形后组织和性能的变化。

4. 金属的热加工对组织和性能的影响有哪些？

第 **6** 章 钢的热处理

内容提要

- 了解钢加热时奥氏体化的基本过程。
- 理解过冷奥氏体等温冷却和连续冷却曲线的物理意义。
- 掌握过冷奥氏体的转变产物（珠光体、贝氏体、马氏体）的组织和性能特点。
- 掌握钢的退火、正火、淬火、回火等普通热处理工艺制订原则。

教学重点

- 过冷奥氏体转变产物的性能。
- 钢的普通热处理工艺。

教学难点

- 钢在加热和冷却时的转变。
- 淬火工艺制订。

6.1 概　　述

本章主要讨论钢在不改变化学成分的条件下，用热处理的方法改变钢的结构和组织，以改善和提高钢的性能，进而满足工程上对性能的更高要求。

用热处理来改变金属材料性能是一种非常重要的工艺方法。例如，先将 T8 钢在 780 ℃加热，使之处于奥氏体状态，经过适当保温烧透后用水冷却，结果硬度由 180 HB 提高到 627 ~ 653 HB，即提高两三倍。然后在 180 ℃保温 1 ~ 2 h，冷却至室温，此时 T8 钢硬度可达到 613 ~ 640 HB。由此可看出，金属材料通过加热、保温和冷却处理，也是改变其性能的重要途径。因此，在机械工业中，绝大部分的重要机械零件都要进行热处理。

6.1.1　热处理的作用

热处理是将钢在固态下加热到预定的温度，并在该温度下保持一段时间，然后以一定的速度冷却到室温的一种热加工工艺。其目的是改变钢的内部组织结构，以改善其性能。它可用温度-时间的关系曲线来表示，这条曲线称为热处理曲线，如图 6-1 所示。在热处理工艺过程中加热温度和冷却速度是两个重要的工艺参数和手段，它们对热处理后钢的性能起着关键作用。

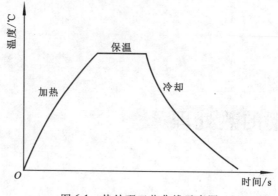

图 6-1　热处理工艺曲线示意图

恰当的热处理工艺可以消除铸、锻、焊等热加工工艺造成的各种缺陷，细化晶粒，消除偏析，降低内应力，使钢的组织和性能更加均匀。

热处理也是机器零件加工工艺过程中的重要程序。例如，用高速钢制造钻头，必须先经过预备热处理，改善锻件毛坯组织，降低硬度（207～255 HBW），这样才能利于切削加工。加工后的成品钻头又必须进行最终热处理，提高钻头的硬度（60～65 HRC）和耐磨性并进行精磨，以切削其他金属。

此外，通过热处理还可以使工件表面具有抗磨、耐蚀等特殊物理化学性能。

因此，要制定正确的热处理工艺规范，保证热处理质量，必须了解钢在不同加热温度和冷却条件下的组织变化规律，否则对金属材料进行热处理将毫无意义。

6.1.2　热处理与相图

钢为什么可以进行热处理？是不是所有的金属材料都进行热处理？这与合金相图有关。原则上只有在加热或冷却时发生溶解度显著变化或者发生类似纯铁的同素异构转变，即有固态相变发生的合金才能进行热处理。

纯金属、某些单相合金等不能用热处理强化，只能采用加工硬化的方法。在图 6-2（a）所示的相图中，位于 F 点以左的合金，在固态加热或者冷却过程均无相变发生，因此不能进行热处理。成分在 FF' 之间的合金加热时可使得过剩相 β 全部溶解，形成均匀的 α 相；冷却时过剩相 β 在 α 相中的溶解度又会发生显著变化。如果合金从 α 相状态快速冷却，会得到过饱和的 α 固溶体，随后再加热时，过剩相 β 又会从 α 固溶体析出，因此该成分范围的合金在加热或冷却时全部参加了热处理过程。而成分位于 D 点以右的合金，有部分 β 相残留未溶解，这部分组织不参与热处理过程。如果相图 6-2（a）中的溶解度曲线变成垂直线 DF'，那么所有的合金固态下均无相变发生，因此不能进行热处理。

在图 6-2（b）所示相图类型中，所有合金在常温下由 α＋β 相组成。当加热至共析线温度以上时，这两相将全部转变为 γ 固溶体，随后冷却发生相变结晶过程。因此，这类合金可以进行热处理。

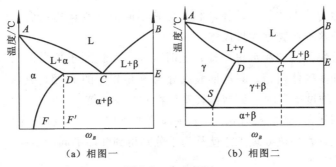

（a）相图一　　　　　（b）相图二

图 6-2　合金相图

　　铁碳相图反映的是热力学近于平衡时铁碳合金的组织状态与温度及合金成分之间的关系。A_1 线、A_3 线和 A_{cm} 线是钢在缓慢加热和冷却过程中组织转变的临界点。实际上，钢进行热处理时其组织转变并不是按照铁碳相图上所示的平衡温度进行，通常都有不同程度的滞后现象，即实际转变温度要偏离平衡的临界温度。加热或者冷却速度越快，则滞后现象越严重。图 6-3 表示钢的加热和冷却速度对碳钢临界温度的影响。通常把加热时的实际临界温度标以字母 c，如 A_{c1}、A_{c3}、A_{ccm}；而把冷却时的实际临界温度标以 r，如 A_{r1}、A_{r3}、A_{rcm} 等。

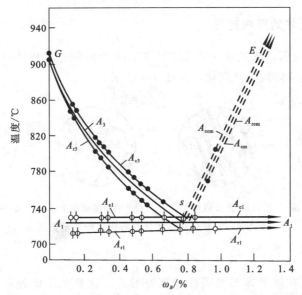

图 6-3　加热与冷却速度为 0.125 ℃/min 时对临界点 A_1 线 A_3 线 A_{ccm} 的影响

　　虽然铁碳相图对研究钢的相变和制定热处理工艺有重要的参考价值，但是对钢进行热处理时不仅要参考温度因素，还必须考虑时间和速度的重要影响。因为所有的固态转变过程都是通过原子的迁移来进行的，而原子的迁移需要时间，没有足够的时间，转变就不能充分进行，其结果将得不到稳定的平衡组织，而只能得到不稳定的过渡型组织。

　　例如，钢从奥氏体状态以不同的速度冷却时，将产生不同的转变产物，获得不同的组织和性能。碳钢从奥氏体状态缓慢冷却至 A_{r1} 以下将发生共析转变，得到的是珠光体。

　　当冷却速度较快时，相变发生的温度较低。冷到铁原子扩散极为困难而碳原子尚能扩散时，奥氏体仍然为铁素体和渗碳体两相，但是不同的铁素体里碳含量较平衡浓度高，而渗碳体分散很大，这种产物称为贝氏体。

当冷却速度很快，例如在水里冷却，此时碳原子、铁原子扩散能力极低，奥氏体不可能分解为铁素体和渗碳体两相，只能形成成分与 γ 相相同的 α 相，其碳浓度大大超过平衡 α 相的溶解度，这种过饱和的 α 固溶体转变产物称为马氏体。

由上可知，钢从奥氏体冷却时，由于冷却速度不同，将分别转变为珠光体、贝氏体、马氏体等不同组织，各种热处理工艺就是为了分别得到性能不同的组织。

6.2 钢在加热时的组织转变

钢在热处理时加热是一个必经的重要手段。在一般情况下，都要加热到临界点（A_{c1}、A_{c3} 和 A_{ccm}）以上。对钢进行加热时将首先经过 A_{c1} 点，即首先发生珠光体向奥氏体转变。在亚共析钢和过共析钢中，随温度升高，除了珠光体向奥氏体转变外，还分别有铁素体和渗碳体逐渐溶入奥氏体的过程，最终完全转变为奥氏体。可以看出，钢在加热时珠光体向奥氏体的转变是最基本的过程。因此，研究钢在加热时的组织转变规律，控制加热规范以改变钢在高温下的组织状态，对充分挖掘钢材性能潜力、保证热处理产品质量有重要意义。

6.2.1 共析钢奥氏体的形成过程

以共析钢为 T8 为例，珠光体向奥氏体转变分 4 个步骤：奥氏体的形核、奥氏体长大、剩余渗碳体溶解及奥氏体成分均匀化，如图 6-4 所示。

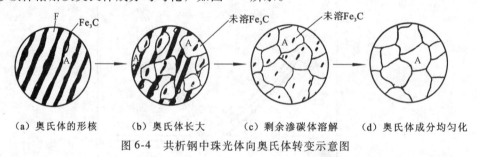

（a）奥氏体的形核　　（b）奥氏体长大　　（c）剩余渗碳体溶解　　（d）奥氏体成分均匀化

图 6-4　共析钢中珠光体向奥氏体转变示意图

1. 奥氏体形核

奥氏体晶核优先在铁素体与渗碳体相界处形成。这是由于此处原子排列紊乱，位错、空位浓度较高，容易满足形成奥氏体所需的能量和碳浓度所致。

2. 奥氏体长大

奥氏体形核后，由于铁素体晶格类型和碳浓度比渗碳体更接近于奥氏体，所以奥氏体晶核优先向铁素体内长大，而渗碳体在加热时不断分解，碳原子逐渐溶入奥氏体。结果奥氏体晶核逐渐长大，直到铁素体全部转变为奥氏体。

3. 剩余渗碳体溶解

铁素体消失后，随着保温时间延长或继续升温，剩余渗碳体通过碳原子的扩散，不断溶入奥氏体中，使奥氏体的碳浓度逐渐接近共析成分。这一阶段一直进行到渗碳体全部消失为止。

4. 奥氏体成分均匀化

当剩余渗碳体全部溶解后，奥氏体中的碳浓度仍然不均匀，原来存在渗碳体的区域碳浓度较高，只有继续延长保温时间，才能得到成分均匀的单相奥氏体。

亚共析钢或过共析钢的奥氏体化过程与共析钢基本相同。但是加热温度上仅超过 Ac_1 时，只能使原始组织中的珠光体转变为奥氏体，仍保留一部分先共析铁素体或先共析渗碳体。只有当加热温度超过 A_{c3} 或 A_{ccm} 并保留足够时间后，才能获得均匀的单相奥氏体。

6.2.2 影响奥氏体形成速度的因素

奥氏体的形成是通过形核与长大过程进行的，整个过程受原子扩散所控制。因此，凡是影响形核与长大的一切因素，都会影响到奥氏体的形成速度。

1. 加热温度和保温时间

为了描述珠光体向奥氏体的转变过程，将共析钢试样迅速加热到 A_{c1} 以上各个不同的温度保温，记录各个温度下珠光体向奥氏体转变开始、铁素体消失、渗碳体全部溶解和奥氏体成分均匀化所需要的时间，绘制在转变温度和时间坐标图上，便得到共析钢的奥氏体等温形成图，如图 6-5 所示。

由图 6-5 可见，在 A_{c1} 以上某一温度保温时，奥氏体并不立即出现，而是保温一段才开始形成。这段时间称为孕育期。这是因为奥氏体晶核需要原子扩散，随着加热温度的升高，原子扩散速率急剧加快，相变驱动力增加以及奥氏体中碳浓度梯度显著增大，使得奥氏体形核率和长大速度大大增加，故转变的孕育期和转变完成所需要的时间也显著缩短，即奥氏体的形成速度越快。温度对奥氏体形成速度诸多因素中影响最为显著，因此控制奥氏体的形成温度至关重要。

2. 原始组织的影响

钢的原始组织为片状珠光体时，铁素体和渗碳体组织越细，它们的相界面越多，则形成奥氏体的晶核越多，晶核长大速度越快，因此可加速奥氏体的形成过程。如共析钢的原始组织为淬火马氏体、正火索氏体等非平衡组织时，则等温奥氏体化曲线如图 6-6 所示。每组曲线的左边一条是转变开始线，右边一条是转变终了线。由图可见，奥氏体化最快的是淬火状态的钢，其次是正火状态的钢，最慢的是球化退火状态的钢。这是因为淬火钢在升温过程中已经分解为微细粒状珠光体，组织最弥散，相界面最多，有利于奥氏体形核和长大，所以转变最快。正火态的细片珠光体，其相界面也很多，所以转变也很快。球化退火态珠光体，相界面最少，奥氏体化最慢。

3. 化学成分的影响

钢中的含碳量对奥氏体形成速度的影响很大。因为含碳量大，原始组织中的渗碳体数量增多，从而增加了铁素体和渗碳体的相界面，奥氏体形核率加大；而合金元素主要是从以下几个方面影响奥氏体的形成速度。首先，合金元素影响碳在奥氏体中的扩散速度。例如，Cr、Mo、W 等碳化物元素降低了碳在奥氏体的扩散速度，故大大减慢了奥氏体的形成速度。而 Co 和 Ni 能提高碳在奥氏体中的扩散速度，故加快了奥氏体的形成速度。其次，合金元素改变了钢的临界点和碳在奥氏体中的溶解度，于是就改变了钢的过热度和碳在奥氏体中的扩散速度，从而影响了奥氏体的形成过程。因此，奥氏体形成后碳和合金元素在奥氏体中的分布都是极其不均匀的。所以在合金钢中除了碳的均匀化之外，还有一个合金元素的均匀化过程。在相同条件下，合金元素在奥氏体中扩散速度远小于碳元素，仅为碳的万分之一到千分之一。因此，合金钢的奥氏体均匀化时间比碳钢长得多。在制定合金钢的加热工艺时，与碳钢相比，加热温度要高，保温时间要长，原因就在这里。

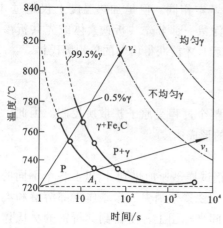

图 6-5　共析钢奥氏体等温形成图

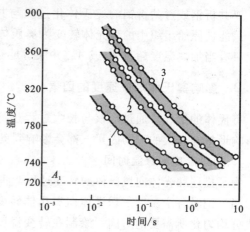

图 6-6　不同原始组织共析钢等温奥氏曲线
1—淬火态；2—正火态；3—球化退火

6.2.3　奥氏体晶粒大小及其影响因素

1. 奥氏体晶粒的大小

珠光体向奥氏体转变完成后获得的是细小的奥氏体晶粒，随温度升高和保温时间的延长会出现奥氏体晶粒长大的现象，因为晶界是处于相对不稳定的状态，它有向使合金系统自由能降低和稳定状态变化的趋势，使晶界相对面积减少，必须要引起奥氏体晶粒长大，而且是自发的过程。它是通过晶界上的原子移动和扩散的方式来实现的。

2. 奥氏体晶粒度

晶粒度是晶粒大小的尺度。它在钢进行热处理时是个很重要的参数。常见的有以下 3 种奥氏体晶粒度：

①起始晶粒度：指珠光体向奥氏体转变完成后，刚形成的奥氏体晶粒度。它比原珠光体晶粒要细小，但随温度升高和保温时间的延长而长大。

②本质晶粒度：指钢在加热时奥氏体晶粒长大的倾向，是表示钢在加热条件下奥氏体晶粒长大倾向的大小。随温度升高晶粒长大倾向小的钢称为本质细晶粒钢，晶粒长大倾向大的钢称为本质粗晶粒钢，如图 6-7 所示。

③实际晶粒度：指钢在具体加热条件下实际所形成的奥氏体晶粒度。它一般比起始晶粒度大。实际晶粒度对钢的性能有直接的影响。在钢进行热处理时，只有清楚地了解和掌握奥氏体的实际晶粒度才能有效地控制钢的性能。

由于奥氏体晶粒的大小对冷却后组织内晶粒的大小有直接关系，一般情况下，奥氏体晶粒小，冷却后所得组织内晶粒也细小，钢的强度高，塑性和韧性也好；若奥氏体晶粒粗大，则冷却后组织内晶粒也粗大，使钢的性能变坏，特别是冲击韧性更差。因此，钢在热处理时，要严格控制加热温度和保温时间，以获得细小而均匀的奥氏体晶粒，它是保证钢热处理产品质量的关键因素之一。

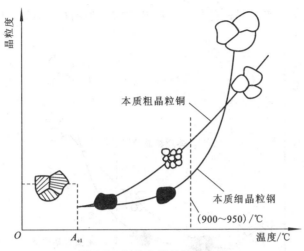

图 6-7　钢的本质晶粒示意图

3. 影响奥氏体晶粒大小的因素

（1）加热温度和保温时间的影响

一般来说，加热温度高和保温时间长，则奥氏体晶粒长大；否则相反。

（2）合金元素的影响

钢中加入合金元素，也影响奥氏体晶粒长大，不同元素有不同影响。

①阻止奥氏体晶粒长大的元素有 Ti、Nb、V、Mo、W、Al 等。它们是形成稳定的碳化物或者其他化合物的元素，形成的化合物弥散分布在奥氏体晶界上，起着阻碍奥氏体晶粒长大的作用。

②对奥氏体晶粒长大没有影响或影响不大的元素主要有 Ni、Si 和 Cu 等。

③促进奥氏体晶粒长大的元素主要有 Mn 和 P 等。它们融入奥氏体晶粒后，使 Fe 原子移动扩散加快，促进奥氏体晶粒长大。因此，在钢中有锰和磷元素时，要特别注意热处理加热温度不能过高和加热时间不能太长，以防止奥氏体晶粒的长大，使钢的性能变差。

6.3　钢在冷却时的组织转变

6.3.1　概述

钢的加热转变，或者钢的热处理加热是为了获得均匀、细小的奥氏体晶粒。因为大多数零件都在室温下工作，钢的性能最终取决于奥氏体冷却转变后的组织，钢从奥氏体状态的冷却过程是热处理的关键工序。因此，研究不同冷却条件下钢中奥氏体组织转变规律，对于正确制订钢的热处理冷却工艺、获得预期的性能具有重要的实际意义。

钢在铸造、锻造、焊接以后，也要经历由高温到室温的冷却过程。虽然不作为一个热处理工序，但实质上也是一个冷却变化过程，正确控制这些过程，有助于减少或者防止热加工缺陷。

在热处理生产中，钢在奥氏体化后通常有两种冷却方式：一种是等温冷却方式，如图 6-8 曲线 1 所示，将奥氏体状态的钢迅速冷却到临界点以下某一温度保温，让其发生恒温转变过程，然后再冷却下来；另一种是连续冷却方式，如图6-8曲线2所示，钢从奥氏体状态一直连续冷却到室温。

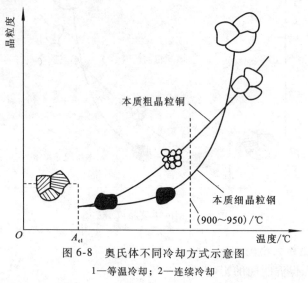

图 6-8　奥氏体不同冷却方式示意图

1—等温冷却；2—连续冷却

奥氏体在临界转变温度以上是稳定的，不会发生转变。奥氏体冷却到临界温度以下，在热力学上处于不稳定状态，要发生分解转变。这种在临界温度以下存在且不稳定、将要发生转变的奥氏体，叫做过冷奥氏体。过冷奥氏体在连续冷却时的转变是在一个温度范围内发生的，其过冷度是不断变化的，因而可以获得粗细不同或类型不同的混合体组织。虽然这种冷却方式被广泛采用，但分析起来却比较困难。

钢在等温冷却的情况下，可以控制温度和时间这两个因素，分别研究温度和时间对过冷奥氏体转变的影响，从而有助于弄清过冷奥氏体的转变过程及不同转变产物的组织和性能，并能方便地测定过冷奥氏体等温转变曲线。

6.3.2　奥氏体的等温转变图建立

现以共析钢 T8 为例，共析钢奥氏体等温转变曲线的建立过程可用图6-9说明。具体步骤如下：

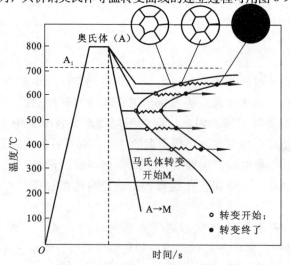

图 6-9　共析碳钢奥氏体等温转变曲线建立方法示意图

①加热：将 T8 钢制成若干试样，在 760 ～ 780 ℃加热和保温使之得到均匀的奥氏体。

②冷却：将得到的奥氏体试样分成几组后进行等温冷却。其方法如下：

● 分别放低于 A_1 温度以下各不同温度，例如，700 ℃、660 ℃、…、200 ℃中进行等温冷却。

● 分别测定出在不同温度下奥氏体的转变开始时间和终了时间。

● 在温度 – 时间坐标上分别找出不同温度下转变开始和终了时间，并把具有相同意义的各点进行连接，结果形成了像"C"字形状的曲线，因此称为 C 曲线。

在共析钢的"C"曲线中，转变开始点的连接线称为转变开始线，转变终了点的连接线称为转变终了线。

与"C"曲线有关的几个概念如下：

① $A_{过}$：过冷奥氏体。$A_{过}$ 是在 A_1 ～ M_s 之间和转变开始线以左的区域存在，因为它是奥氏体状态，而且又是在 A_1 温度以下存在，所以把它称为过冷奥氏体，用 $A_{过}$ 表示。

② $A_{过}$ 的孕育期：因为 $A_{过}$ 是不稳定的，孕育着要转变。$A_{过}$ 孕育要转变的时期称为孕育期。在"C"曲线上用从纵坐标到转变开始线之间的距离来表示 $A_{过}$ 在不同温度下的孕育期。在一定温度下孕育期越长，表示 $A_{过}$ 的稳定性越好。从图 6-9 可看出，不同过冷度下，即不同温度下，孕育期是不一样的。

③ "C"曲线鼻子：从"C"曲线上可看出，不同温度下 $A_{过}$ 的孕育期不同，孕育期最小处是 $A_{过}$ 最不稳定的温度，此时最容易转变，而且转变时所需要的时间最短。人们把 $A_{过}$ 转变最快处称为"C"曲线鼻子。共析钢"C"曲线鼻子大约在 550 ℃处。

共析钢的等温冷却转变曲线如图 6-10 所示。这种曲线也称为"C"曲线或者 TTT 曲线。

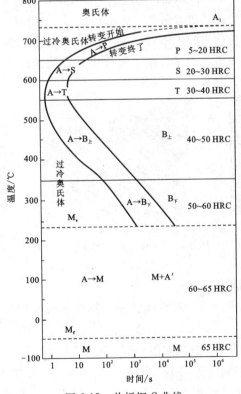

图 6-10　共析钢 C 曲线

6.3.3 过冷奥氏体等温转变过程和转变产物

$A_过$ 冷却转变时，转变温度区间不同，转变方式不同，转变产物的组织性能也不同。以共析钢为例，在不同过冷度条件下，奥氏体将产生 3 种不同的转变，即珠光体转变（高温转变）和贝氏体转变（中温转变）和马氏体转变（低温转变）。

1. 珠光体转变与性能

共析成分的过冷奥氏体从 A_1 以下至"C"曲线的"鼻尖"以上。A 转变为 P 的过程也是一个形核和长大的过程。

P 转变过程：$A_过$ 在 $A_1 \sim 550\ ℃$ 范围内时，首先在 A 晶界上产生 FeC_3 晶核，随后通过原子的扩散，它不断吸收两侧 A 中的碳，使晶核长大，并形成 FeC_3 片。同时也由于 FeC_3 片周围含碳量部分的 A 转变为 F，因为 F 溶碳能力差，又使过剩的碳排斥到相邻的 A 中，使 A 的含碳量增加，这又为新的 FeC_3 的形成创造了条件。如此反复进行使 A 转变为 F 和 FeC_3 相间存在的片状 P。可见 A 向 P 转变也是形核和长大的过程。这种转变是一种扩散型转变，它是铁原子和碳原子进行扩散形成 P 组织的过程。随着过冷度的增加，P 中的 F 和 FeC_3 片减少，即 P 片变为细小，进而又分别形成珠光体、索氏体和屈氏体 3 种珠光体类型组织。

①珠光体：片间距约为 $450 \sim 150\ nm$，形成于 $A_1 \sim 650\ ℃$ 范围内。在光学显微镜下可清晰分辨铁素体和渗碳体片层状组织形态，如图 6-11（a）所示。

②索氏体：片间距约为 $150 \sim 80\ nm$，形成于 $650 \sim 600\ ℃$ 范围内。只有在 800 倍以上光学显微镜下可清晰分辨铁素体和渗碳体片层状组织形态，如图 6-11（b）所示。

③屈氏体：片间距约为 $80 \sim 30\ nm$，形成于 $600 \sim 550\ ℃$ 范围内。在光学显微镜下很难清晰分辨铁素体和渗碳体片层状组织形态，如图 6-11（c）所示。

珠光体、索氏体、屈氏体之间无本质区别，其形成温度也无严格界限，只是其片层厚薄和间距不同。珠光体类组织的力学性能主要取决于片间距的大小。通常情况下，片间距愈小，其强度、硬度愈高，同时塑性、韧性也有所改善。

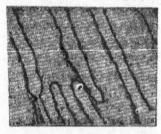 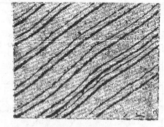 

（a）700 ℃等温2 500×　　　　　（b）650 ℃等温7 500×　　　　　（c）屈氏体600 ℃等温11 000×

图 6-11 片状珠光体的显微组织图

2. 贝氏体转变过程与性能

$A_过$ 在 $550 \sim 230\ ℃$ 范围内产生贝氏体转变。根据不同过冷度又分为上贝氏体转变和下贝氏体转变。

上贝氏体和下贝氏体的转变过程如图 6-12、图 6-13 所示。

①上贝氏体转变：形成温度为 $550 \sim 350\ ℃$。其转变是首先在 $A_过$ 边界上贫碳区域形成过饱和的 F 晶核，它的含碳量虽然低于 A 的平均碳量，但仍高于 F 的平衡碳量，因此它是碳过

饱和的 F, 并且向 A 内以平行生长的方式长大。随着 F 长大的同时, F 中碳原子向 F 平行条间的 A 集聚, 为形成短条状 FeC₃ 创造了条件, 结果形成羽毛状的上贝氏体, 用 B_上 表示。

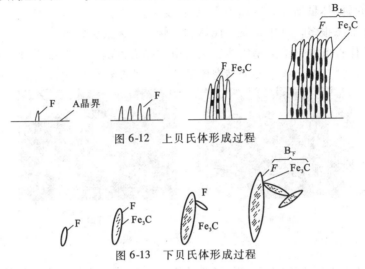

图 6-12 上贝氏体形成过程

图 6-13 下贝氏体形成过程

②下贝氏体转变: 形成温度 350 ~ 230 ℃。首先 F 在 A 边界形核, 向 A 内长大, 并形成针状。F 内含碳量较多, 即它是碳稍过饱和的 α 固溶体。由于温度低, 碳的扩散能力差, 所以只能在 F 内以断续的小片状或点状 FeC₃ 形式析出, 并且在 F 内与 F 长轴方向呈 55° ~ 65°有规律分布, 形成了针状的下贝氏体组织, 用 B_下 表示。

③贝氏体的力学性能: 取决于贝氏体的组织形态。上贝氏体的形成温度较高, 其中的铁素体粗条大, 它的塑变抗力低。上贝氏体中的渗碳体分布在铁素体条之间, 易于引起脆断, 因此, 其强度和韧性较低。下贝氏体中铁素体细小、分布均匀, 在铁素体内又析出细小弥散的碳化物, 加之铁素体内含有过饱和的碳以及高密度的位错, 因此, 下贝氏体不但强度高, 韧性也好。

上贝氏体和下贝氏体的光学金相照片如图 6-14 所示。

(a) 上贝氏体 (1 000×)　　　　(b) 下贝氏体 (500×)

图 6-14 上贝氏体与下贝氏体的光学金相照片

3. 马氏体转变过程和性能

马氏体是碳溶于在 α - Fe 中的过饱和间隙固溶体, 记为 M。在平衡状态下, 碳在 α - Fe 中的溶解度在 20 ℃时不超过 0.002% 。在快速冷却条件下, 由于铁原子、碳原子失去扩散能力, 马氏体中的含碳量可与原奥氏体含碳量相同, 最大可为 2.11% 。其中的碳择优分布在 c 轴方向上的正八面体间隙位置。这使得 c 伸长, a 轴缩短, 晶体结构为体心正方。其轴

比 c/a 称为正方度，马氏体含碳量愈高，正方度愈大。

过程当 $A_过$ 以大于 v_K（得到马氏体的最小冷却速度）的冷却速度冷到 M_s 点开始向 M 转变。继续冷却马氏体量增加，冷却到 M_f 点转变终止。

钢中马氏体形态很多，其中板条马氏体和片状马氏体最为常见。

①板条马氏体：低碳钢中的马氏体组织是由许多成群的、相互平行排列的板条所组成，故称为板条马氏体。其亚结构主要为高密度的位错，故又称为位错马氏体，如图 6-15 所示。

（a）金相　　　　　　　　　　（b）TEM

图 6-15　板条马氏体形貌

②片状马氏体：在高碳钢中形成的马氏体完全是片状马氏体。在显微镜下观察时呈针状或竹叶状。片状马氏体内部的亚结构主要是孪晶，因此，片状马氏体又称为孪晶马氏体，如图 6-16 所示。

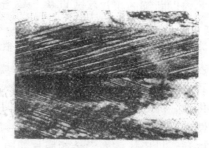

（a）金相　　　　　　　　　　（b）TEM

图 6-16　片状马氏体形貌

③马氏体的性能特点：

• 马氏体的硬度和强度：显著特点是具有高硬度和高强度，主要取决于马氏体的含碳量。通常情况下，马氏体硬度随着含碳量的增加而升高。但必须注意，淬火钢的硬度取决于马氏体和残余奥氏体的相对含量。只有当残余奥氏体量很少时，钢的硬度与马氏体的硬度才趋于一致。

• 马氏体的塑性和韧性：主要取决于马氏体的亚结构。片状马氏体脆性较大，其主要原因是片状马氏体中含碳量高，晶格畸变大，同时马氏体高速形成时相互撞击使得片状马氏体存在许多显微裂纹。而板条马氏体有相当高的塑性和韧性。

④马氏体相变强化机制：马氏体具体有高硬度、高强度的原因是多方面的，其中包括固溶强化、相变强化、时效强化和晶界强化等。

• 固溶强化：首先是碳对马氏体的固溶强化。过饱和的间隙原子碳在 α 相晶格中造成晶格的正方畸变，形成一个很强的应力场。该应力场阻碍位错的运动，从而提高马氏体的强度和硬度。

● 相变强化：马氏体转变时，在晶体内造成晶格缺陷密度很高的亚结构。例如，板条马氏体中高密度的位错、片状马氏体中的孪晶等，这些缺陷将阻碍位错的运动，使得马氏体得到强化。

● 时效强化：马氏体形成后，在随后的放置过程中，碳和其他合金元素的原子会向位错线等缺陷处扩散而产生偏聚，使位错难以运动，从而造成马氏体的强化。

晶界强化：通常情况下，原始奥氏体晶粒越细小，所得到的马氏体板条束也越小，而马氏体板条束阻碍位错的运动，使马氏体得到强化。

4. 魏氏组织的形成

在实际生产中，碳质量分数小于 0.6% 亚共析钢或碳质量分数大于 1.2% 过共析钢在铸造、热扎、锻造后空冷，焊缝或热影响区空冷，由高温快冷，先共析铁素体或先共析渗碳体从奥氏体晶界上沿着奥氏体的一定晶面往晶向内生长，呈针片状析出。在金相显微镜下可以观察到从奥氏体晶界生长出来的近于平行的或其他规则排列的针状铁素体或渗碳体以及其间存在的珠光体组织，这种组织称为魏氏组织。前者称为铁素体魏氏组织，见图 6-17（a），后者称为渗碳体魏氏组织，见图 6-17（b）。

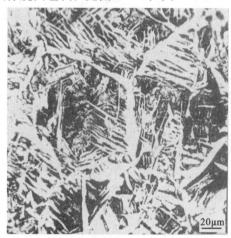 

（a）铁素体魏氏组织　　　　　　　　　　（b）渗碳体魏氏组织

图 6-17　魏氏组织

魏氏组织的形成与钢中含碳量、奥氏体晶粒大小及冷却速度有关。例如，当亚共析钢中碳的质量分数超过 0.6% 时，由于含碳量高，形成贫碳区的几率很小，故难形成魏氏组织。研究表明，当其奥氏体晶粒细小时，碳质量分数在 0.15% ~0.35% 狭窄范围内，冷却速度较快时才能形成魏氏组织。奥氏体晶粒越细小，越容易形成网状铁素体，而不容易形成魏氏组织。奥氏体晶粒越粗大，越容易形成魏氏组织，形成魏氏组织的含碳量的范围变宽。因此，魏氏组织通常伴随奥氏体粗晶组织出现。

魏氏组织是钢的一种过热缺陷组织。它使钢的力学性能，特别是冲击韧性和塑性有显著降低，并提高钢的脆性转折温度，因而使钢容易发生脆性断裂。所以，比较重要的工件都要对魏氏组织进行金相检验和评级。

当钢或者铸钢中出现魏氏组织降低其力学性能时，首先应当考虑是否加热温度过高，使奥氏体晶粒粗化造成的。对易于出现魏氏组织的钢材可以通过控轧控冷、降低终锻温度、控制锻（轧）后的冷却速度或者改变热处理工艺。例如，调质、正火、退火、等温淬火等工艺来防止或消除魏氏组织。

6.3.4 过冷奥氏体的连续冷却转变图

在实际生产中，普遍采用的热处理方式是连续冷却，如炉冷退火、空冷正火、水冷淬火等。

过冷奥氏体连续冷却转变的规律也可以用另一种 C 曲线表示出来，这就是"连续冷却 C 曲线"，又称为"CCT 曲线"。它反映了在连续冷却条件下过冷奥氏体的转变规律，是分析转变产物组织与性能的依据，也是制订热处理工艺的重要参考资料。

CCT 曲线是通过实验测定的。以共析钢为例，把若干组共析钢的小圆片试样经同样奥氏体化以后，每组试样各以一恒定速度连续冷却，每隔一段时间取出一个试样淬入水中，将高温分解的状态固定到室温，然后进行金相测定，求出每种转变的开始温度、开始时间和转变量。将各个冷却速度的数据绘制在温度-时间对数坐标中，图 6-18 即为共析钢的 CCT 曲线示意图。可以看到，珠光体转变区由 3 条曲线构成，左边是转变开始线 P_s，右边是转变终了线 P_f，下面是转变中止线 KK'。马氏体的转变区则是由两条曲线构成：一条是温度上限 M_s 线，另一条是冷速下线 v_k。

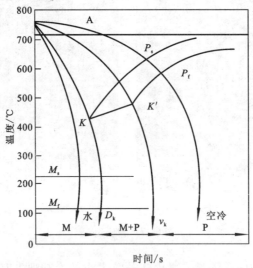

图 6-18　共析钢连续冷却转变示意图

从图中可看出：

①当冷却速度 $v < v_k'$ 时，冷却曲线与珠光体转变开始线相交便发生奥氏体向珠光体的转变，与终了线相交时，转变便结束，全部形成珠光体。

②当冷却速度 $v_k' < v < v_k$ 时，冷却曲线只与珠光体转变开始线相交，而不再与转变终了线相交，但会与中止线相交，这时奥氏体只有一部分转变为珠光体。冷却曲线一旦与中止线相交就不再发生转变，只有一直冷却到 M_s 线以下才发生马氏体转变。并且随着冷却速度的增大，珠光体转变量越来越少，而马氏体量越来越多。

③当冷却 $v > v_k$ 时，冷却曲线不再与珠光体转变开始线相交，即不发生奥氏体向珠光体的转变，而全部过冷到马氏体区，只发生马氏体转变。

可见，v_k 是保证奥氏体在连续冷却过程中不发生分解而全部过冷到马氏体区的最小冷却速度，称为"上临界冷却速度"，也叫作"临界淬火冷速"。v_k' 则是保证奥氏体在连续冷却过程中全部分解而不发生马氏体转变的最大冷却速度，称为"下临界冷却速度"。

④共析碳钢的连续冷却转变只发生珠光体转变和马氏体转变，不发生贝氏体转变，即共析碳钢在连续冷却时得不到贝氏体组织。

6.3.5　过冷奥氏体转变图的应用

过冷奥氏体冷却转变图是制定热处理工艺的重要依据，也有助于了解热处理过程中钢材组织和性能的变化。

①可以利用等温转变图定性和近似地分析钢在连续冷却时组织转变的情况。例如，要确定某种钢经某种冷却速度冷却后所能得到的组织和性能，一般是将这种冷速画到材料的 C 曲线上，按其交点位置估计其所能得到的组织和性能。

②等温转变图对于制订等温退火、等温淬火、分级淬火以及变形热处理工艺具有指导作用。

③利用连续冷却转变图可以定性和定量地显示钢在不同冷却速度下所获得的组织和硬度，这对于制订和选择零件热处理工艺有实际的指导意义，可以比较准确地确定出钢的临界淬火冷却速度，正确选择冷却介质。利用连续冷却转变图可以大致估计零件热处理后表面和内部的组织和性能。

6.4　合金元素对钢组织转变的影响

6.4.1　合金元素对钢组成相的影响

1. 钢中的合金元素

实验表明，在碳钢中加入一定数量的合金元素进行合金化，可以进一步改善钢的组织和性能。由此，已发展出一系列的合金钢。合金元素是指为了改变钢的组织与性能而有意加入的元素。常见的合金有硅、猛、镍、铜、铝、钴、钛、铌、钒、钨等。

2. 合金钢中的基本相

碳钢中可能存在的基本相有铁素体、奥氏体、马氏体和渗碳体。合金元素加入钢中以后，可能以两种形式存在于钢中：一是溶于固溶体类的相中，形成合金铁素体、合金马氏体、合金奥氏体，增加了固溶体相的稳定性，非碳化物形成元素主要存在于固溶体类相中；二是形成合金碳化物或者特殊碳化物。例如，置换渗碳体中的铁原子，形成合金渗碳体［如（Fe，W）$_3$C］等。在高碳高合金钢中，还可能形成各种稳定性更高的合金碳化物（如 Mn$_3$C、Cr$_{23}$C$_6$ 等）以及特殊碳化物（WC、VC 等）。稳定性愈高的碳化物愈难溶于奥氏体，愈难聚集长大。随着碳化物数量增多，将使钢的强度、硬度增大。耐磨性增加，但塑性和韧性会有下降。

6.4.2　合金元素对钢组织转变的影响

1. 合金元素对钢加热时组织转变的影响

对奥氏体转变的影响以及对奥氏体晶粒度的影响在6.2节已有介绍。

2. 合金元素对钢冷却时组织转变的影响

除 Co 以外，大多数合金元素总是不同程度地延缓了珠光体和贝氏体相变，这是由于它们溶入奥氏体后，增大其稳定性，从而使 C 曲线右移。其中碳化物形成元素的影响最为显著，如果碳化物形成元素未能溶入奥氏体，而是以残余未溶碳化物微粒形成存在，则将起相反作用。

除了 Co、Al 外，大多数合金元素总是不同程度地降低马氏体转变温度，并增加残余奥氏体量。

6.5　钢的热处理工艺

钢的热处理工艺是指根据钢在加热和冷却过程中的组织转变规律制定的具体加热、保温和冷却的工艺参数。热处理工艺种类很多，根据加热、冷却方式及获得组织和性能的不同，钢的热处理可分为普通热处理（退火、正火、淬火、回火）、表面热处理（表面淬火和化学热处理等）。

6.5.1　钢的退火与正火

在机器零件或工模具等工件的加工制造过程中，退火和正火经常作为预备热处理工序，即安排在铸造、锻造之后，切削加工之前，用以消除前一工序所带来的某些缺陷，为随后的工序做准备。例如，某些热加工以后工件往往存在残余应力，硬度偏高或者偏低，组织粗大，存在成分偏析等缺陷，这样的工件其力学性能低劣，不利于切削加工成型，淬火时容易变形和开裂。经过适当的退火或正火处理可使工件的内应力消除，调整硬度以改善切削加工性能，组织细化，成分均匀，从而改善工件的力学性能并为随后的淬火作准备。

1. 退火

是将钢加热至临界点 A_{c1} 以上或以下温度，保温后随炉缓慢冷却以获得近于平衡状态组织的热处理工艺。退火的种类很多（图6-19所示为各种退火的加热温度范围和工艺曲线），根据加热温度可分为两大类：一类是在临界温度（A_{c1} 或 A_{c3}）以上的退火，包括完全退火、等温退火、球化退火和扩散退火等；另一类是在临界温度以下的退火，包括再结晶退火以及去应力退火等。

退火的目的如下：

①完全退火：将钢件或毛坯加热到 A_{c3} 以上 20～30 ℃，保温一定时间，使钢中组织完全奥氏体化后随炉冷却到 500～600 ℃以下出炉，然后在空气中冷却的热处理方式。

适用于碳的质量分数为 0.25%～0.77% 的亚共析成分碳钢、合金钢和工程铸件、锻件及热扎型材。过共析钢不宜采用完全退火，因为过共析钢在奥氏体化后缓慢冷却时，二次渗碳体会以网状沿奥氏体晶界析出，使钢的强度、塑性和冲击韧性大大下降。例如，45 钢锻造后与完全退火后力学性能比较如表6-1所示。

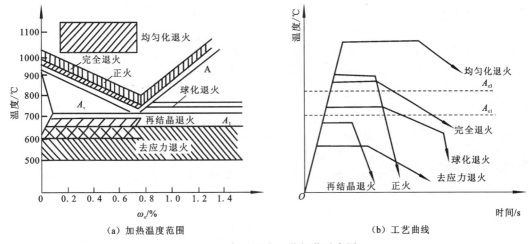

（a）加热温度范围　　　　　　　　　　（b）工艺曲线

图 6-19　各种退火工艺规范示意图

表 6-1　45 钢锻造后与完全退火后力学性能比较

状态	σ_b/MPa	σ_s/MPa	δ/%	ψ/%	a_k/(kJ·m^{-2})	HB
锻造	650~750	300~400	5~15	20~40	200~400	230
完全退火	600~700	300~350	15~20	40~50	400~600	200

可以看出，完全退火后强硬度有所下降，而塑韧性较大幅度提高。

②等温退火：将钢加热到 A_{c1} ~ A_{c3}（亚共析钢）或 A_{c1} ~ A_{ccm}（过共析钢）之间，保温缓慢冷却，以获得接近平衡组织的热处理工艺。

适用于大型制件及合金钢制件较适宜，可大大缩短退火周期。

③球化退火：通常加热到 A_{c1} 以上 20~30 ℃，使片状渗碳体转变为球状或粒状。

适用于碳素工具钢、合金弹簧钢以及合金工具钢等共析钢和过共析钢。图 6-20 所示为轴承和刀具。

④均匀化退火（扩散退火）：指将钢加热到 A_{c3} 或 A_{ccm} 以上 150~300 ℃，长时间保温，然后随炉缓冷的热处理工艺。

一般碳钢的加热温度为 1 100~1 200 ℃，合金钢为 1 200~1 300 ℃，适用于合金钢铸锻件，消除成分偏析和组织的不均匀性。但成本高，一般很少采用。

⑤再结晶退火：指将钢加热至再结晶温度以上 150~250 ℃，一般采用 650~700 ℃，适当保温后缓慢冷的一种操作工艺。

适用于冷拔、冷拉和冲压等冷变形钢件，使冷变形被拉长、破碎的晶粒重新生核和长大成为均匀的等轴晶粒，从而消除形变强化状态和残余应力，为其他工序作准备，属于中间退火。从上述可以看出，退火目的如下：

● 改善组织和使成分均匀化，以提高钢的性能，例如，组织不均匀、晶内偏析等。

● 消除不平衡的强化状态，例如，内应力或加工硬化等。

● 细化晶粒，改善组织，为最终热处理作好组织上的准备。

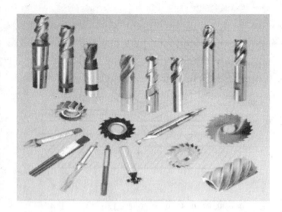

（a）轴承 （b）道具

图 6-20 轴承和刀具

2. 正火

正火是将钢加热至 A_{c3} 或 A_{ccm} 以上 $30 \sim 50\ ℃$，经适当保温后在空气中冷却的一种操作工艺过程。由于正火的冷却速度比退火快，得到的组织是较细小的 P，能细化晶粒，改善组织，消除内应力，防止变形和开裂。正火目的如下：

①普通结构件的最终热处理，可使粗大组织细化、均匀化。例如，45 钢经正火后得到细小而均匀的组织，使钢的性能得到改善和提高。

②重要零件的预先热处理，例如，半轴、凸轮轴等零件，为改善切削加工性能要进行正火处理。

③对于过共析钢、轴承钢和工具钢等正火消除网状渗碳体，以利于球化退火，同时细化晶粒，并为淬火作组织准备。图 6-21 所示为 45 钢退火、正火组织。

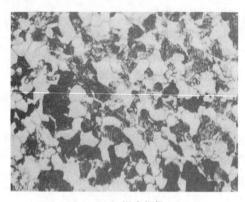

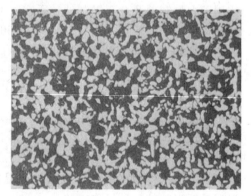

（a）退火组织 （b）正火组织

图 6-21 45 钢组织

3. 正火和退火的选择

两者相同之处是对同种类型钢进行热处理后得到近似的组织，只是正火冷速快些，转变温度低些，获得的组织更细小。对于它们的选择原则如下：

①正火：对于低碳钢，为了改善切削加工性能和零件形状简单时，一般选用正火处理。

②退火：对于中、高碳钢，为了改善切削加工性能和零件形状复杂时，可选择退后处理。

生产上，因为正火比退火的生产周期短，可节省时间、操作简便、成本低，所以在一般情况下尽量用正火代替退火。

6.5.2　钢的淬火与回火

1. 淬火

淬火是将钢件加热到 A_{c1} 或 A_{c3} 以上保温一定时间后，快速冷却（通常大于临界冷却速度 v_k），以得到马氏体（或下贝氏体）组织的热处理工艺。

淬火加热温度的选择应以得到均匀细小的奥氏体晶粒为原则，以便淬火后得到细小的马氏体组织。对于亚共析钢通常加热到 A_{c3} 以上 30～50 ℃，对于共析钢和过共析钢为 A_{c1} 以上 30～50 ℃。

（1）冷却介质的确定

淬火冷却的目的是得到 M，其冷却速度必须大于 v_k，要快冷就不可避免地在工件内产生较大的内应力，工件要变性或者开裂。

①理想冷却介质：淬火得到 M 时，使零件不开裂和变形量小的理想冷却曲线应如图 6-22 所示。若淬火成 M，只是在"C"曲线"鼻尖"附近快冷，使冷却曲线不与"C"相交，保证 $A_{过}$ 不被分解。而在"鼻尖"上部和下部要慢冷，以减少热应力和组织应力。

②常用的冷却介质：在生产上淬火常用的冷却介质有水、盐水、碱水、油和熔盐碱等，详见表 6-2 和表 6-3。

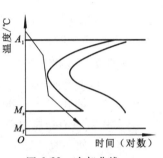

图 6-22　冷却曲线

表 6-2　常用淬火冷却介质的冷却特点

淬火冷却介质	冷却能力/(℃/s)	
	300～200 ℃	650～550 ℃
水（18 ℃）	600	270
水（26 ℃）	500	270
水（50 ℃）	100	270
水（74 ℃）	30	200
10% 食盐水溶液（18 ℃）	1100	300
10% 苛性钠水溶液（18 ℃）	1200	300
10% 碳酸钠水溶液（18 ℃）	800	270
肥皂水	30	200
矿物机油	150	30
菜籽油	200	35

表6-3 热处理常用盐浴的成分、熔点及使用温度

熔盐	成分	熔点/℃	使用温度/℃
碱浴	KOH（80%）＋NaOH（20%）＋H_2O（6%，外加）	130	140～180
硝盐	KNO_3（55%）＋$NaNO_2$（45%）	137	155～550
硝盐	KNO_3（55%）＋$NaNO_3$（45%）	218	140～180
中性盐	KCl（30%）＋NaCl（20%）＋$BaCl_2$（50%）	560	140～180

●水：在650～550 ℃范围内冷却能力较大，是冷却介质中最常用的，但要注意使用温度，水温不能超过30～40 ℃，否则冷却能力下降。主要用于形状简单和大截面碳钢零件的淬火。

●盐水：5%～10%氯化钠或氢氧化钠等水溶液，它们的冷却能力比水更强，但在300～200 ℃温度范围时，其冷却能力仍很强，同样对减少变形不利，因此它们也只能用于形状简单、截面积尺寸较大的碳钢工件。

●油：一种应用广泛的冷却介质，主要是各种矿物油，例如机油、锭子油、变压器油和柴油等。油在300～200 ℃范围内冷却能力较低，有利于减少工件的变形和开裂。但在650～550 ℃时冷却能力差，不利于碳钢的淬火。因此，主要适用于合金钢和小尺寸碳钢工件的淬火。使用时油温不能过高，否则易着火，流动性增加，提高了冷却能力。一般控制在40～100 ℃，同时油长期使用会老化，要注意防护。油冷后要清洗。

●熔融的盐碱：为了减少零件淬火时的变形和开裂，常用盐浴和碱浴作为淬火冷却介质，它们的使用温度范围一般为150～500 ℃，冷却能力介于油和水之间。其特点是高温区间有较强的冷却能力，而在接近使用温度时冷却能力迅速下降，有利于减少零件变形和开裂。这种冷却介质适用于形状复杂、尺寸较小和变形要求较严格的零件。

（2）淬火方法

为了使零件得到M，并防止变形和开裂，通常选用适宜的淬火方法来实现，常用的有以下几种：

①单液淬火法：将已奥氏体化的钢件在一种淬火介质中冷却的方法。例如，低碳钢和中碳钢在水中淬火，合金钢在油中淬火等。单液淬火方法主要应用于形状简单的钢件。

②双液淬火：将工件加热奥氏体化后先浸入冷却能力强的介质中，在组织即将发生马氏体转变时立即转入冷却能力弱的介质中冷却的方法，称为双液淬火。例如，先在水中冷却后在油中冷却的双液淬火。双液淬火主要适用于中等复杂形状的高碳钢工件和较大尺寸的合金钢工件。

③分级淬火：工件加热奥氏体化后浸入温度稍高于M_s点的盐浴或碱浴中，待工件内温度均匀一致后，再取出冷却淬火的方法。适用于尺寸比较小、形状复杂的工件的淬火。

④等温淬火：工件加热奥氏体化后浸入温度稍高于M_s点的盐浴或碱浴中，保持一定时间，完全转变为下贝氏体，然后进行冷却的方法。可用来处理各种中碳钢、高碳钢和合金钢制造的小型复杂工件。

各种淬火方法示意图如图6-23所示。

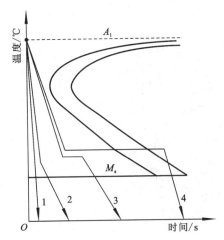

图 6-23　不同淬火方法示意图

1—单介质淬火；2—双介质淬火；3—分级淬火；4—等温淬火

2. 回火

钢在淬火后得到的组织一般是 M 和 $A_{\text{残}}$，同时有内应力，这些都是不稳定的状态，特别是含碳量大于 0.4% 的钢不能直接使用，必须进行回火，否则零件在使用过程中就要发生变化，这是不允许的。

回火是将淬火钢加热到 Ac_1 以下某一温度，保温冷却下来的一种热处理工艺，其目的是减少或者消除淬火应力，稳定组织，提高钢的塑性和韧性，从而使钢的强度、硬度和塑性、韧性得到适当的配合，以满足不同工件的性能要求。按其回火范围，分为以下几种：

（1）低温回火（150~250 ℃）

其组织是回火马氏体。这种回火主要是为了降低钢中部分残余应力和脆性，而保持钢在淬火后所得到的高强度、硬度和耐磨性。在生产中低温回火被广泛应用于工具、量具、滚动轴承、渗碳工件及表面淬火工件等，如图 6-24 所示。

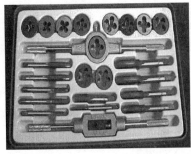

图 6-24　低温回火工件

（2）中温回火（350~500 ℃）

其组织为回火屈氏体。经中温回火后，工件的内应力基本消除，其力学性能特点是具有极高的弹性极限和良好的韧性。主要用于各种弹簧零件及热锻模具的处理，如图 6-25 所示。

图 6-25　中温回火工件

（3）高温回火（500～650 ℃）

其组织是回火索氏体。通常将淬火和高温回火相结合的热处理工艺称为调质处理。经调质处理后钢的强度、塑性和韧性具有良好的配合，即具有较高综合机械性能。因而，调质处理被广泛应用于中碳结构钢和低合金结构钢制造的各种重要的结构零件，特别是在交变载荷下工作的连杆、螺栓以及轴类等，如图 6-26 所示。

图 6-26　高温回火工件

回火保温时间：一般为 1～2 h，目的是通过扩散使钢的组织发生变化，以保证性能。

回火后的冷却：一般对钢的组织和性能影响不大，通常的回火冷却都采用在空气中冷却的方式，很简便。只有某些合金元素的钢，为了防止高温回火脆性而采用快冷（如水或者油），但快冷有时会产生内应力，此时要采用一次低温退火来消除应力。

6.5.3　钢的表面淬火

表面淬火是通过快速加热使钢件表面达到临界温度（A_{c1} 或 A_{c3}）以上，不等热量传到工件内层就迅速予以冷却，只使表面被淬硬为马氏体，而内层仍为塑性、韧性良好的组织。根据加热方法的不同，表面淬火可分为感应加热、火焰加热、电子束加热表面淬火等工艺。

1. 感应加热表面淬火

感应加热表面淬火是利用在交变电磁场中工件表面产生的感应电流将工件表面快速加热，并淬火冷却的一种热处理工艺。其原理是"集肤效应"，即在较高频率的交变电磁场中，电流在工件的分布是不均匀的，表层电流密度大。频率越高，"集肤效应"越显著，如图 6-27 所示。

感应加热表面淬火的工艺方法是将钢件放入由紫铜管制成的与零件外形相似的感应圈，随后将感应圈内通入一定频率的交变电流，这样在感应圈内外产生相同频率的交变磁场，同时，在零件表面也产生频率相同、方向相反的感应电流，该电流在工件表面形成封闭回路，称为"涡流"。由此产生的热效应将零件表面快速加热到淬火温度，随即喷水冷却，使工件表面获得马氏体组织，如表 6-4 所示。

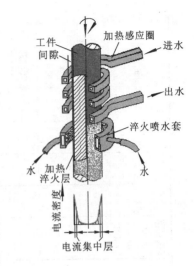

图 6-27　感应加热表面淬火示意图

表 6-4　感应加热工艺参数及应用

分　类	频率范围/kHz	淬硬层厚度/mm	应　用　举　例
高频加热	50 ~ 300	0.3 ~ 2.5	小型轴类、套等圆形零件及小模数齿轮
中频加热	1 ~ 10	3 ~ 10	中型轴类、大模数齿轮
工频加热	50	10 ~ 20	大型零件

常用感应加热表面淬火的零件和材料以及技术与要求，如表 6-5、表 6-6 所示。

表 6-5　机床齿轮表面淬火常用材料硬度要求

材　　料	表面硬度/HRC	备　　注
45	40 ~ 45 45 ~ 50	①淬火后表面硬度应达到 55 HRC 以上，最终硬度由回火工艺确定 ②预热热处理采用正火、调质，以改善切削加工性
40Cr	40 ~ 45 45 ~ 50 40 ~ 45 50 ~ 55	

2. 火焰加热表面淬火

其工艺方法是利用可燃气体（如乙炔）的火焰将工件表面快速加热到淬火温度，然后立即用水喷射冷却，通过控制火焰喷嘴的移动速度可获得不同厚度的淬硬层。此法适于单件或小批量零件的表面淬火。

表 6-6 凸轮轴感应淬火工艺

工序号	工序名称	设备	发电机电压/V 空载	发电机电压/V 有载	发电机电流/A	励磁电流/A	功率因数	输出功率/kW	加热方式	淬火速度/(mm/s)	加热时间/s	冷却方式	淬火介质	冷却压力/MPa	装炉量/件	时间/min	温度/℃	备注
1	擦抹工件																	清除脏物
2	调整机床	轴颈淬火机床																感应器对准中心
3	凸轮淬火	BPS100/8000	750	750	150	2.6	0.90	100	同时		28							旋转注意尖部温度
4	冷却	泵										同时	聚乙烯醇0.25%	0.3				硬度≥60 HRC
5	自检	锉刀													150	90	180	工件对中
6	调整机床	轴颈淬火机床																
7	轴颈淬火	BPS100/8000	640	640	150	2.6	0.95	90	连续	7		连续	聚乙烯醇0.25%	0.15				
8	自检	锉刀																硬度≥58 HRC
9	测量	百分表																弯曲度≤0.15 mm
10	清理油孔																	
11	回火	RJ-75-6													20	120	180	及时回火
12	检查	硬度计																检查量20%

3. 激光加热表面淬火

其工艺方法是将激光器产生的高功率密度的激光束照射到工件的表面上，使工件表面被快速加热到临界温度以上，然后移开激光束，利用工件自身的传导将热量从工件表面传向心部而达到自冷回火。

4. 电子束加热表面淬火

当高速的电子流轰击工件表面时，电子可射入表面一定深度，电子的动能转化为热能使工件表层快速加热到临界温度以上，电子束移开后工件自冷淬火的热处理工艺。例如，对钢铁材料，电子的加速电压为 120 kV 时，其射入深度约为 40 μm。

6.5.4　钢的化学热处理

钢的化学热处理是利用物理、化学来改变工件表面的成分与组织，从而使工件表面获得与心部不同的力学或物理、化学性能的工艺方法的总称。

按钢件表面渗入元素的不同，化学热处理可分为渗碳、渗氮、碳氮共渗、渗硼、渗铝和渗铬等。

化学热处理的特点是不受工件形状的限制，而且还可得到特殊性能。

1. 渗碳

向钢件表面渗入碳原子的过程称为渗碳。其主要目的是为了提高工件的硬度、耐磨性和抗疲劳强度，同时保持心部的良好韧性。渗碳主要用于表面受严重磨损并承受较大冲击载荷的零件。例如，汽车齿轮、活塞销和套筒等。

常用的渗碳用钢有低碳钢和低碳合金钢，例如 20 钢、20Cr 钢、20CrMnTi 钢、20CrMn2TiB 钢等。

渗碳是由分解、吸收和扩散过程组成。

①分解：从活性介质化合物中分解出活性碳原子 [C] 的过程，目的是获得活性碳原子 [C]。

②吸收：活性碳原子 [C] 被工件表面吸收。它是活性碳原子 [C] 与钢件表面金属原子键合而进入金属表面层的过程，即活性碳原子 [C] 向钢的固溶体中溶解或与钢中元素形成化合物的过程。

③扩散：活性碳原子 [C] 向工件表层内部扩散，它是 [C] 向工件深处的迁移过程。扩散的结果形成一定深度的渗碳层。在渗碳层内，一般达到过共析钢，其含碳量大约为 1.0%。

2. 渗碳工艺

渗碳是由一定的工艺过程来实现的，说明如下：

①渗碳的加热温度：常用 920 ~ 930 ℃。

②渗碳的方法：依所用的渗碳剂的不同，钢的渗碳可分为气体渗碳、固体渗碳和液体渗碳。最常用的是气体渗碳，其工艺方法是将工件放入密封的加热炉中，加热到临界温度以上按一定流量滴入液体渗碳剂（如煤油、甲醇、丙酮），并使之分解，分解产物有 C_nH_{2n} 和 C_nH_{2n+2}，在钢的表面发生如下的反应。

$$C_nH_{2n} \longrightarrow H_2 + n\,[C] \tag{6-1}$$

$$C_nH_{2n+2} \longrightarrow (n+1)\ H_2 + n\ [C] \tag{6-2}$$

从而提供了活性碳原子，吸附在工件表面并向钢的内部扩散而进行渗碳。图 6-28 所示为气体渗碳法示意图。

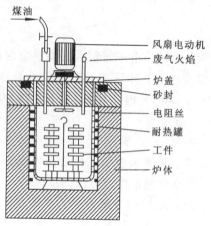

图 6-28　气体渗碳法示意图

3. 钢的氮化

与渗碳相似，钢的氮化是指向钢的表面层渗入氮原子的过程。最常用的是气体氮化法，氮化温度 560 ℃，即利用氨气在加热时分解出活性氮原子，即氨气分解产生氢气和氮原子，活性氮原子被钢吸收后在其表面形成氮化层，同时向心部扩散。铝、铬、钼、钒、钛等合金元素极易与氮形成颗粒细小、分布均匀、硬度很高并且十分稳定的各种氮化物，如 AlN、CrN、MoN、TiN、VN 等，因而，常用的氮化用钢有 35CrMo 钢、18NiMoW 钢等。而对碳钢由于氮化后不形成特殊氮化物，通常碳钢不用作氮化用钢。

4. 热喷涂

热喷涂是指把固体材料粉末加热熔化并以高速喷射到工件表面，形成不同于基体成分的涂层，以提高工件耐磨、耐蚀或耐高温等性能的工艺要求。其热源类型有气体燃烧火焰、气体放电电弧、爆炸以及激光等。

课堂讨论

含碳量为 1.2% 的碳钢，其原始组织为片状珠光体和网状渗碳体，欲得到回火马氏体和粒状碳化物组织，试制订所需要的热处理，并注明工艺名称、加热温度、冷却方式以及热处理各阶段所获得的组织。（$A_{c1} = 730$ ℃，$A_{ccm} = 830$ ℃）

习题

1. 钢为什么要进行热处理？热处理时改变什么才能改善钢的性能？
2. 解释下列名词：

　　热处理、珠光体、贝氏体、马氏体、退火、正火、淬火、回火、调质处理
3. 共析钢加热时向奥氏体转变分为哪几个阶段？
4. 淬火钢为什么要回火后使用？常用的回火如何分类，都应用于哪些零件？
5. 感应加热表面淬火和化学热处理各有什么特点？

第 **7** 章　工业用钢

内容提要

- 掌握钢的分类与编号、成分、性能特点、热处理工艺与应用。
- 熟悉合金元素对钢的基本相、显微组织和热处理性能的影响。
- 了解特殊用钢的性能特点与应用情况。

教学重点

- 合金元素对钢的基本相、显微组织和热处理性能的影响。
- 碳钢与合金钢的成分、性能特点、热处理工艺与应用。

教学难点

- 钢的合金化的机制。
- 碳钢与合金钢的合理选择与热处理工艺的制定。

钢铁材料通常包括钢和铸铁，即指所有 Fe－C 基合金。工业用钢按化学成分分为碳钢和合金钢两大类。碳钢为含碳量小于 2.11% 的铁碳合金。而合金钢是指为了提高钢的性能，在碳钢的基础上有意加入一定量合金元素所获得的铁基合金。但是应当指出，合金钢并不是在一切性能上都优于碳钢，也有些性能指标不如碳钢，且价格比较昂贵，所以必须正确地认识并合理使用合金钢，才能使其发挥出最佳效用。

7.1　钢的分类和编号

7.1.1　钢的分类

钢的种类繁多，为了便于生产、使用、管理，可按以下几种方法分类：

1. 按化学成分分类

按化学成分可将钢分为碳素钢和合金钢。碳素钢根据含碳量分为低碳钢（含碳量≤0.25%）、中碳钢（含碳量为 0.25% ~ 0.6%）和高碳钢（含碳量 > 0.6%）。合金钢根据合金元素总量分为低合金钢（合金元素总量 < 5%）、中合金钢（合金元素总量为 5% ~ 10%）和高合金钢（合金元素总量 > 10%）。

2. 按质量分类

钢的质量是以磷、硫的含量来划分的。根据磷、硫的含量可将钢分为普通质量钢、优质钢、高级优质钢和特级优质钢。根据现行标准，将各质量等级钢的磷、硫含量列于表 7-1。

表 7-1　各质量等级钢的磷、硫含量

钢　类	碳素钢		合金钢	
	$\omega_P/\%$	$\omega_S/\%$	$\omega_P/\%$	$\omega_S/\%$
普通质量钢	≤0.045	≤0.050	≤0.045	≤0.045
优质钢	≤0.040	≤0.040	≤0.035	≤0.035
高级优质钢	≤0.030	≤0.030	≤0.025	≤0.025
特级优质钢	≤0.025	≤0.020	≤0.025	≤0.015

3. 按冶炼方法分类

根据冶炼所用炼钢炉不同，可将钢分为平炉钢、转炉钢和电炉钢。根据冶炼时的脱氧程度不同又可将钢分为沸腾钢、镇静钢和半镇静钢。沸腾钢在冶炼时脱氧不充分，浇注时碳与氧反应发生沸腾。这类钢一般为低碳钢，其塑性好、成本低、成材率高，但不致密，主要用于制造用量大的冷冲压零件，如汽车外壳、仪器仪表外壳等。镇静钢脱氧充分，组织致密，但成材率低。半镇静钢介于前两者之间。

4. 按金相组织分类

按退火组织可将钢分为亚共析钢、共析钢和过共析钢。而按正火组织可将钢分为珠光体钢、贝氏体钢、马氏体钢、铁素体钢、奥氏体钢和莱氏体钢等。

5. 按用途分类

按用途可将钢分为结构钢、工具钢和特殊性能钢。结构钢包括工程用钢和机器用钢，工程用钢用于建筑、桥梁、船舶、车辆等，而机器用钢包括渗碳钢、调质钢、弹簧钢、滚动轴承钢和耐磨钢。工具钢包括模具钢、刃具钢和量具钢。特殊性能钢包括不锈钢、耐热钢等。

7.1.2　钢的编号

1. 钢铁产品牌号表示方法

我国钢的牌号一般采用汉语拼音字母、化学元素符号和阿拉伯数字相结合的方法表示。采用汉语拼音字母表示钢产品的名称、用途、特性和工艺方法时，一般从代表钢产品名称的汉字的汉语拼音中选取第一个字母。采用汉语拼音字母，原则上只取一个，一般不超过两个。常用钢产品的名称、用途、特性和工艺方法表示符号如表 7-2 所示。

表 7-2　常用钢产品的名称、用途、特性和工艺方法表示符号（GB/T 221—2008）

名　称	采用的汉字及汉语拼音	采用符号	牌号中的位置	名　称	采用的汉字及汉语拼音	采用符号	牌号中的位置
碳素结构钢	屈（Qu）	Q	头	船用钢		国际符号	
低合金高强度钢	屈（Qu）	Q	头	汽车大梁用钢	梁（Liang）	L	尾
耐候钢	耐候（Nai Hou）	NH	尾	矿用钢	矿（Kuang）	K	尾
保证淬透性钢		H	尾	压力容器用钢	容（Rong）	R	尾
易切削非调质钢	易非（Yi Fei）	YF	头	桥梁用钢	桥（Qiao）	q	尾

名　　称	采用的汉字及汉语拼音	采用符号	牌号中的位置	名　　称	采用的汉字及汉语拼音	采用符号	牌号中的位置
热锻用非调质钢	非（Fei）	F	头	锅炉用钢	锅（Guo）	g	尾
易切削钢	易（Yi）	Y	头	焊接气瓶用钢	焊瓶（Han Ping）	HP	尾
碳素工具钢	碳（Tan）	T	头	车辆车轴用钢	辆轴（Liang Zhou）	LZ	头
塑料模具钢	塑模（Su Mo）	SM	头	机车车轴用钢	机轴（Ji Zhou）	JZ	头
（滚珠）轴承钢	滚（Gun）	G	头	管线用钢		S	头
焊接用钢	焊（Han）	H	头	沸腾钢	沸（Fei）	F	尾
钢轨钢	轨（Gui）	U	头	半镇静钢	半（Ban）	b	尾
铆螺钢	铆螺（Mao Luo）	ML	头	镇静钢	镇（Zhen）	Z	尾
锚链钢	锚（Mao）	M	头	特殊镇静钢	特镇（Te Zhen）	TZ	尾
地质钻探钢管用钢	地质（Di Zhi）	DZ	头	质量等级		A、B、C、D、E	尾

（1）碳素结构钢和低合金结构钢

这两类钢采用代表屈服点的拼音字母 Q，屈服点数值（单位为 MPa）和表 7-2 中规定的质量等级、脱氧方法等符号表示，按顺序组成牌号。例如，碳素结构钢牌号表示为 Q235AF、Q235BZ 等；低合金高强度结构钢牌号表示为 Q345C、Q345D 等。

质量等级由 A 到 E，磷、硫含量降低，质量提高。碳素结构钢牌号中表示镇静钢的符号 Z 和表示特殊镇静钢的符号 TZ 可以省略，低合金高强度结构钢都是镇静钢或特殊镇静钢，其牌号中没有表示脱氧方法的符号。

根据需要，低合金高强度结构钢的牌号也可以采用两位阿拉伯数字（表示平均含碳量的万分之几）和化学元素符号，按顺序表示，如 16Mn 等。

（2）优质碳素结构钢

优质碳素结构钢的牌号以两位数字表示。这两位数字表示钢的平均含碳量的万分之几。

沸腾钢和半镇静钢在牌号尾部分别加符号 F 和 b。如平均含碳量为 0.08% 的沸腾钢，其牌号表示为 08F，平均含碳量为 0.10% 的半镇静钢，其牌号表示为 10b。镇静钢一般不标符号，如平均含碳量为 0.45% 的镇静钢，其牌号表示为 45。

钢的含锰量为 0.70～1.00% 时，在牌号后加锰元素符号，如 50Mn。高级优质钢在牌号后加字母 A。特级优质钢在牌号后加字母 E，如 45E。

（3）合金结构钢和合金弹簧钢

合金结构钢和合金弹簧钢牌号由两位数字（表示平均含碳量的万分之几）加上其后带有百分含量数字的合金元素符号组成。当合金元素的平均含量小于 1.50% 时，只标元素符号，不标含量；当合金元素的平均含量为 1.50%～2.49%、2.50%～3.49%、3.50%～4.49%、4.50%～5.49%、……时，在相应的合金元素符号后标 2、3、4、5 等数字，如 30CrMnSi、20CrNi3 等。

高级优质钢在牌号后加字母 A，如 30CrMnSiA、60Si2MnA 等。特级优质钢在牌号后加字母 E，如 30CrMnSiE 等。

（4）工具钢

①碳素工具钢：碳素工具钢的牌号由字母 T 与其后的数字组成，如 T9。高级优质钢在牌号后加字母 A，如 T10A。

②合金工具钢和高速工具钢：其牌号的表示方法与合金结构钢基本相同，但一般不标明含碳量数字，如 Cr12MoV（平均含碳量为 1.60%）、W6Mo5Cr4V2（平均含碳量为 0.85%）。当合金工具钢的含碳量小于 1.00% 时，含碳量用一位数字标明，这一位数字表示平均含碳量的千分之几，如 8MnSi。

平均含铬量小于 1% 的合金工具钢，在含铬量（以千分之一为单位）前加数字 0，如 Cr06。

（5）轴承钢

高碳铬轴承钢的牌号以字母 G 打头，牌号中不标明含碳量，铬含量以千分之一为单位，如 GCr15 的平均含铬量为 1.5%。渗碳轴承钢牌号的表示方法与合金结构钢相同，仅在牌号头部加字母 G，如 G20CrNiMo。

（6）不锈钢和耐热钢

不锈钢和耐热钢的牌号由表示平均含碳量的数字（以千分之一为单位）与其后带有百分含量数字的合金元素符号组成。合金元素含量表示方法同合金结构钢。含碳量的表示方法为：当平均含碳量 ≥ 1.00% 时，用两位数字表示，如 11Cr17（平均含碳量为 1.10%）；当 1.00% > 平均含碳量 ≥ 0.1% 时，用一位数字表示，如 2Cr13（平均含碳量为 0.20%）；当含碳量上限 < 0.1% 时，以 0 表示，如 0Cr18Ni9（含碳量上限为 0.08%）；当 0.03% ≥ 含碳量上限 > 0.01% 时（超低碳），以 03 表示，如 03Cr19Ni10（含碳量上限为 0.03%）；当含碳量上限 ≤ 0.01% 时（极低碳），以 01 表示，如 01Cr19Ni11（含碳量上限为 0.01%）。

（7）铸钢

以强度为主要特征的铸钢牌号为 ZG（表示"铸钢"二字）加上两组数字，第一组数字表示最低屈服强度值，第二组数字表示最低抗拉强度值，单位均为 MPa，如 ZG200 – 400。

以化学成分为主要特征的铸钢牌号为 ZG 加上两位数字，这两位数字表示平均含碳量的万分之几。合金铸钢牌号在两位数字后再加上带有百分含量数字的元素符号。当合金元素平均含量为 0.9% ~ 1.4% 时，除锰只标符号不标含量外，其他元素需要在符号后标注数字 1；当合金元素平均含量大于 1.5% 时，标注方法同合金结构钢，如 ZG15Cr1Mo1V、·ZG20Cr13。

2. 钢铁及合金牌号统一数字代号体系

国家标准 GB/T 17616—1998 对钢铁及合金产品牌号规定了统一数字代号，与现行的 GB/T 221—2008《钢铁产品牌号表示方法》等同时并用。统一数字代号有利于现代化的数据处理设备进行存储和检索，便于生产和使用。

统一数字代号由固定的 6 位符号组成，左边第一位用大写的拉丁字母作前缀（I 和 O 除外），后接 5 位阿拉伯数字。每个统一数字代号只适用于一个产品牌号。

统一数字代号的结构形式如下：

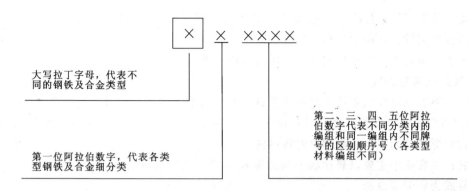

钢铁及合金的类型及每个类型产品牌号统一数字代号如表7-3所示。各类型钢铁及合金的细分类和主要编组及其产品牌号统一数字代号详见国标 GB/T 17616—1998。

表7-3 钢铁及合金的类型与统一数字代号

钢铁及合金的类型	统一数字代号	钢铁及合金的类型	统一数字代号
合金结构钢	A××××	杂类材料	M×××××
轴承钢	B××××	粉末及粉末材料	P×××××
铸铁、铸钢及铸造合金	C××××	快淬金属及合金	Q×××××
电工用钢和纯铁	E××××	不锈、耐蚀和耐热钢	S×××××
铁合金和生铁	F××××	工具钢	T×××××
高温合金和耐蚀合金	H××××	非合金钢	U×××××
精密合金及其他特殊物理性能材料	J××××	焊接用钢及合金	W×××××
低合金钢	L		

7.2 钢中杂质与合金元素

7.2.1 钢中常存杂质元素对性能的影响

钢中的常存杂质元素主要是指锰、硅、硫、磷及氮、氧、氢等元素。这些杂质元素在冶炼时或者是由原料、燃料及耐火材料带入钢中,或者是由大气进入钢中,或者是脱氧时残留于钢中。它们的存在显然会对钢的性能产生影响。

1. 硅和锰的影响

硅和锰在钢中均为有益元素,能溶于铁素体中起固溶强化作用,提高钢的强度和硬度。当硅和锰作为杂质元素时,其含量分别控制在 0.5% 和 0.8% 以下。

2. 硫和磷的影响

硫和磷在钢中都是有害元素。

硫在 α-Fe 中的溶解度很小,在钢中常以 FeS 的形式存在。FeS 与 Fe 易在晶界上形成低熔点(985 ℃)的共晶体,当钢在 1 000 ~ 1 200 ℃ 进行热加工时,由于共晶体的熔化而导致钢材脆性开裂,这种现象称为热脆性。加锰可消除硫的这种有害作用:FeS + Mn→Fe + MnS,所生成的 MnS 熔点高(1 600 ℃),从而可避免热脆性。

磷能全部溶于铁素体中，有强烈的固溶强化作用，虽可提高强度、硬度，但却显著降低钢的塑性和韧性，这种现象称为冷脆性。

由于硫、磷对钢的质量影响严重，因此对钢中的硫、磷含量应严格控制。

3. 气体元素的影响

①氮：室温下氮在铁素体中溶解度很低，钢中过饱和的氮在常温放置过程中会以 Fe_2N、Fe_4N 形式析出而使钢变脆，称为时效脆化。在钢中加入 Ti、V、Al 等元素可使氮以这些元素氮化物的形式被固定，从而消除时效倾向。

②氧：氧在钢中主要以氧化物夹杂的形式存在，氧化物夹杂与基体的结合力弱，不易变形，易成为疲劳裂纹源。

③氢：常温下氢在钢中的溶解度很低。当氢在钢中以原子态溶解时，降低韧性，引起氢脆。当氢在缺陷处以分子态析出时，会产生很高的内压，形成微裂纹，其内壁为白色，称白点或发裂。

7.2.2　合金元素在钢中的主要作用

1. 合金元素对钢中基本相的影响

铁素体和渗碳体是碳素钢中的两个基本相，合金元素进入钢中将对这两个基本相的成分、结构和性能产生影响。

（1）溶于铁素体，起固溶强化作用

加入钢中的非碳化物形成元素及过剩的碳化物形成元素都将溶于铁素体，形成合金铁素体，起固溶强化作用。图 7-1 和图 7-2 所示为几种合金元素对铁素体硬度和韧性的影响，可以看出，P、Si、Mn 的固溶强化效果最显著，但当其含量超过一定值后，铁素体的韧性将急剧下降。而 Cr、Ni 在适当的含量范围内不但能提高铁素体的硬度，而且还可提高其韧性。因此，为了获得良好的强化效果，应控制固溶强化元素在钢中的含量。

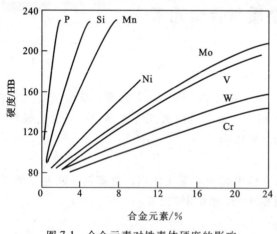

图 7-1　合金元素对铁素体硬度的影响

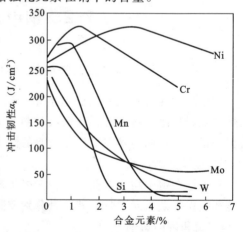

图 7-2　合金元素对铁素体冲击韧性的影响

（2）形成碳化物

加入到钢中的合金元素，除溶入铁素体外，还能进入渗碳体中，形成合金渗碳体，如铬进入渗碳体形成（Fe、Cr）$_3$C。当碳化物形成元素超过一定量后，将形成这些元素自己的碳化物。合金元素与碳的亲和力从大到小的顺序为：Zr、Ti、Nb、V、W、Mo、Cr、Mn、

Fe。合金元素与碳的亲和力越大，所形成化合物的稳定性、熔点、分解温度、硬度、耐磨性就越高。在碳化物形成元素中，钛、铌、钒是强碳化物形成元素，所形成的碳化物如 TiC、VC 等；钨、钼、铬是中碳化物形成元素，所形成的碳化物如 $Cr_{23}C_6$、Cr_7C_3、W_2C 等。锰、铁是弱碳化物形成元素，所形成的碳化物如 Fe_3C、Mn_3C 等。碳化物是钢中的重要组成相之一，其类型、数量、大小、形态及分布对钢的性能有着重要的影响。

2. 合金元素对铁碳相图的影响

（1）对奥氏体相区的影响

加入到钢中的合金元素，依其对奥氏体相区的作用可分为两类：

一类是扩大奥氏体相区的元素，如 Ni、Co、Mn、N 等，这些元素使 A_1、A_3 点下降，A_4 点上升。当钢中的这些元素含量足够高（如 Mn 含量大于 13% 或 Ni 含量大于 9%）时，A_3 点降到零度以下，因而室温下钢具有单相奥氏体组织，称为奥氏体钢。

另一类是缩小奥氏体相区的元素，如 Cr、Mo、Si、Ti、W、Al 等，这些元素使 A_1、A_3 点上升，A_4 点下降。当钢中的这些元素含量足够高（如 Cr 含量大于 13%）时，奥氏体相区消失，室温下钢具有单相铁素体组织，称为铁素体钢。

图 7-3 和图 7-4 分别为锰和铬对奥氏体相区的影响。

（2）对 S 点和 E 点位置的影响

几乎所有合金元素都使 E 点和 S 点左移，即这两点的含碳量下降。由于 S 点的左移，使碳含量低于 0.77% 的合金钢出现过共析组织（如 4Cr13），在退火状态下，相同含碳量的合金钢组织中的珠光体量比碳钢多，从而使钢的强度和硬度提高。同样，由于 E 点的左移，使碳含量低于 2.11% 的合金钢出现共晶组织，成为莱氏体钢，如 W18Cr4V（平均含碳量为 0.7%~0.8%）。

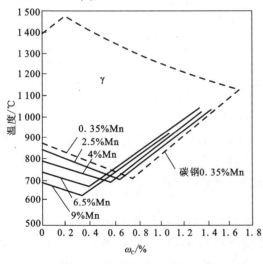

图 7-3　锰对奥氏体相区的影响

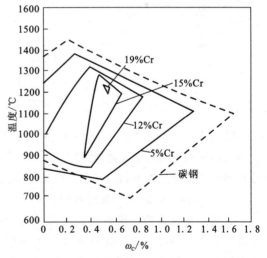

图 7-4　铬对奥氏体相区的影响

3. 合金元素对钢中相变过程的影响

（1）对钢加热时奥氏体化过程的影响

①对奥氏体形成速度的影响。大多数合金元素（除镍、钴以外）都减缓钢的奥氏体化过程。因此，合金钢在热处理时，要相应地提高加热温度或延长保温时间，才能保证奥氏

体化过程的充分进行。

②对奥氏体晶粒长大倾向的影响。碳、氮化物形成元素阻碍奥氏体长大。合金元素与碳和氮的亲和力越大，阻碍奥氏体晶粒长大的作用也越强烈，因而强碳化物和氮化物形成元素具有细化晶粒的作用。Mn、P 对奥氏体晶粒的长大起促进作用，因此含锰钢加热时应严格控制加热温度和保温时间。

（2）对钢冷却时过冷奥氏体转变过程的影响

①对 C 曲线和淬透性的影响。除 Co 外，凡溶入奥氏体的合金元素均使 C 曲线右移，钢的临界冷却速度下降，淬透性提高。淬透性的提高，可使钢的淬火冷却速度降低，这有利于减少零件的淬火变形和开裂倾向。合金元素对钢淬透性的影响取决于该元素的作用强度和溶解量，钢中常用的提高淬透性元素为 Mn、Si、Cr、Ni、B。如果采用多元少量的合金化原则，对提高钢的淬透性将会更加有效。

对于中强和强碳化物形成元素（如铬、钨、钼、钒等），溶于奥氏体后，不仅使 C 曲线右移，而且还使 C 曲线的形状发生改变，使珠光体转变与贝氏体转变明显地分为两个独立的区域。合金元素对 C 曲线的影响如图 7-5 所示。

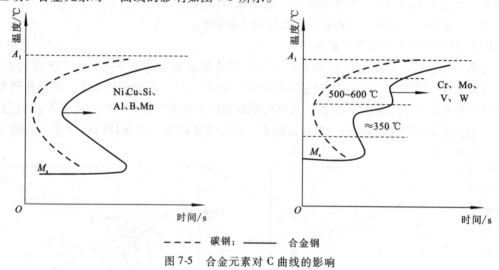

--- --- 碳钢；——— 合金钢

图 7-5　合金元素对 C 曲线的影响

②对 M_s、M_f 点的影响。除 Co、Al 外，所有溶于奥氏体的合金元素都使 M_s、M_f 点下降，使钢在淬火后的残余奥氏体量增加。一些高合金钢在淬火后残余奥氏体量可高达 30%～40%，这对钢的性能会产生不利的影响，可通过淬火后的冷处理和回火处理来降低残余奥氏体量。

（3）对淬火钢回火转变过程的影响

①提高耐回火性。淬火钢在回火过程中抵抗硬度下降的能力称为耐回火性。由于合金元素阻碍马氏体分解和碳化物聚集长大过程，使回火时的硬度降低过程变缓，从而提高钢的耐回火性。因此，当回火硬度相同时，合金钢的回火温度比相同含碳量的碳钢高，这对于消除内应力是有利的。而当回火温度相同时，合金钢的强度、硬度要比碳钢高。

②产生二次硬化。含有高 W、Mo、Cr、V 等元素的钢在淬火后回火加热时，由于析出细小弥散的这些元素碳化物以及回火冷却时残余奥氏体转变为马氏体，使钢的硬度不仅不下降，反而升高，这种现象称为二次硬化。二次硬化使钢具有热硬性，这对于工具钢是非

常重要的。

③防止第二类回火脆性。在钢中加入 W、Mo 可防止第二类回火脆性。这对于需调质处理后使用的大型件有着重要的意义。

7.3 工程结构用钢

结构钢按用途可分为工程用钢和机器用钢两大类。工程用钢主要是用于各种工程结构，包括碳素结构钢和低合金高强度结构钢，这类钢冶炼简便、成本低、用量大，一般不进行热处理。而机器用钢大多采用优质碳素结构钢和合金结构钢，它们一般都经过热处理后使用。

7.3.1 碳素结构钢

碳素结构钢原称普通碳素结构钢，但 1988 年国家标准修订后，增加了 C、D 质量等级的优质钢。碳素结构钢含碳量低（0.06%～0.38%），硫、磷含量较高。这类钢通常在热轧空冷状态下使用，其塑性高，可焊性好，使用状态下的组织为铁素体加珠光体。碳素结构钢常以热轧板、带、棒及型钢使用，用量约占钢材总量的70%，适合于焊接、铆接、栓接等。碳素结构钢的牌号、成分、性能及应用如表 7-4 所示。

表 7-4 碳素结构钢的牌号、成分、性能及应用（GB/T 700—2006）

牌号	等级	化学成分/%			脱氧方法	力学性能			应用举例
		C	S	P		σ_s/MPa	σ_b/MPa	δ_5/%	
Q195	—	0.06～0.12	≤0.050	≤0.045	F、b、Z	195	315～390	≥33	用于载荷不大的结构件、铆钉、垫圈、地脚螺栓、开口销、拉杆、螺纹钢筋、冲压件和焊接件
Q215	A	0.09～0.15	≤0.050	≤0.045	F、b、Z	215	335～410	≥31	
	B		≤0.045						
Q235	A	0.14～0.22	≤0.050	≤0.045	F、b、Z	235	375～460	≥26	用于结构件、钢板、螺纹钢筋、型钢、螺栓、螺母、铆钉、拉杆、齿轮、轴、连杆Q235C、D可用作重要焊接结构件
	B	0.12～0.20	≤0.045						
	C	≤0.18	≤0.040	≤0.040	Z				
	D	≤0.17	≤0.035	≤0.035	TZ				
Q255	A	0.18～0.28	≤0.050	≤0.045	Z	255	410～510	≥24	强度较高，用于承受中等载荷的零件，如键、链、拉杆、转轴、链轮、链环片、螺栓及螺纹钢筋等

7.3.2 优质碳素结构钢

优质碳素结构钢的化学成分、力学性能和用途如表 7-5 所示。这类钢硫、磷含量较低（均不大于0.035%），力学性能优于（普通）碳素结构钢，多用于制造比较重要的机械零件。

表 7-5　优质碳素结构钢的化学成分、力学性能和用途（GB/T 699—1999）

牌号	统一数字代号	化学成分/%			力学性能					应用举例
		C	Si	Mn	σ_b/MPa	σ_s/MPa	δ_5/%	φ/%	A_{kU2}/J	
08F	U20080	0.05~0.11	≤0.03	0.25~0.50	295	175	35	60		属低碳钢，强度、硬度低，塑性、韧性好。其中 08F、10F 属沸腾钢、成本低、塑性好，用于制造冲压件和焊接件，如壳、盖、罩等。15F 用于钣金件。08~25 钢常用来做冲压件、焊接件、锻件和渗碳钢，制造齿轮、销钉、小轴、螺钉、螺母等。其中 20 钢用量最大
10F	U20100	0.07~0.13	≤0.07	0.25~0.50	315	185	33	55		
15F	U20150	0.12~0.18	≤0.07	0.25~0.50	355	205	29	55		
08	U20082	0.05~0.11	0.17~0.37	0.35~0.65	325	195	33	60		
10	U20102	0.07~0.13	0.17~0.37	0.35~0.65	335	205	31	55		
15	U20152	0.12~0.18	0.17~0.37	0.35~0.65	375	225	27	55		
20	U20202	0.17~0.23	0.17~0.37	0.35~0.65	410	245	25	55		
25	U20252	0.22~0.29	0.17~0.37	0.50~0.80	450	275	23	50	71	
30	U20302	0.27~0.34	0.17~0.37	0.50~0.80	490	295	21	50	63	属中碳钢，综合力学性能好。多在正火，调质状态下使用，主要用于制造齿轮、轴类零件，如曲轴、传动轴、连杆、拉杆、丝杆等。其中 45 钢应用最广泛
35	U20352	0.32~0.39	0.17~0.37	0.50~0.80	530	315	20	45	55	
40	U20402	0.37~0.44	0.17~0.37	0.50~0.80	570	335	19	45	47	
45	U20452	0.42~0.50	0.17~0.37	0.50~0.80	600	355	16	40	39	
50	U20502	0.47~0.55	0.17~0.37	0.50~0.80	630	375	14	40	31	
55	U20552	0.52~0.60	0.17~0.37	0.50~0.80	645	380	13	35		
60	U20602	0.57~0.65	0.17~0.37	0.50~0.80	675	400	12	35		属高碳钢，具有较高的强度、硬度、耐磨性，多在淬火、中温回火状态下使用。主要用于制造弹簧、轧辊、凸轮等耐磨件与钢丝绳等，其中 65 钢是最常用的弹簧钢
65	U20652	0.62~0.70	0.17~0.37	0.50~0.80	695	410	10	30		
70	U20702	0.67~0.75	0.17~0.37	0.50~0.80	715	420	9	30		
75	U20752	0.72~0.80	0.17~0.37	0.50~0.80	1080	880	7	30		
80	U20802	0.77~0.85	0.17~0.37	0.50~0.80	1080	930	6	30		
85	U20852	0.82~0.90	0.17~0.37	0.50~0.80	1130	980	6	30		
15Mn	U21152	0.12~0.18	0.17~0.37	0.70~1.00	410	245	26	55		
20Mn	U21202	0.17~0.23	0.17~0.37	0.70~1.00	450	275	24	50		应用范围基本同于相对应的普通含锰量钢。由于其淬透性，强度相应提高了，可用于截面尺寸较大，或强度要求较高的零件。其中 65Mn 最常用
25Mn	U21252	0.22~0.29	0.17~0.37	0.70~1.00	490	295	22	50	71	
30Mn	U21302	0.27~0.34	0.17~0.37	0.70~1.00	540	315	20	45	63	
35Mn	U21352	0.32~0.39	0.17~0.37	0.70~1.00	560	335	18	45	55	
40Mn	U21402	0.34~0.44	0.17~0.37	0.70~1.00	590	355	17	45	47	
45Mn	U21452	0.42~0.50	0.17~0.37	0.70~1.00	620	375	15	40	39	
50Mn	U21502	0.48~0.56	0.17~0.37	0.70~1.00	645	390	13	40	31	
60Mn	U21602	0.57~0.65	0.17~0.37	0.70~1.00	695	410	11	35		
65Mn	U21652	0.62~0.70	0.17~0.37	0.90~1.20	735	430	9	30		
70Mn	U21702	0.67~0.75	0.17~0.37	0.90~1.20	785	450	8	30		

注：①表中拉伸性能除 75、80、85 三个牌号为 820 ℃淬火加 480 ℃中温回火处理值外，其余均为正火处理值，冲击性能为调质处理（回火温度为 600 ℃）值，试样毛坯尺寸为 25 mm。②A_{kU2} 表示冲击功（冲击试验时用 U 形缺口）。

7.3.3　低合金高强度结构钢

低合金高强度结构钢是在碳素结构钢的基础上，加入少量的合金元素发展起来的，原称普通低合金钢。这类钢的化学成分和力学性能如表 7-6 所示。

1. 性能特点

①强度高于碳素结构钢，从而可降低结构自重、节约钢材；

②具有足够的塑性、韧性及良好的焊接性能；

③具有良好的耐蚀性和低的冷脆转变温度。

2. 成分特点

①低碳：含碳量≤0.2%，以满足对塑性、韧性、可焊性及冷加工性能的要求；

②低合金：主加合金元素为锰。因为锰的资源丰富，对铁素体具有明显的固溶强化作用。锰还能降低钢的冷脆转变温度，使组织中的珠光体相对量增加，从而进一步提高强度。

钢中加入少量的 V、Ti、Nb 等元素可细化晶粒，提高钢的韧性。加入稀土元素 Re 可提高韧性、疲劳极限，降低冷脆转变温度。

表 7-6　低合金高强度结构钢的化学成分和力学性能（GB/T 1591—2008）

| 牌号 | 质量等级 | 化学成分 /% | | | | | | | | | 力学性能 | | |
		C≤	Mn	Si≤	P≤	S≤	V	Al	Cr	Ni	σ_b/MPa	σ_s/MPa ≥	δ/% ≥
Q295	A	0.16	0.80~1.50	0.55	0.045	0.045	0.02~0.15				390~570	295	23
	B	0.16	0.80~1.50	0.55	0.040	0.040	0.02~0.15				390~570	295	23
Q345	A	0.20	1.00~1.60	0.55	0.045	0.045	0.02~0.15				470~630	345	21
	B	0.20	1.00~1.60	0.55	0.040	0.040	0.02~0.15				470~630	345	21
	C	0.20	1.00~1.60	0.55	0.035	0.035	0.02~0.15	0.015			470~630	345	22
	D	0.18	1.00~1.60	0.55	0.030	0.035	0.02~0.15	0.015			470~630	345	22
	E	0.18	1.00~1.60	0.55	0.025	0.025	0.02~0.15	0.015			470~630	345	22
Q390	A	0.20	1.00~1.60	0.55	0.045	0.045	0.02~0.20		0.30	0.70	490~650	390	19
	B	0.20	1.00~1.60	0.55	0.040	0.040	0.02~0.20		0.30	0.70	490~650	390	19
	C	0.20	1.00~1.60	0.55	0.035	0.035	0.02~0.20	0.015	0.30	0.70	490~650	390	20
	D	0.20	1.00~1.60	0.55	0.030	0.030	0.02~0.20	0.015	0.30	0.70	490~650	390	20
	E	0.20	1.00~1.60	0.55	0.025	0.025	0.02~0.20	0.015	0.30	0.70	490~650	390	20
Q420	A	0.20	1.00~1.70	0.55	0.045	0.045	0.02~0.20		0.40	0.70	520~680	420	18
	B	0.20	1.00~1.70	0.55	0.040	0.040	0.02~0.20		0.40	0.70	520~680	420	18
	C	0.20	1.00~1.70	0.55	0.035	0.035	0.02~0.20	0.015	0.40	0.70	520~680	420	19
	D	0.20	1.00~1.70	0.55	0.030	0.030	0.02~0.20	0.015	0.40	0.70	520~680	420	19
	E	0.20	1.00~1.70	0.55	0.025	0.025	0.02~0.20	0.015	0.40	0.70	520~680	420	19
Q460	C	0.20	1.00~1.70	0.55	0.035	0.035	0.02~0.20	0.015	0.70	0.70	550~720	460	17
	D	0.20	1.00~1.70	0.55	0.030	0.030	0.02~0.20	0.015	0.70	0.70	550~720	460	17
	E	0.20	1.00~1.70	0.55	0.025	0.025	0.02~0.20	0.015	0.70	0.70	550~720	460	17

注：各牌号钢中均含有 0.015%~0.060% Nb 和 0.02%~0.20% Ti。

3. 热处理特点

这类钢大多在热轧状态下使用，组织为铁素体加珠光体。考虑到零件加工特点，有时也可在正火及正火加回火状态下使用。

4. 典型钢种及用途

Q345（16Mn）是应用最广、用量最大的低合金高强度结构钢，其综合性能好，广泛用于制造石油化工设备、船舶、桥梁、车辆等大型钢结构，如我国的南京长江大桥就是用Q345钢制造的。Q390钢含有 V、Ti、Nb，其强度高，可用于制造高压容器等。Q460钢含有 Mo 和 B，正火后组织为贝氏体，强度高，可用于制造石化工业中温高压容器等。新旧低合金结构钢标准牌号对照及用途如表7-7所示。

表 7-7　新旧低合金结构钢标准牌号对照及用途

GB/T 1591—2008	GB/T 1591—1994	GB 1591—1988	用　　　途
	Q295	09MnV、09MnNb、09Mn2、12Mn	汽车、桥梁、车辆、容器、船舶、油罐及建筑结构等
Q345	Q345	12MnV、14MnNb、16Mn、16MnRE、18Nb	建筑结构、桥梁、车辆、压力容器、化工容器、船舶、锅炉、重型机械、机械制造及电站设备等
Q390	Q390	15MnV、15MnTi、16MnNb	桥梁、船舶、高压容器、电站设备、起重设备及锅炉等
Q420	Q420	15MnVN、14MnVTiRE	大型桥梁和船舶、高压容器、电站设备、车辆及锅炉等
Q460	Q460		大型桥梁及船舶、中温高压容器（＜120 ℃）、锅炉、石油化工高压厚壁容器（＜100 ℃）

7.3.4　渗碳钢

渗碳钢是用于制造渗碳零件的钢种。常用渗碳钢的牌号、化学成分、热处理、性能及用途如表7-8所示。

1. 用途

渗碳钢主要用于制造要求高耐磨性、承受高接触应力和冲击载荷的重要零件，如汽车、拖拉机的变速齿轮，内燃机上凸轮轴、活塞销等。

2. 性能要求

①表面具有高硬度和高耐磨性，心部具有足够的韧性和强度，即表硬里韧。

②具有良好的热处理工艺性能，如高的淬透性和渗碳能力，在高的渗碳温度下，奥氏体晶粒长大倾向小以便于渗碳后直接淬火。

3. 成分特点

①低碳：含碳量一般为 0.1% ~ 0.25%，以保证心部有足够的塑性和韧性，碳高则心部韧性下降。

②合金元素：主加元素为 Cr、Mn、Ni、B 等，它们的主要作用是提高钢的淬透性，从而提高心部的强度和韧性；辅加元素为 W、Mo、V、Ti 等强碳化物形成元素，这些元素通过形成稳定的碳化物来细化奥氏体晶粒，同时还能提高渗碳层的耐磨性。

表 7-8　常用渗碳钢的牌号、化学成分、热处理、性能及用途（GB/T 699—1999 和 GB/T 3077—1999）

类别	钢号	统一数字代号	化学成分/%					热处理温度/℃			力学性能（不小于）					毛坯尺寸/mm	应用举例
			C	Mn	Si	Cr	其他	第一次淬火	第二次淬火	回火	σ_b/MPa	σ_s/MPa	δ_5/%	φ/%	A_{ku2}/J		
低淬透性	15	U20152	0.12~0.18	0.35~0.65	0.17~0.37						375	225	27	55		25	小轴、小模数齿轮、活塞销等小型渗碳件
	20	U20202	0.17~0.23	0.35~0.65	0.17~0.37						410	245	25	55		25	小轴、小模数齿轮、活塞销等小型渗碳件
	20Mn2	A00202	0.17~0.24	1.40~1.80	0.17~0.37			850 水、油		200 水、空	785	590	10	40	47	15	代替20Cr作小齿轮、小轴、活塞销、十字削头等
	15Cr	A20152	0.12~0.18	0.40~0.70	0.17~0.37	0.70~1.00		880 水、油	780~820 水、油	200 水、空	735	490	11	45	55	15	船舶主机螺钉、活塞销、凸轮、滑阀、轴等
	20Cr	A20202	0.18~0.24	0.50~0.80	0.17~0.37	0.70~1.00		880 水、油	780~820 水、油	200 水、空	835	540	10	40	47	15	机床变速箱齿轮、齿轮轴、凸轮、蜗杆等
	20MnV	A01202	0.17~0.24	1.30~1.60	0.17~0.37		0.07~0.12 V	880 水、油		200 水、空	785	590	10	40	55	15	同上，也用作锅炉、高压容器、大型高压管道等
中淬透性	20CrMn	A22202	0.17~0.23	0.90~1.20	0.17~0.37	0.90~1.20		850 油		200 水、空	930	735	10	45	47	15	齿轮、轴、蜗杆、活塞销、摩擦轮
	20CrMnTi	A26202	0.17~0.23	0.80~1.10	0.17~0.37	1.00~1.30	0.04~0.10Ti	880 油	870 油	200 水、空	1080	850	10	45	55	15	汽车、拖拉机上的齿轮、轴、十字头等
	20MnTiB	A74202	0.17~0.24	1.30~1.60	0.17~0.37	0.70~1.00	0.04~0.10Ti 0.0005~0.0035B	860 油		200 水、空	1130	930	10	45	55	15	代替20CrMnTi制造汽车、拖拉机面较小、中等负荷的渗碳件
	20MnVB	A73202	0.17~0.23	1.20~1.60	0.17~0.37	0.80~1.10	0.0005~0.0035B 0.07~0.12V	850 油		200 水、空	1080	885	10	45	55	15	代替2CrMnTi、20Cr、20CrNi制造重型机床的齿轮和轴、汽车齿轮
高淬透性	18Cr2Ni4WA	A52183	0.13~0.19	0.30~0.60	0.17~0.37	1.35~1.65	0.8~1.2W 4.0~4.5Ni	950 空	850 空	200 水、空	1180	835	10	45	78	15	大型渗碳齿轮、轴类和飞机发动机齿轮
	20Cr2Ni4	A43202	0.17~0.23	0.30~0.60	0.17~0.37	1.25~1.65	3.25~3.65Ni	880 油	780 油	200 水、空	1180	1080	10	45	63	15	大截面渗碳件如大型齿轮、轴等
	12Cr2Ni4	A43122	0.10~0.16	0.30~0.60	0.17~0.37	1.25~1.65	3.25~3.65Ni	860 油	780 油	200 水、空	1080	835	10	50	71	15	承受高负荷的齿轮、蜗轮、蜗杆、方向接头叉等

注：①钢中的磷、硫含量均不大于0.035%。　②15、20钢的力学性能为正火状态时的力学性能，15钢正火温度为920℃，20钢正火温度为910℃。

4. 热处理和组织特点

渗碳件一般的工艺路线：下料→锻造→正火→机加工→渗碳→淬火 + 低温回火→磨削。渗碳温度为 900 ~ 950 ℃，渗碳后的热处理通常采用直接淬火加低温回火，但对渗碳时易过热的钢种如 20、20Mn2 等，渗碳后需先正火，以消除晶粒粗大的过热组织，然后再淬火和低温回火。淬火温度一般为 $Ac_1 + 30 ~ 50$ ℃。使用状态下的组织为：表面是高碳回火马氏体加颗粒状碳化物加少量残余奥氏体（硬度达 58 ~ 62 HRC），心部是低碳回火马氏体加铁素体（淬透）或铁素体加托氏体（未淬透）。

5. 常用钢种

根据淬透性不同，可将渗碳钢分为 3 类：

①低淬透性渗碳钢：典型钢种如 20、20Cr 等，其淬透性和心部强度均较低，水中临界直径不超过 20 ~ 35 mm。只适用于制造受冲击载荷较小的耐磨件，如小轴、小齿轮、活塞销等。

②中淬透性渗碳钢：典型钢种如 20CrMnTi 等，其淬透性较高，油中临界直径约为 25 ~ 60 mm，力学性能和工艺性能良好，大量用于制造承受高速中载、抗冲击和耐磨损的零件，如汽车、拖拉机的变速齿轮、离合器轴等。

③高淬透性渗碳钢：典型钢种如 18Cr2Ni4WA 等，其油中临界直径大于 100 mm，且具有良好的韧性，主要用于制造大截面、高载荷的重要耐磨件，如飞机、坦克的曲轴和齿轮等。

7.3.5 调质钢

调质钢是指调质处理后使用的钢种。常用的调质钢牌号、化学成分、热处理、性能和用途如表 7-9 所示。

1. 用途

调质钢主要用于制造受力复杂的汽车、拖拉机、机床及其他机器的各种重要零件，如齿轮、连杆、螺栓、轴类件等。

2. 性能要求

①具有良好的综合力学性能，即具有高的强度、硬度和良好的塑性、韧性。

②具有良好的淬透性。

3. 成分特点

①中碳：调质钢含碳量为 0.25% ~ 0.50%。碳低则强度不够，碳高则韧性不足。

②合金元素：主加元素为 Mn、Si、Cr、Ni、B，其主要作用是提高淬透性，其次是强化基体（除 B 之外）铁素体。辅加元素为 W、Mo、V 等，强碳化物形成元素 V 的主要作用是细化晶粒，而 W、Mo 的主要作用是防止高温（第二类）回火脆性。几乎所有合金元素都提高调质钢的耐回火性。

4. 热处理特点

调质件一般的工艺路线为：下料→锻造→退火→粗机加工→调质→精机加工。预备热处理采用退火（或正火），其目的是调整硬度，便于切削加工；改善锻造组织，消除缺陷，细化晶粒，为淬火做组织准备。最终热处理为淬火加高温回火（调质），回火温度的选择取决于调质件的硬度要求。为防止第二类回火脆性，回火后采用快冷（水冷或油冷），最终热处理后的使用状态下组织为回火索氏体。当调质件还有高耐磨性和高耐疲劳性能要求时，可在调质后进行表面淬火或氮化处理，这样在得到表面高耐磨性硬化层的同时，心部仍保持综合力学性能高的回火索氏体组织。

表 7-9 常用调质钢的牌号、化学成分、热处理、性能和用途（GB/T 699—1999 和 GB/T 3077—1999）

类别	钢号	统一数字代号	化学成分/%					热处理温度/℃		力学性能（不小于）					退火硬度/HB	毛坯尺寸/mm	应用举例
			C	Mn	Si	Cr	其他	淬火	回火	σ_b/MPa	σ_s/MPa	δ_5/%	φ/%	A_{kU2}/J			
低淬透性	45	U20452	0.42~0.50	0.50~0.80	0.17~0.37	≤0.25		840	600	600	355	16	40	39	≤197	25	小截面、中载荷的调质件如主轴、曲轴、连杆、齿轮、链轮等
	40Mn	U21402	0.37~0.44	0.70~1.00	0.17~0.37	≤0.25		840	600	590	355	17	45	47	≤207	25	比45钢强度韧性要求稍高的调质件
	40Cr	A20402	0.37~0.44	0.50~0.80	0.17~0.37	0.80~1.10		850 油	520	980	785	9	45	47	≤207	25	重要调质件,如轴类、连杆、螺栓、机床齿轮、蜗杆、销子等
	45Mn2	A00452	0.42~0.49	1.40~1.80	0.17~0.37			840 油	550	885	735	10	45	47	≤217	25	代替40Cr,用作 ϕ<50 mm 的重要调质件,如轴、蜗杆等
	45MnB	A71452	0.42~0.49	1.10~1.40	0.17~0.37		0.0005~0.0035B	840 油	500	1030	835	9	40	39	≤217	25	钻床主轴、凸轮、齿轮、蜗杆等
	40MnVB	A73402	0.37~0.44	1.10~1.40	0.17~0.37		0.05~0.10V 0.0005~0.0035B	850 油	520	980	785	10	45	47	≤207	25	可代替40Cr或40CrMo制造汽车、拖拉机和机床的重要调质件,如轴、齿轮等
中淬透性	35SiMn	A10352	0.32~0.40	1.10~1.40	1.10~1.40			900 水	570	885	735	15	45	47	≤229	25	除低温韧性稍差外,可全面代替40Cr和部分代替40CrNi
	40CrNi	A40402	0.37~0.44	0.50~0.80	0.17~0.37	0.45~0.75	1.00~1.40Ni	820 油	500	980	785	10	45	55	≤241	25	作较大截面的重要件,如曲轴、主轴、齿轮、连杆等
	40CrMn	A22402	0.37~0.45	0.90~1.20	0.17~0.37	0.90~1.20		840 油	550	980	835	9	45	47	≤229	25	代替40CrNi,用作受冲击载荷不大零件,如齿轮轴、离合器等
	35CrMo	A30352	0.32~0.40	0.40~0.70	0.17~0.37	0.80~1.10	0.15~0.25Mo	850 油	550	980	835	12	45	63	≤229	25	代替40CrNi,用作大截面齿轮和高负荷传动轴、发电机转子等
	30CrMnSi	A24302	0.27~0.34	0.80~1.10	0.90~1.20	0.80~1.10		880 油	520	1080	885	10	45	39	≤229	25	用于飞机调质件,如起落架、螺栓、天窗盖、冷气瓶等
	38CrMoAl	A33382	0.35~0.42	0.30~0.60	0.20~0.45	1.35~1.65	0.15~0.25Mo	940 水、油	640	980	835	14	50	71	≤229	30	高级氮化钢,用作重要丝杠、镗杆、主轴、高压阀门等

续表

类别	钢号	统一数字代号	化学成分/%					热处理温度/℃		力学性能(不小于)					退火硬度/HB	毛坯尺寸/mm	应用举例
			C	Mn	Si	Cr	其他	淬火	回火	σ_b/MPa	σ_s/MPa	δ_5/%	φ/%	A_{kU2}/J			
高淬透性	37CrNi3	A42372	0.34~0.41	0.30~0.60	0.17~0.37	1.20~1.60	3.00~3.50Ni	820 油	500	1130	980	10	50	47	≤269	25	高强韧性的大型重要零件,如汽轮机叶轮、转子轴等
	25Cr2Ni4WA	A52253	0.21~0.28	0.30~0.60	0.17~0.37	1.35~1.65	4.00~4.50Ni 0.80~1.20W	850 油	550	1080	930	11	45	71	≤269	25	大截面高负荷的重要调质件,如汽轮机主轴、叶轮等
	40CrNiMoA	A50403	0.37~0.44	0.50~0.80	0.17~0.37	0.60~0.90	0.15~0.25Mo 1.25~1.65Ni	850 油	600	980	835	12	55	78	≤269	25	高强韧性大型重要零件,如飞机起落架、航空发动机轴
	40CrMnMo	A34402	0.37~0.45	0.90~1.20	0.17~0.37	0.90~1.20	0.20~0.30Mo	850 油	600	980	785	10	45	63	≤217	25	部分代替40CrNiMoA,如卡车后桥半轴、齿轮轴等

注：钢中的磷、硫含量均不大于0.035%。

近年来，利用低碳钢和低碳合金钢经淬火和低温回火处理，得到强度和韧性配合较好的低碳马氏体来代替中碳的调质钢。在石油、矿山、汽车工业上得到广泛应用，收效很大。如用 15MnVB 代替 40Cr 制造汽车连杆螺栓等，效果很好。

5. 典型钢种

根据淬透性不同，可将渗碳钢分为 3 类：

①低淬透性调质钢：这类钢的油中临界直径为 30 ~ 40 mm，常用钢种为 45、40Cr 等，用于制造尺寸较小的齿轮、轴、螺栓等。

②中淬透性调质钢：这类钢的油中临界直径为 40 ~ 60 mm，常用钢种为 40CrNi，用于制造截面较大的零件，如曲轴、连杆等。

③高淬透性调质钢：这类钢的油中临界直径为 60 ~ 100 mm，常用钢种为 40CrNiMo，用于制造大截面、重载荷的零件，如汽轮机主轴、叶轮、航空发动机轴等。

7.3.6　弹簧钢

1. 用途

主要用于制造各种弹簧或类似性能的结构件。弹簧钢的牌号、化学成分、性能及用途如表 7-10 所示。

2. 性能要求

弹簧是利用弹性变形来储存能量或缓和震动和冲击的零件。因此，要求弹簧：

①具有高的弹性极限，尤其是屈强比 σ_s / σ_b，以保证承受大的弹性变形和较高的载荷；

②具有高的疲劳强度，以承受交变载荷的作用；

③具有足够的塑性和韧性。

3. 成分特点

①中高碳：通常情况下，碳素弹簧钢的含碳量为 0.6% ~ 0.9%，合金弹簧钢的含碳量为 0.45% ~ 0.7%。

②合金元素：主加元素是 Si、Mn，其主要作用是提高淬透性、强化铁素体，Si 还是提高屈服强度比的主要元素。辅加元素为 Cr、V、W 等，其主要作用是细化晶粒，防止由 Mn 引起的过热倾向和由 Si 引起的脱碳倾向。

4. 加工及热处理特点

①冷成型弹簧：对于钢丝直径小于 10 mm 的弹簧，通过冷拔（或冷拉）、冷卷成型。冷卷后的弹簧不必进行淬火处理，只需进行一次消除内应力和稳定尺寸的定型处理，即加热到 250 ~ 300 ℃，保温一段时间，从炉内取出空冷即可使用。钢丝的直径越小，则强化效果越好，强度越高，强度极限可达 1 600 MPa 以上，而且表面质量很好。

②热成型弹簧：通常是在热卷簧后进行淬火加中温回火（350 ~ 500 ℃）处理，得到回火托氏体组织，其硬度可达 40 ~ 45 HRC，从而在保证得到高的屈服强度的条件下又具有足够的韧性。

5. 典型钢种

①Si、Mn 弹簧钢：代表性钢种为 65Mn、60Si2Mn，这类钢价格较低，性能高于碳素弹簧钢，主要用于制造较大截面弹簧，如汽车、拖拉机的板簧、螺旋弹簧等。

②Cr、V 弹簧钢：典型钢种为 50CrV，这类钢淬透性高，用于大截面、大载荷、耐热的弹簧，如阀门弹簧、高速柴油机的汽门弹簧等。

表 7-10　弹簧钢的牌号、化学成分、热处理、性能和用途

| 牌号 | 化学成分/% | | | | | | 热处理温度/℃ | | 力学性能(不小于) | | | | 用途 |
	C	Mn	Si	Cr	P、S 不大于	其他	淬火	回火	σ_b/MPa	σ_s/MPa	δ_5、δ_{10}/%	φ/%	
65	0.62~0.70	0.50~0.80	0.17~0.37	≤0.25	0.035		840	500	980	785	9	35	调压调速弹簧、柱塞弹簧、测力弹簧及一般机械上用的圆、方螺旋弹簧
70	0.72~0.80	0.50~0.80	0.17~0.37	≤0.25	0.035		820	480	1080	880	7	30	
85	0.82~0.90	0.50~0.80	0.17~0.37	≤0.25	0.035		820	480	1130	980	6	30	机车车辆、汽车、拖拉机的板簧及螺旋弹簧
65Mn	0.62~0.70	0.90~1.20	0.17~0.37	≤0.25	0.035		830	480	1000	800	8	30	小汽车离合器弹簧、制动弹簧、气门簧
55Si2Mn	0.52~0.60	0.60~0.90	1.50~2.00	≤0.35	0.035		870	480	1275	1177	6	30	用于机车车辆、汽车、拖拉机上的板簧、螺旋弹簧、气缸安全阀簧、止回阀簧及其他高应力下工作的重要弹簧，还可用作250℃以下工作的耐热弹簧
55Si2MnB	0.52~0.60	0.60~0.90	1.50~2.00	≤0.35	0.035	0.0005~ 0.004B	870	480	1275	1177	6	30	
55SiMnVB	0.52~0.60	1.00~1.30	0.70~1.00	≤0.35	0.035	0.08~ 0.16V 0.0005~ 0.0035B	860	460	1373	1226	5	30	
60Si2Mn	0.56~0.64	0.60~0.90	1.50~2.00	≤0.35	0.035		870	480	1275	1177	5	25	用于承受重载荷及300~350℃以下工作的弹簧，如调速器弹簧、汽轮机汽封弹簧等
60Si2MnA	0.56~0.64	0.60~0.90	1.60~2.00	≤0.35	0.030		870	440	1569	1373	5	20	
60Si2CrA	0.56~0.64	0.40~0.70	1.40~1.80	0.70~1.00	0.030		870	420	1765	1569	6	20	
60Si2CrVA	0.56~0.64	0.40~0.70	1.40~1.80	0.90~1.20	0.030	0.10~ 0.20V	850	410	1863	1667	6	20	

续表

牌号	化学成分 /%						热处理温度 /℃		力学性能（不小于）				用途
	C	Mn	Si	Cr	P、S 不大于	其他	淬火	回火	σ_b/MPa	σ_s/MPa	δ_5、δ_{10}/%	φ/%	
55CrMnA	0.52~0.60	0.65~0.95	0.17~0.37	0.65~0.95	0.030		830~860	460~510	1226	1079	9	20	用于载重汽车、拖拉机、小轿车上的板簧、50 mm 直径的螺旋弹簧
60CrMnA	0.56~0.64	0.70~1.00	0.17~0.37	0.70~1.00	0.030		830~860	460~520	1226	1079	9	20	
60CrMnMoA	0.56~0.64	0.70~1.00	0.17~0.37	0.70~0.90	0.030	0.25~0.35Mo							
60CrMnBA	0.56~0.64	0.70~1.00	0.17~0.37	0.70~1.00	0.030	0.0005~0.004B	830~860	460~520	1226	1079	9	20	
50CrVA	0.46~0.54	0.50~0.80	0.17~0.37	0.80~1.10	0.030	0.10~0.20V	850	500	1275	1128	10	40	大截面高负荷的重要弹簧及在 300 ℃ 以下工作的阀门弹簧、活塞弹簧、安全阀弹簧等
30W4Cr2VA	0.26~0.34	≤0.40	0.17~0.37	2.00~2.50	0.030	0.50~0.80V 4~4.5W	1050~1100	600	1471	1324	7	40	≤300 ℃ 温度下工作的弹簧，如锅炉主安全阀弹簧、汽轮机汽封弹簧片等

注：①65 钢的力学性能为正火状态，正火温度为 810 ℃。②淬火介质为油。

弹簧的表面质量对使用寿命影响很大，若弹簧表面有缺陷，就容易造成应力集中，从而降低疲劳强度，故常采用喷丸强化表面，使表面产生压应力，消除或减轻弹簧的表面缺陷，以便提高弹簧钢的屈服强度、疲劳强度。例如，用于汽车板簧的 60Si2Mn，经喷丸处理后，使用寿命可提高 3 ~ 5 倍。

7.3.7　滚动轴承钢

1. 用途

滚动轴承钢是用于制造滚动轴承的滚动体和轴承套的专用钢种，分为高碳铬轴承钢、渗碳轴承钢、不锈轴承钢和高温轴承钢 4 类，这里只介绍高碳铬轴承钢。由于高碳铬轴承钢属于高碳钢，因而也可用于制造精密量具、冷冲模和机床丝杠等耐磨零件。

2. 性能要求

轴承工作时，滚动体和轴承套之间为点或线接触，接触应力高达 3 000 ~ 3 500 MPa，且承受周期性交变载荷引起的接触疲劳，频率达每分钟数万次，同时还承受摩擦。因此要求：

①具有高而均的硬度（61 ~ 65 HRC）和耐磨性；

②具有高的接触疲劳强度和弹性极限；

③具有足够的韧性、淬透性和耐蚀性。

3. 成分特点

①高碳：含碳量一般为 0.95% ~ 1.10%，以保证高的硬度和耐磨性。

②合金元素：主加元素是 Cr，其主要作用是提高淬透性，铬还会进入渗碳体形成合金渗碳体，提高耐磨性。此外，铬还有提高耐蚀性的作用。当铬含量高于 1.65% 时，会因残余奥氏体量增加而使钢的硬度和稳定性下降。钢中加入 Si、Mn、Mo 会进一步提高淬透性和强度，加入 V 则是为了细化晶粒。

4. 热处理特点

高碳铬轴承钢的热处理主要为球化退化、淬火和低温回火。球化退化作为预备热处理，其主要目的是降低硬度，便于切削加工，并为淬火做组织准备。最终热处理是加热到 840 ℃，在油中淬火，并在淬火后立即进行低温回火（160 ~ 180 ℃），回火后的硬度 HRC > 61。使用状态下的组织为回火马氏体加颗粒状碳化物加少量残余奥氏体。为了减少残余奥氏体量，稳定尺寸，可在淬火后进行冷处理（ - 60 ~ - 80 ℃），并在磨削加工后进行低温（120 ℃左右）时效处理。

5. 典型钢种

高碳铬轴承钢的牌号和化学成分如表 7-11 所示。其中，应用最广的是 GCr15 钢，大量用于制造大中型轴承。此外，还常用来制造冷冲模、量具、丝锥等。制造大型轴承也可用 GCr15SiMn。

表 7-11　高碳铬轴承钢的牌号、成分及退火硬度（GB/T 18254—2002）

统一数字代号	牌号	化学成分/%										退火硬度/HBW
		C	Si	Mn	Cr	Mo	P	S	Ni	Cu	Ni + Cu	
							不大于					
B00040	GCr4	0.95 ~ 1.05	0.15 ~ 0.30	0.15 ~ 0.30	0.35 ~ 0.50	≤0.08	0.025	0.020	0.25	0.20		179 ~ 207
B00150	GCr15	0.95 ~ 1.05	0.15 ~ 0.35	0.25 ~ 0.45	1.40 ~ 1.65	≤0.10	0.025	0.025	0.30	0.25	0.50	179 ~ 207
B01150	GCr15SiMn	0.95 ~ 1.05	0.45 ~ 0.75	0.95 ~ 1.25	1.40 ~ 1.65	≤0.10	0.025	0.025	0.30	0.25	0.50	179 ~ 217
B03150	GCr15SiMo	0.95 ~ 1.05	0.65 ~ 0.85	0.20 ~ 0.40	1.40 ~ 1.70	0.3 ~ 0.4	0.027	0.020	0.30	0.25		179 ~ 217
B02180	GCr18Mo	0.95 ~ 1.05	0.20 ~ 0.40	0.25 ~ 0.40	0.65 ~ 1.95	0.15 ~ 0.25	0.025	0.020	0.25	0.25		179 ~ 207

注：钢中的氧含量均不大于 15×10^{-6}。

7.3.8　耐磨钢

耐磨钢主要是指在冲击载荷作用下发生冲击硬化的高锰钢。高锰钢共包括 5 种牌号，其化学成分和力学性能如表 7-12 所示。

表 7-12　高锰钢的化学成分和力学性能（GB/T 5680—2010）

牌号	化学成分/%						力学性能(不小于)				HBS≤
	C	Mn	Si	S≤	P≤	其他	σ_s/MPa	σ_b/MPa	δ_5/%	a_{kU}/ (J/cm²)	
ZGMn13-1	1.00 ~ 1.45	11.00 ~ 14.00	0.30 ~ 1.00	0.040	0.090			635	20		
ZGMn13-2	0.90 ~ 1.35	11.00 ~ 14.00	0.30 ~ 1.00	0.040	0.070			685	25	147	300
ZGMn13-3	0.95 ~ 1.35	11.00 ~ 14.00	0.30 ~ 0.80	0.035	0.070			735	30	147	300
ZGMn13-4	0.90 ~ 1.30	11.00 ~ 14.00	0.30 ~ 0.80	0.040	0.070	1.50 ~ 2.50Cr	390	735	20		300
ZGMn13-5	0.75 ~ 1.30	11.00 ~ 14.00	0.30 ~ 1.00	0.040	0.070	0.90 ~ 1.20Mo					

注：a_{kU} 表示冲击值(冲击试验时用 U 形缺口)。

1. 用途和性能要求

高锰钢主要用于既承受严重磨损又承受强烈冲击的零件，如拖拉机、坦克的履带板、破碎机的颚板、挖掘机的铲齿和铁路的道岔等。因此，高的耐磨性和韧性是对高锰钢的主要性能要求。

2. 成分特点

①高碳：含碳量为 0.75% ~1.45%，以保证高的耐磨性。

②高锰：含锰量为 11% ~14%，以保证形成单相奥氏体组织，获得良好的韧性。

3. 热处理及使用

高锰钢的铸态组织为奥氏体加碳化物，性能硬而脆。为此，需对其进行"水韧处理"，即把钢加热到 1 100 ℃，使碳化物完全溶入奥氏体，并进行水淬，从而获得均匀的过饱和单相奥氏体。这时，其强度、硬度并不高（180 ~200 HB），但塑性、韧性却很好。为获得高耐磨性，使用时必须伴随着强烈的冲击或强大的压力，在冲击或压力作用下，表面奥氏体迅速加工硬化，同时形成马氏体并析出碳化物，使表面硬度提高到 HB500 ~550，获得高耐磨性。而心部仍为奥氏体组织，具有高耐冲击能力。当表面磨损后，新露出的表面又可在冲击或压力作用下获得新的硬化层。

高锰钢水冷后不应当再受热，因加热到 250 ℃ 以上时有碳化物析出，会使脆性增加。这种钢由于具有很高的加工硬化性能，所以很难机械加工，但采用硬质合金、含钴高速钢等切削工具，并采取适当的刀角及切削条件，还是可以加工的。

7.4 工 具 钢

工具钢是用来制各种工具的钢种。按用途可分为刃具钢、模具钢和量具钢。

7.4.1 刃具钢

1. 用途

主要用于制造各种金属切削刀具，如车刀、铣刀、刨刀及钻头等。

2. 性能要求

①高硬度：刃具硬度必须大于被切材料硬度，一般要求大于 60 HRC。

②高耐磨性：耐磨性不仅取决于硬度，同时还与钢中硬质相的性质、数量、大小和分布有关。

③高热硬性（或红硬性）：热硬性是指钢在高温下保持高硬度的能力。要求高的热硬性是为了防止刀具在高速切削时因摩擦升温而软化。

④足够的韧性：避免刃具在受冲击震动时发生崩刃或脆断。

3. 常用刃具钢

（1）碳素工具钢

碳素工具钢为高碳钢，其含碳量为 0.65% ~1.35%，随含碳量提高，钢中碳化物量增加，钢的耐磨性提高，但韧性下降。碳素工具钢牌号、成分及用途如表 7-13 所示。

表 7-13　碳素工具钢的牌号、成分及用途（GB/T 1298—2008）

牌号	化学成分/%					退火硬度/HB 不大于	淬火温度/ ℃	淬火硬度/HRC	用途举例
	C	Si	Mn	S	P				
				不大于					
T7	0.65 ~ 0.74	≤0.35	≤0.40	0.030	0.035	187	800 ~ 820	≥62	承受冲击，韧性较好、硬度适当的工具，如扁铲、冲头、手钳、大锤、改锥、木工工具、压缩空气工具
T8	0.75 ~ 0.84	≤0.35	≤0.40	0.030	0.035	187	780 ~ 800		
T8Mn	0.80 ~ 0.90	≤0.35	0.40 ~ 0.60	0.030	0.035	187			同上，但淬透性较大，可制断面较大的工具
T9	0.85 ~ 0.94	≤0.35	≤0.40	0.030	0.035	192			韧性中等，硬度高的工具，如冲头、木工工具、凿岩工具
T10	0.95 ~ 1.04	≤0.35	≤0.40	0.030	0.035	197	760 ~ 780		不受剧烈冲击、高硬度耐磨的工具，如车刀、刨刀、丝锥、钻头、手锯条
T11	1.05 ~ 1.14	≤0.35	≤0.40	0.030	0.035	207			
T12	1.15 ~ 1.24	≤0.35	≤0.40	0.030	0.035	207			不受冲击、要求高硬度高耐磨的工具，如锉刀、刮刀、精车刀、丝锥、量具
T13	1.25 ~ 1.35	≤0.35	≤0.40	0.030	0.035	217			

注：淬火介质均为水。

　　碳素工具钢的预备热处理一般为球化退火，其目的是降低硬度（HB≤217），便于切削加工，并为淬火作组织准备。最终热处理为淬火加低温回火。使用状态下的组织为回火马氏体加颗粒状碳化物加少量残余奥氏体，硬度可达 60 ~ 65 HRC。

　　碳素工具钢的优点是成本低、耐磨性和加工性较好，在手用工具和机用低速工具上广泛应用。缺点是热硬性差（切削温度低于 200 ℃），淬透性低，只适于制作尺寸不大、形状简单的低速刃具。

　　（2）低合金工具钢

　　低合金工具钢是在碳素工具钢的基础上加入少量合金元素（≤3% ~ 5%）形成的。其在保持高的含碳量（0.75% ~ 1.50%）同时，加入了 Cr、Mn、Si、W、V 等合金元素，Cr、Mn、Si 的主要作用是提高淬透性，Si 还有提高耐回火性的作用，W、V 的作用是提高耐磨性，并细化晶粒。

　　低合金工具钢的热处理特点基本与碳素工具钢相同，采用球化退火作为预备热处理，最终热处理为淬火加低温回火，使用状态下的组织为回火马氏体加颗粒状碳化物加少量残余奥氏体。与碳素工具钢不同的是，由于加入了合金元素，钢的淬透性提高了，因此可采用油淬火，淬火后的硬度与碳素工具钢都处在同一范围，但淬火变形、开裂倾向小。切削温度可达 250 ℃，仍属于低速切削刃具钢。

低合金工具钢的牌号、成分、热处理及用途如表 7-14 所示。典型钢种是 9SiCr，由于加 Si、Cr 提高了淬透性，其油中临界直径可达 40~50 mm，另外，由于 Si 等还提高耐回火性，使钢在 250~300 ℃下仍保持 60 HRC 以上的硬度。广泛用于制造形状复杂、要求变形小的低速切削刀具，如丝锥、板牙等，也常用作冷冲模。

表 7-14　低合金工具钢的牌号、成分、热处理与用途（GB/T 1299—2000）

统一数字代号	钢组	牌号	化学成分/%					淬火		交货状态硬度/HB	用途举例
			C	Si	Mn	Cr	其他	温度/℃	硬度/HRC		
T30100	量具刃具用钢	9SiCr	0.85~0.95	1.20~1.60	0.30~0.60	0.95~1.25		820~860 油	≥62	241~197	丝锥、板牙、钻头、铰刀、齿轮铣刀、冷冲模、轧辊
T30000		8MnSi	0.75~0.85	0.30~0.60	0.80~1.10			800~820 油	≥60	≤229	一般多用作木工凿子、锯条或其他刀具
T30060		Cr06	1.30~1.45	≤0.40	≤0.40	0.50~0.70		780~810 水	≥64	241~187	用作剃刀、刀片、刮刀、刻刀、外科医疗刀具
T30201		Cr2	0.95~1.10	≤0.40	≤0.40	1.30~1.65		830~860 油	≥62	229~179	低速、材料硬度不高的切削刀具，量规、冷轧辊等
T30200		9Cr2	0.80~0.95	≤0.40	≤0.40	1.30~1.70		820~850 油	≥62	217~179	主要用作冷轧辊、冷冲头及冲头、木工工具等
T30001		W	1.05~1.25	≤0.40	≤0.40	0.10~0.30	W0.80~1.20	800~830 水	≥62	229~187	低速切削硬金属的刀具，如麻花钻、车刀等
T20000	冷作模具钢	9Mn2V	0.85~0.95	≤0.40	1.70~2.00		V0.10~0.25	780~810 油	≥62	≤229	丝锥、板牙、铰刀、小冲模、冷压模、料模、剪刀等
T20111		CrWMn	0.90~1.05	≤0.40	0.80~1.10	0.90~1.20	W1.20~1.60	800~830 油	≥62	255~207	拉刀、长丝锥、量规及形状复杂精度高的冲模、丝杠等

注：各钢种 S、P 含量均不大于 0.030%。

（3）高速工具钢（高速钢）

高速钢是制造高速切削刀具用钢。其主要性能特点是热硬性高，当切削温度达到 600 ℃时，硬度仍能保持在 55~60 HRC 以上。高速钢的淬透性高，空冷即可淬火，俗称"风钢"。

①成分特点：

● 高碳：含碳量为 0.70% ~1.6% ，以保证形成足够量的碳化物。

● 合金元素：主要加入的元素是 Cr、W、Mo、V，加 Cr 的主要目的是为了提高淬透性，各高速钢的铬含量大多在 4% 左右。铬还提高钢的耐回火性和抗氧化性。W、Mo 的主要作用是提高钢的热硬性，原因是在淬火后的回火过程中，析出了这些元素的碳化物，使钢产生二次硬化。V 的主要作用是细化晶粒，同时由于 VC 硬度极高，可提高钢的硬度和耐磨性。

②加工与热处理

高速钢的加工工艺路线：下料→锻造→退火→机加工→淬火＋回火→喷砂→磨削加工。

● 锻造：高速钢是莱氏体钢，其铸态组织为亚共晶组织，由鱼骨状莱氏体与树枝状的马氏体和托氏体组成（见图 7-6），这种组织脆性大且无法通过热处理改善。因此，需要通过反复锻打来击碎鱼骨状碳化物，使其均匀地分布于基体中。可见，对于高速钢而言，锻造具有成型和改善组织的双重作用。

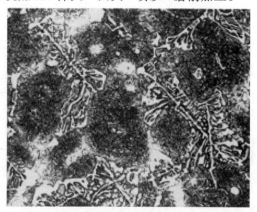

图 7-6　W18Cr4V 钢的铸态组织

● 退火：高速钢的预备热处理是球化退火，其目的是降低硬度，便于切削加工，并为淬火作组织准备。退火后组织为索氏体加细颗粒状碳化物，如图 7-7 所示。

● 淬火：高速钢的导热性较差，故淬火加热时应在 600 ~650 ℃ 和 800 ~850 ℃ 预热两次，以防止变形与开裂。高速钢的淬火温度高达 1 280 ℃，以使更多的合金元素溶入奥氏体中，达到淬火后获得高合金元素含量马氏体的目的。淬火温度不宜过高，否则易引起晶粒粗大。淬火冷却多采用盐浴分级淬火或油冷，以减少变形和开裂倾向。淬火后的组织为隐针马氏体加颗粒状碳化物和较多的残余奥氏体（约 30%），如图 7-8 所示。硬度为 61 ~63 HRC。

图 7-7　W18Cr4V 钢的退火组织

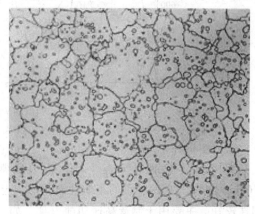

图 7-8　W18Cr4V 钢的淬火组织

• 回火：高速钢淬火后通常在 550～570 ℃进行 3 次回火，其主要目的是减少残余奥氏体量，稳定组织，并产生二次硬化。在回火过程中，随温度升高，大量细小弥散的钨、钼、钒碳化物从马氏体中析出，使钢的硬度不仅不降，反而明显提高；同时由于残余奥氏体中的碳和合金元素含量下降及所受马氏体的压力降低，M_s 点上升，在回火冷却时转变为马氏体，也使硬度提高，产生二次硬化。W18Cr4V 钢的硬度与回火温度关系如图 7-9 所示。

采用多次回火是为了逐步减少残余奥氏体量，同时每次回火加热都使前一次回火冷却时产生的淬火马氏体回火。经淬火和 3 次回火后，高速钢的组织为回火马氏体、细颗粒状碳化物加少量残余奥氏体（<3%），如图 7-10 所示。

图 7-11 所示为 W18Cr4V 钢热处理工艺示意图全图。

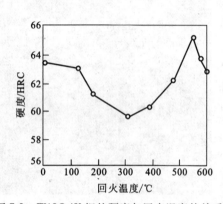

图 7-9　W18Cr4V 钢的硬度与回火温度的关系

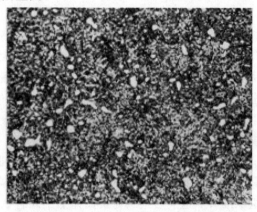

图 7-10　W18Cr4V 钢淬火、回火后的组织

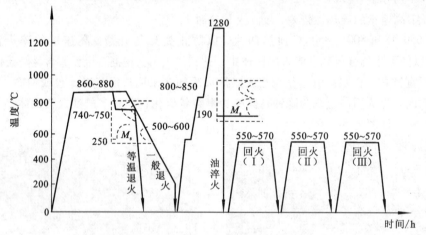

图 7-11　W18Cr4V 钢热处理工艺示意图

③常用钢种：

常用的高速钢列于表 7-15。其中最常用的钢种为钨系的 W18Cr4V 和钨-钼系的 W6Mo5Cr4V2。这两种钢的组织性能相似，但前者的热硬性较好，后者的耐磨性、热塑性和韧性较好。主要用于制造高速切削刃具，如车刀、刨刀、铣刀、钻头等。

表 7-15 常用高速钢的牌号、成分、热处理及硬度（摘自 YB/T 5302—2010、GB/T 9943—2008）

牌号	化学成分/%								热处理温度/℃		退火硬度/HB	淬火回火/HRC
	C	Mn	Si	Cr	W	Mo	V	其他	淬火	回火		
W18Cr4V (T51841)	0.70~0.80	0.10~0.40	0.20~0.40	3.80~4.40	17.50~19.00	≤0.30	1.00~1.40		1270~1285	550~570	≤255	≥63
W18Cr4V2Co5	0.85~0.95	0.10~0.40	0.20~0.40	3.75~4.50	17.50~19.00	0.40~1.00	0.80~1.20	4.25~5.75Co	1280~1300	540~560	≤269	≥63
W6Mo5Cr4V2 (T66541)	0.80~0.90	0.15~0.45	0.20~0.45	3.80~4.40	5.50~6.75	4.50~5.50	1.75~2.20		1210~1230	550~570	≤255	≥63
W6Mo5Cr4V3	1.00~1.10	0.15~0.40	0.20~0.45	3.75~4.50	6.00~7.00	4.50~5.50	2.25~2.75		1200~1230	540~560	≤255	≥64
W9Mo3Cr4V (T69341)	0.77~0.87	0.20~0.45	0.20~0.40	3.80~4.40	8.50~9.50	2.70~3.30	1.30~1.70		1220~1240	540~560	≤255	≥63
W6Mo5Cr4V2Al	1.05~1.20	0.15~0.40	0.20~0.60	3.80~4.40	5.50~6.75	4.50~5.50	1.75~2.20	0.80~1.20Al	1220~1250	540~560	≤269	≥65

注：① 各钢种 S、P 含量均不大于 0.030%；② 淬火介质为油。

7.4.2 模具钢

模具钢是用以制造各种冷热模具的钢种，分为冷作模具钢和热作模具钢。

1. 冷作模具钢

（1）用途

冷作模具钢主要用于制造各种冷成型模具，如冷冲模、冷挤压模、冷镦模和拔丝模等，工作温度一般不超过 200～300 ℃。

（2）性能要求

材料在冷态下变形抗力较大，因而冷模具在工作时承受很大的载荷及冲击、摩擦作用，磨损、变形和断裂是其失效的主要形式。为此，要求冷作模具钢具有以下性能：

①高硬度（58～62 HRC）和高耐磨性。

②足够的强度和韧性。

③良好的工艺性能，如淬透性、切削加工性等。

（3）冷作模具钢的类型

①碳素工具钢和低合金工具钢：用于制造小尺寸、形状简单、受力不大的模具，如 T8A、9Mn2V、9SiCr、CrWMn 等。

②耐冲击工具用钢：用于制造冶金、机械工业中剪切钢板或型材用的冷剪刀片和热剪刀片，如 4CrW2Si、5CrW2Si 等。合金元素 Cr、W、Si 的作用是提高淬透性、耐磨性和回火稳定性。耐冲击工具用钢和冷作模具钢的牌号、化学成分及硬度如表 7-16 所示。

③Cr12 型冷作模具钢：用于制造受力大的冷模具。

• 成分特点：高碳，含碳量为 1.40%～2.30%，以保证高的硬度和耐磨性；合金元素，主加元素是 Cr，其主要作用是提高淬透性，辅加元素有 W、Mo、V 等，这些元素与 Cr 共同形成高硬度的碳化物，从而提高耐磨性。此外，这些辅加元素还有细化晶粒的作用。

• 热处理特点：Cr12 型钢属莱氏体钢，其网状共晶碳化物需通过反复锻造来改变其形态和分布。热处理采用淬火加回火处理。当回火温度较低时，钢的硬度可达 61～64 HRC，耐磨性和韧性较好，适用于重载模具；当在较高温度下多次回火时，会产生二次硬化，钢的硬度达 60～62 HRC，红硬性和耐磨性都较高，适用于在 400～450 ℃下工作的模具。热处理后的组织为回火马氏体、颗粒状碳化物及少量残余奥氏体。

• 常用钢种：Cr12 型冷作模具钢的牌号和化学成分如表 7-16 所示。常用的钢种有 Cr12 和 Cr12MoV，其热处理变形小，主要用于制造截面大、负荷大的冷冲模、挤压模、滚丝模、冷剪刀等。冷作模具钢的选材举例如表 7-17 所示。

表7-16 耐冲击工具用钢和冷作模具钢的牌号、化学成分及硬度（GB/T 1299—2000）

钢组	牌号	统一数字代号	C	Si	Mn	Cr	W	Mo	V	淬火 温度/℃ /冷却剂	淬火 硬度/HRC	交货状态 硬度/HB
耐冲击工具用钢	4CrW2Si	T40124	0.35~0.45	0.80~1.10	≤0.40	1.00~1.30	2.00~2.50			860~900/油	≥53	217~179
	5CrW2Si	T40125	0.45~0.55	0.50~0.80	≤0.40	1.00~1.30	2.00~2.50			860~900/油	≥55	255~207
	6CrW2Si	T40126	0.55~0.65	0.50~0.80	≤0.40	1.10~1.30	2.20~2.70			860~900/油	≥57	285~229
	6CrMnSi2Mo1V	T40100	0.50~0.65	1.75~2.25	0.60~1.00	0.10~0.50		0.20~1.35	0.15~0.35	885（盐浴）或 900（炉控气氛）/ 油冷,58~204回火	≥58	≤229
	5Cr3Mn1SiMo1V	T40300	0.45~0.55	0.20~1.00	0.20~0.90	3.00~3.50		1.30~1.80	≤0.35	941（盐浴）或 955（炉控气氛）/ 空冷,56~204回火	≥56	
冷作模具钢	Cr12	T21200	2.00~2.30	≤0.40	≤0.40	11.50~13.00				950~1000/油	≥60	269~217
	Cr12Mo1V1	T21202	1.40~1.60	≤0.60	≤0.60	11.00~13.00		0.70~1.20	0.50~1.10	1000（盐浴）或 1010（炉控气氛）/ 空冷,200回火	≥59	≤255
	Cr12MoV	T21201	1.45~1.70	≤0.40	≤0.40	11.00~12.50		0.40~0.60	0.15~0.30	950~1000/油	≥58	255~207
	Cr5Mo1V	T20503	0.95~1.05	≤0.50	≤1.00	4.75~5.50		0.90~1.40	0.15~0.50	940（盐浴）或 950（炉控气氛）/ 空冷,200回火	≥60	≤255
	9CrWMn	T20110	0.85~0.95	≤0.40	0.90~1.20	0.50~0.80	0.50~0.80			800~830/油	≥62	241~197
	Cr4W2MoV	T20421	1.12~1.25	0.40~0.70	≤0.40	3.50~4.00	1.90~2.60	0.80~1.20	0.80~1.10	860~980/油 1020~1040/油	≥60	≤269
	6Cr4W3Mo2VNb (0.20~0.35% Nb)	T20432	0.60~0.70	≤0.40	≤0.40	3.80~4.40	2.50~3.50	1.80~2.50	0.80~1.20	1100~1160/油	≥60	≤255
	6W6Mo5Cr4V	T20465	0.55~0.65	≤0.40	≤0.60	3.70~4.30	6.00~7.00	4.50~5.50	0.70~1.10	1180~1200/油	≥60	≤269
	7CrSiMnMoV	T20104	0.65~0.75	0.85~1.15	0.65~1.05	0.90~1.20		0.20~0.50	0.15~0.30	淬火:870~900/ 油或空冷 回火:150±10/空	≥60	≤235

注：①各钢种S、P含量均不大于0.030%；②冷作模具钢9Mn2V和CrWMn 见表7-14。

表 7-17　冷作模具钢的选材举例

冲模种类	牌　号			备注
	简单轻载	复杂轻载	重载	
硅钢片冲模	Cr12、Cr12MoV、Cr6WV	Cr12、Cr12MoV、Cr6WV		因加工批量大，要求寿命较长，故采用高合金钢
冲孔落料模	T10A、9Mn2V	9Mn2V、Cr6WV、Cr12MoV	Cr12MoV	
压弯模	T10A、9Mn2V		Cr12、Cr12MoV、Cr6WV	
拔丝拉伸模	T10A、9Mn2V		Cr12、Cr12MoV	
冷挤压模	T10A、9Mn2Cv	9Mn2V、Cr12MoV、Cr6WV	Cr12MoV、Cr6WV	要求热硬性时还可选用高速钢
小冲头	T10A、9Mn2V	Cr12MoV	W18Cr4V、W6Mo5Cr4V2	冷挤压钢件，硬铝冲头还可选用超硬高速钢，基体钢[①]
冷镦模	T10A、9Mn2V		Cr12MoV、8Cr8MoSiV、Cr12MoV、W18Cr4V、Cr4W2MoV8Cr8Mo2SiV2 基体钢[①]	

注：基体钢指 5Cr4W2Mo3V、6Cr4Mo3Ni2WV 等，它们的成分相当于高速工具钢在正常淬火状态的基体成分。这种钢过剩碳化物数量少，颗粒细，分布均匀，在保证一定耐磨性和热硬性条件下，显著改善抗弯强度和韧性，淬火变形也较小。

2. 热作模具钢

（1）用途

热作模具钢主要用于制造使加热金属或液态金属成型的模具，如热锻模、热压模、热挤压模和压铸模等，工作时型腔表面温度可达 600 ℃以上。

（2）性能要求

热模具在工作时承受很大的冲击载荷、强烈的摩擦和剧烈的冷热循环引起的热疲劳，因此要求热作模具钢具有以下性能：

①高温下良好的综合力学性能；

②高的抗热疲劳性能；

③高的淬透性和良好的导热性；

④高的抗氧化性。

（3）钢种

热作模具钢及其选材举例分别列于表 7-18（含无磁和塑料模具钢）和表 7-19 中。

①热锻模钢：中碳低合金钢，其含碳量为 0.5% ~ 0.6%，加入的合金元素为 Cr、Ni、Mn、Mo 等，Cr、Ni、Mn 的主要作用是提高淬透性、强化铁素体，Mo 的主要作用是防止第二类回火脆性。其热处理为淬火加高温回火（调质），使用状态下的组织为回火索氏体。典型钢种如 5CrNiMo、5CrMnMo，前者用于大型热锻模，后者用于中小型热锻模。

②压铸模钢：中碳高合金钢，其含碳量一般为 0.3% ~ 0.6%，加入的合金元素有 Cr、Mn、Si、W、Mo、V 等，Cr、Mn、Si 的主要作用是提高淬透性，W、Mo、V 的主要作用是提高耐磨性，产生二次硬化，W、Cr 还有提高抗热疲劳的作用。其热处理为淬火后在略高于二次硬化峰值的温度（600 ℃左右）回火，组织为回火马氏体、颗粒状碳化物加少量残余奥氏体。典型钢种如 3Cr2W8V。

表 7-18　热作模具钢和无磁、塑料模具钢的牌号、化学成分及硬度（GB/T 1299—2000）

统一数字代号	钢组	牌号	C	Si	Mn	Cr	W	Mo	V	其他	淬火温度/℃ /冷却剂	交货状态硬度/HB
T20102		5CrMnMo	0.50~0.60	0.25~0.60	1.20~1.60	0.60~0.90		0.15~0.30			820~850/油	241~197
T20103		5CrNiMo	0.50~0.60	≤0.40	0.50~0.80	0.50~0.80		0.15~0.30		Ni1.40~1.80	830~860/油	241~197
T20280		3Cr2W8V	0.35~0.40	≤0.40	≤0.40	2.20~2.70	7.50~9.00		0.20~0.50		1075~1125/油	≤255
T20403		5Cr4Mo3SiMnVAl	0.47~0.57	0.80~1.10	0.80~1.10	3.80~4.30		2.80~3.40	0.80~1.20	Al0.30~0.70	1090~1120/油	≤255
T20323	热作模具钢	3Cr3Mo3W2V	0.32~0.42	0.60~0.90	≤0.65	2.80~3.30	1.20~1.80	2.50~3.00	0.80~1.20		1060~1130/油	≤255
T20452		5Cr4W5Mo2V	0.40~0.50	≤0.40	≤0.40	3.40~4.40	4.50~5.30	1.50~2.10	0.70~1.10		1100~1150/油	≤269
T20300		8Cr3	0.75~0.85	≤0.40	≤0.40	3.20~3.80					850~880/油	255~207
T20101		4CrMnSiMoV	0.35~0.45	0.80~1.10	0.80~1.10	1.30~1.50		0.40~0.60	0.20~0.40		870~930/油	241~197
T20303		4Cr3Mo3SiV	0.35~0.45	0.80~1.20	0.25~0.70	3.00~3.75		2.00~3.00	0.25~0.75		1010盐浴或炉控/空,550回火	≤229
T20501		4Cr5MoSiV	0.33~0.43	0.80~1.20	0.20~0.50	4.75~5.50		1.10~1.60	0.30~0.60		1000盐浴或炉控/空,550回火	≤235
T20502		4Cr5MoSiV1	0.32~0.45	0.80~1.20	0.20~0.50	4.75~5.50		1.10~1.75	0.80~1.20		1000盐浴或炉控/空,550回火	≤235
T20520		4Cr5W2VSi	0.32~0.42	0.80~1.20	≤0.40	4.75~5.50	1.60~2.40		0.60~1.00		1030~1050/油	≤229
T23152	无磁模具钢	7Mn15Cr2Al3V2WMo	0.65~0.75	≤0.80	14.50~16.50	2.00~2.50	0.50~0.80	0.50~0.80	1.50~2.00	Al2.30~3.30	1170~1190固溶/水,650~700时效/空,HRC≥45	
T22020	塑料模具钢	3Cr2Mo	0.28~0.40	0.20~0.80	0.60~1.00	1.40~2.00		0.30~0.55			淬火:870~900/油或空冷回火:150±10/空	
T22024		3Cr2MnNiMo	0.32~0.40	0.20~0.40	1.10~1.50	1.70~2.00		0.25~0.40		Ni0.85~1.15		

注：各钢种 S、P 含量均不大于 0.030%。

表 7-19   热作模具的选材举例

名称	类　型	选材举例	硬度/HRC
锻模	高度 <250 mm 小型热锻模	5CrMnMo、5Cr2MnMo[①]	39~47
	高度在 250~400 mm 中型锻模		
	高度 >400 mm 大型热锻模	5CrNiMo、5Cr2MnMo	35~39
	寿命要求高的热锻模	3Cr2W8V、4CrMoSiV、4Cr5W2VSi	40~54
	热镦模	4Cr5MoSiV、4Cr5W2VSi、基体钢	39~54
	精密锻造或高速锻模	3Cr2W8V、4Cr5MoSiV、4Cr5W2VSi	45~64
压铸模	压铸锌、铝、镁合金	4Cr5MoSiV、4Cr5W2VSi、3Cr2W8V	43~50
	压铸铜和黄铜	4Cr5MoSiV、4Cr5W2VSi、3Cr2W8V 钨基粉末冶金材料，钼、钛、锆难熔金属	
	压铸钢铁	钨基粉末冶金材料，钼、钛、铬难熔金属	
挤压模	温挤压和温镦锻（300~800 ℃）	基体钢	
	热挤压[②]	挤压钢、钛或镍合金用 4Cr5MoSiV、3Cr2W8V（>1000 ℃）	43~47
		挤压铜合金用 3Cr2W8V（<1000 ℃）	36~45
		挤压铝、镁合金用 4Cr5MoSiV、4Cr5W2VSi（<500 ℃）	46~50
		挤压铅用 45 号钢（<100 ℃）	16~20

注：①5CrMnMo 为准焊锻模的堆焊金属牌号，其化学成分为：0.43%~0.53% C、1.80%~2.20% Cr、0.60%~
0.90Mn、0.80%~1.20% Mo。
②所列热挤压温度均为被挤压材料的加热温度。

7.4.3   量具钢

1. 用途

量具钢用于制造各种测量工具，如卡尺、千分尺、块规、塞规及螺旋测微仪等。

2. 性能要求

量具在使用过程中要与被测零件接触，承受摩擦与冲击，而且本身必须具有高的尺寸
精度和稳定性，因此，对其性能要求主要为：

①高的硬度和耐磨性；

②高的尺寸稳定性，热处理变形小。

3. 量具用钢

量具无专用钢种，其材料选用如表 7-20 所示。

①碳素工具钢：如 T10A、T12A 等，用于制造尺寸小、形状简单、精度要求不高的量具。

②低合金工具钢和轴承钢：如 CrWMn、GCr15 等，用于制造精度要求高、形状较复杂
的量具。

③表面热处理钢：如低碳钢渗碳、中碳钢表面淬火或氮化，适合于制造承受磨损和冲
击、质量要求较高的量具。

④不锈钢：如 4Cr13 和 9Cr18，用于制造接触腐蚀介质的量具。

4. 热处理特点

通过适当热处理可减少变形并提高组织稳定性。

①预备热处理采用球化退火或调质处理，因为球状碳化物稳定性最高。

②采用下限温度淬火和冷处理，目的是减少残余奥氏体量。

③回火后进行长时间低温（120～150 ℃）时效处理，以消除内应力，降低马氏体的正方度。

表 7-20　量具用钢的选用举例

用　途	选用的牌号举例	
	钢的类别	钢号
尺寸小、精度不高，形状简单的量规、塞规、样板等	碳素工具钢	T10A、T11A、T12A
精度不高，耐冲击的卡板、板样、直尺等	渗碳钢	15、20、15Cr
块规、螺纹塞规、环规、样柱、样套等	低合金工具钢	CrMn、9CrWMn、CrWMn
各种要求精度的量具	冷作模具钢	9Mn2V、Cr2Mn2SiWMoV
要求精度和耐腐蚀的量具	不锈钢	4Cr13、9Cr18

7.5　特殊性能钢

特殊性能钢是指具有特殊物理、化学性能的钢，本节只介绍不锈钢和耐热钢。

7.5.1　不锈钢

在腐蚀性介质中具有抗腐蚀性能的钢，一般称为不锈钢。

1. 金属腐蚀的概念

如前所述，腐蚀是指材料在外部介质作用下发生逐渐破坏的现象。金属的腐蚀分为化学腐蚀和电化学腐蚀两大类。化学腐蚀是指金属在非电解质中的腐蚀，如钢的高温氧化、脱碳等。电化学腐蚀是指金属在电解质溶液中的腐蚀，是有电流参与作用的腐蚀。大部分金属的腐蚀属于电化学腐蚀。

不同电极电位的金属在电解质溶液中构成原电池，使低电极电位的阳极被腐蚀，高电极电位的阴极被保护。金属中不同组织、成分、应力区域之间都可构成原电池。

为了防止电化学腐蚀，可采取以下措施：

①均匀的单相组织，避免形成原电池；

②提高合金的电极电位；

③使表面形成致密稳定的保护膜，切断原电池。

2. 用途及性能要求

不锈钢主要在石油、化工、海洋开发、原子能、宇航、国防工业等领域用于制造在各种腐蚀性介质中工作的零件和结构。

对不锈钢的性能要求主要是耐蚀性。此外，根据零件或构件不同的工作条件，要求其具有适当的力学性能。对某些不锈钢还要求其具有良好的工艺性能。

3. 成分特点

（1）碳含量

不锈钢的碳含量在 $0.03\% \sim 0.95\%$ 范围内。碳含量越低，则耐蚀性越好，故大多数不锈钢的碳含量为 $0.1\% \sim 0.2\%$；对于制造工具、量具等少数不锈钢，其碳含量较高，以获得高的强度、硬度和耐磨性。

（2）合金元素

①铬：提高耐蚀性的主要元素。

● 铬能提高钢基体的电极电位，当铬的原子分数达到 1/8、2/8、3/8、…时，钢的电极电位呈台阶式跃增，称为 $n/8$ 规律。所以，铬钢中的含铬量只有超过台阶值（如 $n=1$，换成质量分数则为 11.7%）时，钢的耐蚀性才明显提高。

● 铬是铁素体形成元素，当铬含量大于 12.7% 时，使钢形成单相铁素体组织。

● 铬能形成稳定致密的 Cr_2O_3 氧化膜，使钢的耐蚀性大大提高。

②镍：加镍的主要目的是为了获得单相奥氏体组织。

③钼：加钼主要是为了提高钢在非氧化性酸中的耐蚀性。

④钛、铌：钛、铌的主要作用是防止奥氏体不锈钢发生晶间腐蚀。晶间腐蚀是一种沿晶粒周界发生腐蚀的现象，危害很大。它是由于 $Cr_{23}C_6$ 析出于晶界，使晶界附近铬含量降到 12% 以下，电极电位急剧下降，在介质作用下发生强烈腐蚀。而加钛、铌则先于铬与碳形成不易溶于奥氏体的碳化物，避免了晶界贫铬。

4. 常用不锈钢

目前应用的不锈钢，按其组织状态主要分为马氏体不锈钢、铁素体不锈钢和奥氏体不锈钢三大类。常用不锈钢的牌号、成分、热处理及用途如表 7-21 所示。

（1）马氏体不锈钢

主要是 Cr13 型不锈钢。典型钢号为 1Cr13、2Cr13、3Cr13、4Cr13。随含碳量提高，钢的强度、硬度提高，但耐蚀性下降。

①1Cr13、2Cr13、3Cr13 的热处理为调质处理，使用状态下的组织为回火索氏体。这 3 种钢具有良好的耐大气、蒸汽腐蚀能力及良好的综合力学性能，主要用于制造要求塑韧性较高的耐蚀件，如气轮机叶片等。

②4Cr13 的热处理为淬火加低温回火，使用状态下的组织为回火马氏体。这种钢具有较高的强度、硬度，主要用于要求耐蚀、耐磨的器件，如医疗器械、量具等。

（2）铁素体不锈钢

典型钢号如 1Cr17 等。这类钢的成分特点是高铬低碳，组织为单相铁素体。由于铁素体不锈钢在加热冷却过程中不发生相变，因而不能进行热处理强化，可通过加入钛、铌等强碳化物形成元素或经冷塑性变形及再结晶来细化晶粒。铁素体不锈钢的性能特点是耐酸蚀，抗氧化能力强，塑性好。但有脆化倾向：

①475 ℃脆性：即将钢加热到 450～550 ℃停留时产生的脆化，可通过加热到 600 ℃后快冷消除。

②σ 相脆性，即钢在 600～800 ℃长期加热时，因析出硬而脆的 σ 相产生的脆化。这类钢广泛用于硝酸和氮肥工业的耐蚀件。

（3）奥氏体不锈钢

主要是 18－8（18Cr－8Ni）型不锈钢。这类钢的成分特点是低碳高铬镍，组织为单相奥氏体。因而具有良好的耐蚀性、冷热加工性及可焊性、高的塑韧性，这类钢无磁性。奥氏体不锈钢常用的热处理为固溶处理，即加热到 920～1 150 ℃使碳化物溶解后水冷，获得单相奥氏体组织。对于含有钛或铌的钢，在固溶处理后还要进行稳定化处理，即将钢加热到 850～880 ℃，使钢中铬的碳化物完全溶解，而钛或铌的碳化物不完全溶解，然后缓慢冷却，使 TiC 充分析出，以防止发生晶间腐蚀。

表 7-21　常用不锈钢的牌号、成分、热处理、力学性能及用途（GB/T 1220—2007）

类别	牌号	化学成分/%			热处理温度/℃		力学性能（不小于）					用途举例
		C	Cr	其他	淬火	回火	$\sigma_{0.2}$/MPa	σ_b/MPa	δ_5/%	φ/%	硬度	
马氏体型	1Cr13	≤0.15	11.50 ~ 13.50	Si≤1.00 Mn≤1.00	950 ~ 1000 油冷	700 ~ 750 快冷	345	540	25	55	159 HB	抗弱腐蚀介质并承受冲击载荷的零件,如汽轮机叶片,水压机阀、螺栓、螺母等
	2Cr13	0.16 ~ 0.25	12.00 ~ 14.00	Si≤1.00 Mn≤1.00	920 ~ 980 油冷	600 ~ 750 快冷	440	635	20	50	192 HB	
	3Cr13	0.26 ~ 0.35	12.00 ~ 14.00	Si≤1.00 Mn≤1.00	920 ~ 980 油冷	600 ~ 750 快冷	540	735	12	40	217 HB	
	4Cr13	0.36 ~ 0.45	12.00 ~ 14.00	Si≤0.60 Mn≤0.80	1050 ~ 1100 油冷	200 ~ 300 空冷	—	—	—	—	50 HRC	具有较高硬度和耐磨性的医疗器械、量具、滚动轴承等
	9Cr18	0.90 ~ 1.00	17.00 ~ 19.00	Si≤0.80 Mn≤0.80	1000 ~ 1050 油冷	200 ~ 300 油、空冷	—	—	—	—	55 HRC	不锈切片机械刀具、剪切刀具、手术刀片、高耐磨、耐蚀件
铁素体型	1Cr17	≤0.12	16.00 ~ 18.00	Si≤0.75 Mn≤1.00	退火 780 ~ 850 空冷或缓冷		250	400	20	50	183 HB	硝酸工厂、食品工厂的设备
奥氏体型	0Cr18Ni9	≤0.07	17.00 ~ 19.00	Ni8.00 ~ 11.00	固溶 1010 ~ 1150 快冷		205	520	40	60	187 HB	具有良好的耐蚀及耐晶间腐蚀性能,为化学工业用的良好耐蚀材料
	1Cr18Ni9	≤0.15	17.00 ~ 19.00	Ni8.00 ~ 10.00	固溶 1010 ~ 1150 快冷		205	520	40	60	187 HB	耐硝酸、冷磷酸、有机酸及盐、碱溶淬腐蚀的设备零件
	1Cr18Ni9Ti	≤0.12	17.00 ~ 19.00	Ni8 ~ 11 Ti 5(C% − 0.02) ~ 0.8	固溶 920 ~ 1150 快冷		205	520	40	50	187 HB	耐酸容器及设备衬里,抗磁仪表、医疗器械,具有较好耐晶间腐蚀性

续表

类别	牌号	化学成分/% C	Cr	其他	热处理 淬火	回火	σ₀.₂/MPa	σ_b/MPa	δ₅/%	φ/%	硬度	用途举例
奥氏体铁素体型	0Cr26Ni5Mo2	≤0.08	23.00~28.00	Ni3.0~6.0 Mo1.0~3.0 Si≤1.00 Mn≤1.50	固溶950~1100快冷		390	590	18	40	277 HB	抗氧化性、耐点腐蚀性好,强度高,适于耐海水腐蚀设备零件等
	03Cr18Ni5Mo3Si2	≤0.030	18.00~19.50	Ni4.5~5.5 Mo2.5~3.0 Si1.3~2.0 Mn1.0~2.0	固溶920~1150快冷		390	590	20	40	300 HV	适于含氯离子的环境,用于炼油、化肥、造纸、石油、化工等工业热交换器和冷凝器等
沉淀硬化型	0Cr17Ni7Al	≤0.09	16.00~18.00	Ni6.5~7.75 Al0.75~1.5 Si≤1.00 Mn≤1.00	固溶1000~1100快冷	固溶后,于(760±15)℃保持90min。在1h内冷却到15℃以上,再加热到(565±10)℃保持90min空冷	960	1140	20 5	25	363 HB	添加铝的沉淀硬化型钢种,用作弹簧、垫圈、计器部件
						固溶后,于(955±10)℃保持10min,空冷到室温,在24h内冷却到(-73±6)℃,保持8h,再加热到(510±10)℃保持60min后空冷	1030	1230	4	10	388 HB	

注:①表中所列奥氏体不锈钢的Si≤1%,Mn≤2%。②表中所列各钢种的P≤0.035%,S≤0.030%。

常用奥氏体不锈钢为 1Cr18Ni9、1Cr18Ni9Ti 等，广泛用于化工设备及管道等。

奥氏体不锈钢在应力作用下易发生应力腐蚀，即在特定合金-环境体系中，应力与腐蚀共同作用引起的破坏。奥氏体不锈钢易在含 Cl⁻ 的介质中发生应力腐蚀，裂纹为枯树枝状。

（4）其他类型不锈钢

①复相（或双相）不锈钢：典型钢号如 0Cr26Ni5Mo2、03Cr18Ni5Mo3Si2 等。这类钢的组织由奥氏体和 δ 铁素体两相组成（其中铁素体约占 5% ~ 20%），其晶间腐蚀和应力腐蚀倾向小，强韧性和可焊性较好，可用于制造化工、化肥设备及管道、海水冷却的热交换设备等。

②沉淀硬化不锈钢：典型钢号如 0Cr17Ni7Al、0Cr15Ni7Mo2Al 等，这类钢经固溶、二次加热及时效处理后，组织为在奥氏体-马氏体基体上分布着弥散的金属间化合物，主要用作高强度、高硬度且耐腐蚀的化工机械和航天用的设备、零件等。

7.5.2　耐热钢和高温合金

耐热钢和高温合金是指在高温下具有高的热化学稳定性和热强性的特殊钢及合金。它们广泛用于热工动力、石油化工、航空航天等领域制造工业加热炉、锅炉、热交换器、汽轮机、内燃机、航空发动机等在高温条件下工作的构件和零件。

1. 性能要求

（1）高的热化学稳定性

热化学稳定性是指金属在高温下对各种介质化学腐蚀的抗力。其中最主要的是抵抗氧化的能力，即抗氧化性。提高抗氧化性的途径主要是通过在金属表面形成一层连续致密的结合牢固的氧化膜，阻碍氧进一步扩散，使内部金属不被继续氧化。

（2）高的热强性

热强性是指金属在高温下的强度。其性能指标为蠕变极限和持久强度。所谓蠕变是指金属在高温、低于 σ_s 的应力下所发生的极其缓慢的塑性变形。在一定温度、一定时间内产生一定变形量时的应力称为蠕变极限，如 700 ℃、1 000 h 内产生 0.2% 变形量时的蠕变极限用 $\sigma_{0.2/1000}^{700}$ 表示；在一定温度、一定时间内发生断裂时的应力称为持久强度，如 700 ℃、1 000 h 内发生断裂时的应力用 σ_{1000}^{700} 表示。提高热强性的途径主要有：固溶强化；第二相强化；晶界强化，这是由于晶界在高温下是弱化部位。

2. 成分特点

（1）提高抗氧化性

加入 Cr、Si、Al 可在合金表面上形成致密的 Cr_2O_3、SiO_2、Al_2O_3 氧化膜。其中 Cr 的作用最大，当合金中 Cr 含量为 15% 时，其抗氧化温度可达 900 ℃，当 Cr 含量为 20% ~ 25% 时，抗氧化温度可达 1 100 ℃。

（2）提高热强性

①加入 Cr、Ni、W、Mo 等元素的作用是产生固溶强化、形成单相组织并提高再结晶温度，从而提高高温强度。

②加入 V、Ti、Nb、Al 等元素的作用是形成弥散分布且稳定的 VC、TiC、NbC 等碳化物和稳定性更高的 Ni_3Ti、Ni_3Al（γ'）、Ni_3Nb（γ''）等金属间化合物，它们在高温下不易聚集长大，有效地提高高温强度。

③加入 B、Zr、Hf、Re 等元素的作用是净化晶界或填充晶界空位，从而强化晶界，提高高温断裂抗力。

3. 常用的耐热钢

常用耐热钢的牌号、成分、热处理、力学性能及用途如表 7-22 所示。

（1）珠光体耐热钢

常用钢种为 15CrMo 和 12Cr1MoV 等。这类钢一般在正火 + 回火状态下使用，组织为珠光体加铁素体，其工作温度低于 600 ℃。由于含合金元素量少，工艺性好，常用于制造锅炉、化工压力容器、热交换器、气阀等耐热构件。其中，15CrMo 主要用于锅炉零件。这类钢在长期的使用过程中，易发生珠光体的球化和石墨化，从而显著降低钢的蠕变和持久强度。通过降低含碳量和含锰量，适当加入铬、钼等元素，可抑制球化和石墨化倾向。

此外，20、20g 也是常用的珠光体耐热钢，常用于壁温不超过 450 ℃ 的锅炉管件及主蒸汽管道等。

（2）马氏体耐热钢

常用钢种为 Cr12 型（1Cr11MoV，1Cr12WMoV）、Cr13 型（1Cr13，2Cr13）和 4Cr9Si2 等。这类钢铬含量高，其抗氧化性及热强性均高于珠光体耐热钢，淬透性好。马氏体耐热钢多在调质状态下使用，组织为回火索氏体。其最高工作温度与珠光体耐热钢相近，多用于制造 600 ℃ 以下工作受力较大的零件，如汽轮机叶片和汽车阀门等。

（3）奥氏体耐热钢

奥氏体耐热钢的耐热性能优于珠光体耐热钢和马氏体耐热钢，其冷塑性变形性能和焊接性都很好，一般工作温度在 600 ~ 900 ℃，广泛用于航空、舰艇、石油化工等工业部门制造汽轮机叶片，发动机气阀及炉管等。

最典型的牌号是 1Cr18Ni9Ti，铬的主要作用是提高抗氧化性，加镍是为了形成稳定的奥氏体，并与铬相配合提高高温强度，钛的作用是通过形成碳化物产生弥散强化。

4Cr25Ni20（HK40）及 4Cr25Ni35（HP）钢是石化装置上大量使用的高碳奥氏体耐热钢。这种钢在铸态下的组织是奥氏体基体 + 骨架状共晶碳化物，其在高温运行过程中析出大量弥散的 $Cr_{23}C_6$ 型碳化物产生强化，900 ℃、1 MPa 应力下的工作寿命达 10 万小时。

4Cr14Ni14W2Mo 是用于制造大功率发动机排气阀的典型钢种。此钢的含碳量提高到 0.4%，目的在于形成铬、钼、钨的碳化物并呈弥散析出，提高钢的高温强度。

4. 常用高温合金

制造航空发动机、火箭发动机及燃气轮机零部件如燃烧室、导向叶片、涡轮叶片、涡轮盘和尾喷管等所用的材料，需在高温（一般指 600 ~ 1 100 ℃）氧化气氛中和燃气腐蚀条件下承受较大应力长期工作，要求具有更高的热稳定性和热强性。显然，耐热钢已不能满足这种要求，必须选用高温合金。高温合金按基体分有铁基、镍基和钴基合金 3 类，其牌号为"GH + 四位数字"，"GH"表示高温合金，第一位数字为 1、2 时表示铁基合金，3、4 表示镍基合金，5、6 表示钴基合金，这 6 个首位数字中，奇数代表固溶强化型合金，偶数代表时效硬化型合金。第二 ~ 第四位数字表示合金编号。

常用变形高温合金的牌号及化学成分如表 7-23 所示。

表 7-22　常用耐热钢的牌号、成分、热处理、力学性能及用途（GB/T 1221—2007）

类别	牌号	化学成分/%			热处理温度/℃		力学性能（不小于）					用途举例
		C	Cr	其他	淬火	回火	$\sigma_{0.2}$/MPa	σ_b/MPa	δ_5/%	φ/%	硬度/HB	
珠光体型（GB/T 3077—1999）	12CrMo	0.18~0.15	0.40~0.70	Mo0.40~0.55	900空	650空	265	410	24	60	179	≤450 ℃的汽轮机零件，475 ℃的各种汽管及蛇形管
	15CrMo	0.12~0.18	0.80~1.10	Mo0.40~0.55	900空	650空	295	440	22	60	≤179	<550 ℃的蒸汽管，≤650 ℃的水冷壁箱管及联箱和蒸汽管等
	12CrMoV	0.08~0.15	0.30~0.60	Mo0.25~0.35 V0.15~0.30	970空	750空	225	440	22	50	≤241	≤540 ℃的主汽管等，≤570 ℃的过热器管等
	12Cr1MoV	0.08~0.15	0.90~1.20	Mo0.25~0.35 V0.15~0.30	900空	650空	245	490	22	50	≤179	≤585 ℃的过热器管，≤570 ℃的管路附件
马氏体型	1Cr13	≤0.15	11.50~13.50	Si≤1.00 Mn≤1.00	950~1000油冷	700~750快冷	345	540	25	55	159	800 ℃以下耐氧化用部件
	2Cr13	0.16~0.25	12.00~14.00	Si≤1.00 Mn≤1.00	920~980油冷	600~750快冷	440	635	20	50	192	汽轮机叶片
	1Cr5Mo	≤0.15	4.00~6.00	Mo0.45~0.60 Si≤0.50 Mn≤0.60	900~950油冷	600~750空冷	390	590	18			再热蒸汽管、石油裂解管、锅炉吊架、泵的零件
	4Cr9Si2	0.35~0.50	8.00~10.00	Si2.00~3.00 Mn≤0.70	1020~1040油冷	700~780油冷	590	885	19	50		内燃机进气阀、轻负荷发动机的排气阀
	1Cr11MoV	0.11~0.18	10.00~11.50	Mo0.50~0.70 V0.25~0.40 Si≤0.50 Mn≤0.60	1050~1100油冷	720~740空冷	490	685	16	55		用于透平叶片及导向叶片
	1Cr12WMoV	0.12~0.18	11.00~13.00	Mo0.50~0.70 V0.18~0.30 W0.70~1.10 Si≤0.50 Mn0.50~0.90	1000~1050油冷	680~700空冷	585	735	15	45		透平叶片、紧固件、转子及轮盘

续表

类别	牌号	化学成分/%			热处理温度/℃		力学性能(不小于)					用途举例
		C	Cr	其他	淬火	回火	$\sigma_{0.2}$/MPa	σ_b/MPa	δ_5/%	φ/%	硬度/HB	
铁素体型	1Cr17	≤0.12	16.00~18.00	Si≤0.75 Mn≤1.00 P≤0.040 S≤0.030	退火780~850 空冷或缓冷		250	400	20	50	183	900 ℃以下耐氧化部件，散热器，炉用部件，油喷嘴
奥氏体型	0Cr18Ni9	≤0.07	17.00~19.00	Ni8.00~11.00	固溶1 010~1 150 快冷		205	520	40	60	187	可承受870 ℃以下反复加热
	1Cr18Ni9Ti	≤0.12	17.00~19.00	Ni8.00~11.00 Ti5(C% -0.02)~0.8	固溶920~1 150 快冷		205	520	40	50	187	加热炉管，燃烧室筒体，退火炉罩
	2Cr21Ni12N	0.15~0.28	20.00~22.00	Ni10.5~12.5 N0.15~0.30 Si0.75~1.25 Mn1.00~1.60	固溶1 050~1 150 快冷 时效750~800 空冷		430	820	26	20	≤269	以抗氧化为主的汽油及柴油机用排气阀
	0Cr23Ni13	≤0.08	22.00~24.00	Ni12.0~15.0	固溶1 030~1 150 快冷		205	520	40	60	≤187	可承受980 ℃以下反复加热，炉用材料
	0Cr25Ni20	≤0.08	24.00~26.00	Ni19.0~22.0 Si≤1.50 Mn≤2.00	固溶1 030~1 180 快冷		205	520	40	60	≤187	可承受1 035 ℃加热炉用材料，汽车净化装置材料
	1Cr25Ni20Si2	≤0.20	24.00~27.00	Ni18.0~21.0 Si1.50~2.50 Mn≤1.50	固溶1 080~1 130 快冷		295	590	35	50	≤187	制作承受应力的各种炉用构件
沉淀硬化型	0Cr17Ni7Al	≤0.09	≤1.00	Mn≤1.00 Si≤0.030 Ni6.50~7.75	固溶	565时效 510时效	380 960 1 230	1 030 1 140 1 030	20 5 4	— 25 10	≤229 363 388	制作高温弹簧，膜片，固定器，波纹管

注：①表中所列珠光体耐热钢的Si含量为0.17%~0.37%，Mn含量为0.40%~0.70%；奥氏体耐热钢除另标明外，Si≤1%，Mn≤2%。②表中所列珠光体耐热钢的P≤0.035%，S≤0.035%，马氏体和奥氏体耐热钢的P≤0.035%，S≤0.030%。

表 7-23 常用变形高温合金的牌号及化学成分（GB/T 14992—2005）

类别	牌号	化学成分/%													
		C	Cr	Ni	W	Mo	Al	Ti	Fe	Ce	Mn	Si	S	P	其他
铁基高温合金	GH1140	0.06~0.12	20.0~23.0	35.0~40.0	1.4~1.8	2.0~2.5	0.2~0.5	0.7~1.20	余	≤0.05	≤0.70	≤0.80	≤0.025	≤0.015	
	GH2130	≤0.08	12.0~16.0	35.0~40.0	5.0~6.5		1.4~2.2	2.4~3.2	余	≤0.02	≤0.50	≤0.60	≤0.015	≤0.015	B≤0.02
	GH2302	≤0.08	12.0~16.0	38.0~42.0	3.5~4.5	1.5~2.5	1.8~2.3	2.3~2.8	余	≤0.02	≤0.60	≤0.60	≤0.020	≤0.010	B≤0.01 Zr≤0.05
	GH2036	0.34~0.40	11.5~13.5	7.0~9.0		1.1~1.4		≤0.12	余		7.5~9.5	0.3~0.8	≤0.035	≤0.030	Nb 0.25~0.50 V 1.25~1.55
	GH2132	≤0.08	13.5~16.0	24.0~27.0		1.0~1.5	≤0.40	1.75~2.3	余		≤2.00	≤1.00	≤0.030	≤0.020	V 0.10~0.50 B 0.001~0.01
	GH2136	≤0.06	13.0~16.0	24.5~28.5		1.0~1.75	≤0.35	2.4~3.2	余		≤0.35	≤0.75	≤0.025	≤0.025	V 0.01~0.10 B0.005~0.025
	GH2135	≤0.08	14.0~16.0	33.0~36.0	1.7~2.2	1.7~2.2	2.0~2.8	2.1~2.5	余	≤0.03	≤0.40	≤0.50	≤0.020	≤0.020	B≤0.015
镍基高温合金	GH3030	≤0.12	19.0~22.0	余			≤0.15	0.15~0.35	≤1.5		≤0.70	≤0.80	≤0.030	≤0.020	
	GH3039	≤0.08	19.0~22.0	余		1.8~2.3	0.35~0.75	0.35~0.75	≤3.0		≤0.40	≤0.80	≤0.020	≤0.012	Nb 0.90~1.30
	GH3044	≤0.10	23.5~26.5	余	13.0~16.0	≤1.50	≤0.50	0.30~0.70	≤4.0	≤0.05	≤0.50	≤0.80	≤0.013	≤0.013	B≤0.005
	GH3128	≤0.05	19.0~22.0	余	7.5~9.0	7.5~9.0	0.4~0.8	0.40~0.80	≤2.0	≤0.01	≤0.50	≤0.80	≤0.013	≤0.013	Zr≤0.06
	GH4033	0.03~0.08	19.0~22.0	余			0.60~1.00	2.4~2.8	≤4.0	≤0.01	≤0.35	≤0.65	≤0.015	≤0.007	B≤0.01
	GH4037	0.03~0.10	13.0~16.0	余	5.0~7.0	2.0~4.0	1.7~2.3	1.8~2.3	≤5.0	≤0.02	≤0.50	≤0.40	≤0.015	≤0.010	V 0.10~0.50 B≤0.02
	GH4049	≤0.10	9.5~11.0	余	5.0~6.0	4.5~5.5	3.7~4.4	1.4~1.9	≤1.5		≤0.35	≤0.65	≤0.015	≤0.007	Co 14.0~15.0 V 0.20~0.50 B≤0.015
	GH4169	≤0.08	17.0~21.0	50.0~55.0		2.8~3.3	0.20~0.60	0.65~1.15	余		≤0.35	≤0.35	≤0.015	≤0.015	Nb 4.75~5.50 B≤0.006

（1）铁基高温合金

这类合金是在奥氏体耐热钢的基础上增加了 Cr、Ni、W、Mo、V、Ti、Nb、Al 等元素，以进一步提高抗氧化性和热强性。常用的牌号有 GH1140、GH2130、GH2302、GH2132、GH2136 等。GH1140 采用固溶处理，组织为单相奥氏体，具有良好的抗氧化性及冲压、焊接性能，适于制造在 850 ℃ 以下工作的喷气发动机燃烧室和加力燃烧室零部件。GH2130、GH2302、GH2132、GH2136 采用固溶加时效处理，析出 γ′ 第二相强化，因而高温强度高，用于制造在 650～800 ℃ 下工作的受力零件，如涡轮盘、叶片、紧固件等。

（2）镍基高温合金

这类合金以镍为基并加入 Cr、W、Mo、Co、V、Ti、Nb、Al 等元素。镍基合金组织稳定性比铁基合金高，因而具有好的抗氧化性和高的高温强度。常用的牌号有 GH3030、GH3039、GH3128、GH4033、GH4037、GH4049 等。前三者采用固溶处理，组织为单相奥氏体，抗氧化性、成型性及焊接性好，用于制造在 800～950 ℃ 下工作的火焰筒及加力燃烧室等。后三者采用固溶加时效处理，γ′ 相析出量大且尺寸稳定，具有更高的高温强度，用于制造在 750～950 ℃ 下工作的受力零件，如涡轮叶片等。

课堂讨论

汽车、拖拉机变速箱齿轮和后桥齿轮多半用渗碳钢来制造，而机床变速箱齿轮又多半用中碳（合金）钢来制造，试分析其原因。

习题

1. 与碳钢相比，为何含碳量相当的合金钢淬火加热温度要提高，加热时间要延长？

2. 试述我国钢材的编号方法。

3. 何谓调质钢，有哪些用途，它应具备哪些性能？为何含碳量为中碳？调质钢中常加入哪些合金元素，目的是什么？说明其热处理特点。

4. 何谓合金渗碳体，与渗碳体相比，其性能如何？

5. 哪些是强碳化物形成元素，哪些是中碳化物形成元素，哪些是低碳化物形成元素？

6. 分析碳和合金元素在高速钢中的作用及高速钢热处理工艺的特点。

7. 滚齿机上的螺栓，本应用 45 钢制造，但错用了 T12 钢，退火、淬火都沿用 45 钢的工艺，问此时将得到什么组织，性能如何？

8. 为防止电化学腐蚀，可采取的措施有哪些？

9. 有些量具在保存和使用过程中，尺寸为何发生变化？可采用什么措施使量具尺寸长期稳定？

第 **8** 章　铸　铁

内容提要

- 了解常见铸铁材料的分类和工程牌号。
- 了解合金铸铁合金化以及用途。
- 理解灰铸铁、球墨铸铁、可锻铸铁的成分、组织及性能。
- 理解灰铸铁、球墨铸铁、可锻铸铁的热处理工艺。

教学重点

- 常见铸铁材料的成分、组织及性能。
- 常见铸铁材料的热处理工艺。

教学难点

- 灰铸铁、球墨铸铁、可锻铸铁的热处理工艺。
- 铸铁的石墨化 3 个阶段。

铸铁是指 $\omega_c > \omega_{Mn} = 2.11\%$ 的铁碳合金。工业用铸铁的化学成分一般为 $\omega_C = 2.5\%$ ~ 4.0%，$\omega_{Si} = 1.0\%$ ~ 3.0%，$\omega_{Mn} = 0.5\%$ ~ 1.4%，$\omega_P = 0.01\%$ ~ 0.5%，$\omega_S = 0.02\%$ ~ 0.2%。因铸铁的铸造性能优良，通常采用铸造方法制成铸件使用，故称之为铸铁。

早在公元前 6 世纪春秋时期，我国已开始使用铸铁，到目前为止，铸铁仍是重要的工程材料之一。铸铁的生产工艺简单，成本低廉，具有优良的铸造工艺性、切削加工性、耐磨性、减振性、低缺口敏感性，因此被广泛应用于机械制造、冶金、矿山、石油化工、交通运输等部门。现在，通过热处理和合金化等手段，还能生产出具有特殊性能的铸铁，如高强度、耐热、耐磨、耐蚀、无磁性的各类铸铁。

铸铁是一种成本低廉、用途广泛的金属材料，与钢相比，虽然力学性能较低，但却有钢所没有的许多优良性能，如良好的减振性、耐磨性、铸造性、切削加工性等，且生产工艺及设备较简单。因而在生产中得到普遍的应用。如按重量比统计，在汽车、拖拉机中铸铁用量占 50% ~ 70%，在机床中占 60% ~ 90%。

铸铁中的碳既可形成化合态的碳化物（渗碳体），也可形成游离态的石墨（G）。根据碳在铸铁中存在形式不同，铸铁可分为白口铸铁、灰口铸铁、麻口铸铁。

①白口铸铁：其中的碳除微量溶于铁素体外，全部以渗碳体（Fe_3C）的形式存在，断面呈银白色，故称白口铸铁。由于有大量渗碳体的存在，白口铸铁硬而脆，很难进行切削加工，所以一般不直接用来制造机械零件，主要用作炼钢原料、可锻铸铁件的毛坯以及某些不需进行切削加工，但要求硬度高，又耐磨的机件，例如轧辊、火车轮圈和农具（犁铧）等，为了获得较高的表面硬度和耐磨性，常用快冷的方法使铸件表面获得一定深度的白口

铸铁组织，而心部得到灰口铸铁组织，这种铸铁即是"冷硬铸铁"。

②灰口铸铁：其中的碳除微量溶于铁素体外，全部或大部分以单质石墨的形式存在，断面呈灰色，故称灰口铸铁。根据灰口铸铁中石墨的形态不同，灰口铸铁又可分为普通灰铸铁（简称灰铸铁）、球墨铸铁、可锻铸铁、蠕墨铸铁等。此类铸铁尤其灰铸铁具有许多优良的性能，是目前工业生产中应用最广泛的一种铸铁，主要用于机械制造、冶金、石油化工、交通和国防等部门。

③麻口铸铁：其中的碳部分以碳化物（渗碳体）存在，部分以单质石墨形式存在，属于白口和灰口间的过渡组织，由于断口处有黑白相间的麻点，故称麻口铸铁。由于麻口铸铁也很硬、脆性大，难以机械加工，故也很少直接用它来制造机械零件。此外，为了满足某些特殊性能要求，向铸铁中加入一种或多种合金元素（铬、铜、铝、硼等）而得到特殊性能铸铁，如耐磨铸铁、耐热铸铁、耐蚀铸铁等。

8.1 铸铁的石墨化

在铸铁中，碳主要以两种形式存在：渗碳体（Fe_3C）和石墨（G）。石墨的晶体结构为简单六方晶格（见图 8-1），原子呈层状排列，同一层的原子之间以共价键结合，原子间距较小，只有 1.42Å，结合力很强；层与层之间的原子靠较弱的金属键结合，面间距为 3.40Å，结合力弱易滑动，故石墨的强度、硬度、塑性较低。渗碳体具有复杂的晶体结构，当渗碳体加热到高温时，可分解为铁素体和石墨。这表明石墨是稳定相，而渗碳体是亚稳定相。因此，描述铁碳合金结晶过程的相图应有两个，即 $Fe-Fe_3C$ 相图（描述亚稳定相 Fe_3C 的析出规律），$Fe-G$ 相图（描述稳定相石墨的析出规律）。为了便于使用和比较，通常把两个相图画在一起称为铁碳合金双重相图，如图 8-2 所示。图中实线表示 $Fe-Fe_3C$ 相图，虚线表示 $Fe-G$ 相图，凡虚线与实线重合的线条都用实线表示。

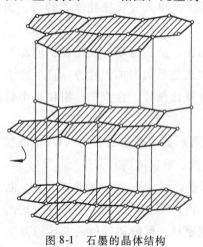

图 8-1 石墨的晶体结构

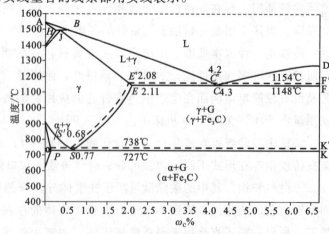

图 8-2 铁-碳合金双重相图

L—液态金属；γ—奥氏体；G—石墨；δ、α—铁素体；P—珠光体

8.1.1　按 Fe–C（G）相图，铸铁的石墨化

过程可分为以下 3 个阶段：

第一阶段：液态中结晶出的一次石墨和在共晶温度（1 154 ℃）剩余液相发生的共晶转变，形成奥氏体和共晶石墨。

第二阶段：在共晶温度和共析温度之间（1 154～738 ℃），奥氏体沿 $E'S'$ 线析出二次石墨。

第三阶段：在 738 ℃，通过共析转变而析出共析石墨。

通常铸铁在高温冷却过程中，由于原子扩散能力较强，故第一、第二阶段石墨化容易进行，凝固后至共析温度转变前的组织为 A + G。第三阶段石墨化是在较低温度下进行的，在低温时（共析转变温度），碳原子扩散能力较差，石墨化过程往往难以进行。铸铁的最终组织取决于石墨化程度。若石墨化能充分进行，则形成 F + G 的组织；若石墨化部分进行，则形成 F + P + G 的组织；若石墨化被全部抑制，则形成 P + G 的组织。根据石墨化程度的不同，可获得不同的铸铁。如果 3 个阶段石墨化均被抑制，则得到的是白口铸铁；第一、第二阶段石墨化充分进行，则得到灰口铸铁；第一、第二阶段石墨化部分进行，第三阶段石墨化被抑制，则得到麻口铸铁。

由此可见，铸铁的石墨化有以下两种方式：

①按 Fe–C（G）相图由液态或固态中直接析出石墨。在生产中经常出现的石墨漂浮现象，就证明了石墨可以从铁水中直接析出。

②按 Fe–Fe_3C 相图结晶出渗碳体，随后渗碳体在一定条件下分解出石墨。在生产中白口铸铁经高温退火后可获得可锻铸铁，就证明了石墨也可由渗碳体分解得到。铸铁的石墨化可以全部或部分地按哪一种方式进行，主要取决于铸铁的成分与结晶条件。

8.1.2　影响石墨化因素

1. 化学成分的影响

随着含碳量的增加，液态铸铁中石墨晶核数增加，促进石墨化；硅与铁原子的结合力较强，硅溶于铁素体中，不仅会削弱铁碳原子间的结合力，而且会使共晶点的含碳量降低，共晶温度提高，这都有利于石墨的析出。另外，铸铁中的 Al、Cu、Ni、Co 等合金也会促使石墨化，但 Cr、W、Mo、V、Mn 等碳化物形成元素则会阻止石墨化，杂质元素 S 也是阻碍石墨化的元素。

2. 冷却速度的影响

冷却速度对石墨化过程也有很大影响，一般冷却速度越慢，越有利于原子的扩散，对石墨化过程越有利。反之，冷却速度较快时，不利于石墨化过程的进行。冷却速度主要取决于浇注温度、铸件壁厚和铸型材料。浇注温度越高，铁水凝固前铸型吸收的热量就越多，铸件冷却就越慢；铸件壁越厚，冷却速度也越慢；铸型材料不同，则其导热性也不相同，铸件在金属型中的冷却比在砂型中快，在湿砂型中的冷却比在干砂型中快。

8.2 灰 铸 铁

8.2.1 灰铸铁的成分、组织及性能

灰铸铁的成分范围为 $\omega_c = 2.7\% \sim 3.6\%$，$\omega_{Si} = 1.0\% \sim 2.5\%$，$\omega_{Mn} = 0.5\% \sim 1.3\%$，$\omega_p \leqslant 0.3\%$，$\omega_s \leqslant 0.15\%$。

灰铸铁的组织是片状石墨分布在金属基体上构成的。按金属基体组织第三阶段石墨化进行的程度不同灰铸铁可分为 3 种类型：铁素体灰铸铁、铁素体 + 珠光体灰铸铁、珠光体灰铸铁，其显微组织如图 8-3 所示。

（a）铁素体灰铸铁　　　　（b）珠光体+铁素体灰铸铁　　　　（c）珠光体灰铸铁

图 8-3　灰铸铁的显微组织

灰铸铁的组织是金属基体上分布有片状石墨，而片状石墨的强度、塑韧性几乎为零，它的存在不仅破坏了基体的连续性，而且减少了基体承载外力的有效面积，而且石墨片的尖端处易导致应力集中，使材料发生脆性断裂，所以灰铸铁的抗拉强度、塑韧性都很差。抗压强度、硬度和耐磨性主要取决于基体组织，石墨的存在对其影响不大，灰铸铁的抗压强度是其抗拉强度的 3~4 倍，故灰铸铁更适用于耐压零件，如机床床身等。石墨虽然会降低铸铁的抗拉强度、塑韧性，但也正由于石墨的存在，使铸铁具有一系列其他优良性能。

（1）良好的铸造性能

灰铸铁的含碳量接近共晶成分，熔点低，流动性好，结晶后分散缩孔少，偏折小，可以用来制造形状复杂的零件。

（2）优良的耐磨性和减振性

石墨本身是良好的固体润滑剂，脱落后留下的孔隙具有吸附和储存润滑油的能力，使铸件具有良好的耐磨性，如机床导轨、汽缸体等这些承受摩擦的零件可选用灰铸铁来制造。

（3）较低的缺口敏感性

钢常因表面缺口（如油孔、键槽等）造成应力集中，使力学性能降低，故钢的缺口敏感性大，而灰铸铁中石墨本身就相当于很多小的缺口，致使外加缺口的作用相对减弱，所以灰铸铁具有低的缺口敏感性。

（4）具有良好的切削加工性

石墨具有一定润滑作用，可使刀具磨损减小。石墨具有割裂基体连续性的作用，在铸

铁的切削过程中起断屑作用。

8.2.2　灰铸铁的牌号及用途

灰铸铁的牌号由 "HT＋数字" 组成，其中 HT 是 "灰铁" 两字汉语拼音的第一个字母。数字表示直径 30 mm 单件铸铁棒的最低抗拉强度值。灰铸铁主要用来制造各种机器的底座、机架、工作台、机身、齿轮和箱体、阀体及内燃机汽缸体汽缸盖等。灰铸铁的牌号、组织性能及应用举例如表 8-1 所示。

表 8-1　灰铸铁的牌号、组织性能及应用举例

牌号	铸件壁厚		抗拉强度	显微组织		应用举例
	大于	小于	不小于	基体	石墨	
HT100	2.5 10 20 30	10 20 30 50	130 100 90 80	F	粗片状	手工铸造用砂箱、盖、下水管、底座、外罩等
HT150	2.5 10 20 30	10 20 30 50	175 145 130 120	F＋P	较粗片状	一般铸件，如底座、手轮、刀架等
HT200	2.5 10 20 30	10 20 30 50	220 195 170 160	P	中等片状	一般运输器械中的气缸、缸盖、飞轮；一般机床的床身、机床；运输通用机械中的中压泵体等
HT250	4 10 20 30	10 20 30 50	270 240 220 200	细 P	较细片状	运输机械中的薄壁缸体、缸盖、进排气歧管；动力机械的缸体、缸套、活塞等
HT300	10 20 30	20 30 50	290 250 230	细 P	细小片状	机床导轨，受力较大的床身、立柱机座；蜗轮、汽轮机隔板、泵壳等
HT350	10 20 30	20 30 50	340 290 230	细 P	细小片状	工作台的耐摩擦件；大型发动机气缸、阀体凸轮等

8.2.3　灰铸铁的热处理

灰铸铁的热处理只能改变基体组织而不能改变片状石墨的形状和分布，用热处理来提高灰铸铁的力学性能作用不大。灰铸铁的热处理主要用于消除内应力和改善切削加工性。

①去应力退火：指将铸件加热到 500～600 ℃，保温一段时间，随炉冷至 150～200 ℃后出炉空冷，以消除铸件在凝固过程中因冷却不均匀而产生的内应力。

②消除白口组织，改善切削加工性能的退火。铸件的表层及薄壁截面处，因为冷却速度较快而产生白口组织，硬度较高使切削加工发生困难。这种退火工艺是指将铸件加热至

850~900℃，保温2~5 h使白口组织中的渗碳体发生分解转变为石墨和奥氏体，然后随炉冷却至400℃左右，出炉空冷。经这样热处理后，形成铁素体＋珠光体的灰铸铁组织，降低硬度，改善切削加工性。

③为提高铸件工作表面的硬度和耐磨性（如机床导轨面），可采用表面淬火的热处理工艺，方法有火焰加热表面淬火、高频感应淬火等。

8.3 球墨铸铁

球墨铸铁是在铁水中加入少量的球化剂和孕育剂，经球化处理后浇注获得球形石墨的铸铁。由于石墨呈球状，对基体的割裂作用最小，故铸铁的力学性能得到改善。在铸铁中，球墨铸铁具有优良的力学性能。

常用的球化剂有镁、稀土和稀土镁合金。镁和稀土元素具有很强的球化能力，促使石墨球化，但它们都强烈阻碍石墨化，易使铸件成为白口组织，所以球墨铸铁中碳硅含量要比灰铸铁高，促使石墨化，保证得到合格的球墨铸铁件。

8.3.1 球墨铸铁的成分、组织和性能

1. 化学成分

球墨铸铁的成分：$\omega_C = 3.6\% \sim 4.0\%$，$\omega_{Si} = 2.0\% \sim 2.8\%$，$\omega_{Mn} = 0.6\% \sim 0.8\%$，$\omega_S = 0.07\%$，$\omega_P < 0.1\%$，$\omega_{Re} = 0.02\% \sim 0.04\%$，$\omega_{Mg} = 0.03\% \sim 0.05\%$。

2. 球墨铸铁的组织

按基体组织不同，可分为铁素体球墨铸铁，铁素体－珠光体球墨铸铁，珠光体球墨铸铁和贝氏体球墨铸铁（经等温淬火后）。其显微组织如图8-4所示。

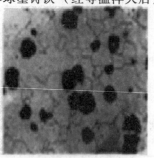
（a）铁素体基体

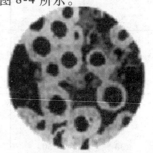
（b）铁素体-珠光体基体

（c）珠光体基体

（d）下贝氏体基体

图8-4 球墨铸铁的显微组织

8.3.2　球墨铸铁的性能

由于球状石墨对基体的割裂作用和造成应力集中都大为减轻，故球墨铸铁的强度、塑性和韧性比灰铸铁大为提高，它的某些性能可以和相应组织的钢相媲美，尤其屈服强度比约为 0.7~0.8，几乎是钢的两倍，但塑性、韧性比钢低，疲劳强度接近中碳钢，且仍保持灰铸铁所具备的一系列优良特性。

8.3.3　球墨铸铁的牌号和用途

球墨铸铁的牌号由 QT（球铁）及两组数字组成。第一组数字表示最小抗拉强度，第二组数字表示最小伸长率。例如，QT400-15 表示 $\sigma_b \geqslant 400$ MPa、$\delta \geqslant 15\%$ 的球墨铸铁。球墨铸铁的牌号、性能和主要用途如表 8-2 所示。

表 8-2　球墨铸铁的牌号、性能和主要用途

牌号	基体组织	力学性能（不小于）					应用举例
		σ_b/MPa	σ_s/MPa	σ_b/MPa	δ/%	a_k/(kJ·m^{-2})	
QT400-17	F	400	250	17	60	≤197	阀门的阀体和阀盖等
QT420-10	F	420	270	10	30	≤207	
QT500-05	F + P	500	350	5		147~241	机油泵齿轮等
QT600-02	P	600	420	2		229~302	柴油机汽油的曲轴；磨床铣床车床主轴等
QT700-02	P	700	490	2		231~304	
QT800-02	S$_回$（珠光体）	800	560	2		241~321	
QT1200-01	B$_下$（珠光体）	1200	840	1	30	≥38 HRC	汽车、拖拉机齿轮等

8.3.4　球墨铸铁的热处理

球墨铸铁中的金属基体是决定其力学性能的主要因素，所以球墨铸铁同钢一样可以通过合金化和热处理强化来提高它的力学性能。

球墨铸铁常用的热处理工艺如下：

1. 退火

①去应力退火：球墨铸铁的弹性模量以及凝固时收缩率比灰铸铁高，故铸造内应力比灰铸铁约大两倍，对不再进行其他处理的球墨铸铁铸件，都应进行去应力退火。去应力退火工艺是将铸件缓慢加热到 500~620 ℃左右，保温 2~8 h，然后随炉缓冷。

②石墨化退火：石墨化退火的目的是消除铸件白口，降低硬度，改善切削加工性及获得铁素体球墨铸铁。

2. 正火

正火的目的是为了增加基体组织中珠光体的数量和减小层状珠光体的片层间距，以提高其强度、硬度和耐磨性。

3. 等温淬火

球墨铸铁虽广泛采用正火，但当铸件形状复杂，又需要高的强度和较好的塑韧性时，

正火已很难满足技术要求，而往往采用等温淬火。球墨铸铁等温淬火工艺是把铸件加热到 860~920 ℃，保温一定时间，然后迅速放入温度为 250~350 ℃ 的等温盐浴中进行 0.5~1.5 h 的等温处理，然后取出空冷。等温淬火常用来处理一些要求高的综合力学性能，良好的耐磨性，截面尺寸不大，外形较复杂，热处理易变形、开裂的零件，如齿轮、滚动轴承套圈、凸轮轴等。

4. 调质

对于综合力学性能要求较高的零件，如承受交变载荷的连杆、曲轴等，可采用调质处理，其工艺：加热到 850~900 ℃ 在水中或油中淬火，回火温度 550~620 ℃，空冷可得到回火索氏体加球状石墨组织。

球墨铸铁具有优良的力学性能，且生产周期短、成本低，可以代替部分碳钢、合金钢，用来制造在复杂应力状态下要求高强度、韧性和耐磨性的零件。具有高的塑韧性的铁素体基体的球墨铸铁，常用来制造受压阀门、机器底座、汽车的后桥壳等。具有高强度高耐磨性的珠光体球墨铸铁，常用来制造汽车、拖拉机或柴油机中的曲轴、连杆、凸轮轴、各种齿轮，机床的主轴、蜗杆、蜗轮，轧钢机的轧辊、大齿轮及大型水压机的工作缸、缸套、活塞等。

8.4 可锻铸铁

可锻铸铁又称玛钢，它是由白口铸铁经过可锻化退火而获得的具有团絮状石墨的一种高强铸铁。与灰铸铁相比，可锻铸铁的塑韧性有明显的提高，但是还不足以锻造成型，因此可锻铸铁是不可锻的。

8.4.1 可锻铸铁的生产过程

可锻铸铁的生产过程：用碳、硅含量较低的铁水首先浇注成白口铸铁件，然后再经石墨化退火使渗碳体分解为团絮状石墨，即可制成可锻铸铁。

8.4.2 可锻铸铁的成分、组织及性能

可锻铸铁的成分范围为 $\omega_C = 2.2\% \sim 2.8\%$，$\omega_{Si} = 1.0\% \sim 1.8\%$，$\omega_{Mn} = 0.4\% \sim 1.2\%$，$\omega_P < 0.2\%$，$\omega_S < 0.18\%$。可锻铸铁可分为两种类型：铁素体基体可锻铸铁和珠光体基体可锻铸铁，铁素体可锻铸铁又称为黑心可锻铸铁，其显微组织示意图如图 8-5 所示。由于可锻铸铁中的石墨以团絮状的形成存在，对基体的割裂作用小，因此可锻铸铁比具有相同基体的灰铸铁具有较高的强度和塑韧性，其力学性能接近于同类基体的球墨铸铁，但它比球墨铸铁具有铁水处理简单、质量稳定、废品率低等优点。

由于石墨呈团絮状，对基体的割裂作用和应力集中现象大为减轻。所以，可锻铸铁的力学性能明显优于灰铸铁，并接近于同类基体的球墨铸铁，同时又具有铁水处理简易、质量稳定、废品率低等优点，故常用可锻铸铁生产一些截面薄而复杂，工作时受震动而强度、韧性要求较高的零件。与球墨铸铁相比，可锻铸铁的主要缺点是退火周期较长（几十小时甚至超过一百小时），工艺复杂，能源消耗大，生产成本高。所以，有些可锻铸铁件已被球墨铸铁件所代替。

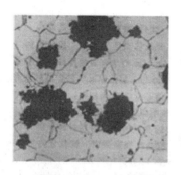

（a）铁素体（黑心）可锻铸铁   （b）珠光体可锻铸铁

图 8-5 可锻铸铁显微组织示意图

8.4.3 可锻铸铁的牌号及用途

可锻铸铁的牌号表示为 KTH（黑心可锻铸铁）或 KTZ（珠光体可锻铸铁）加上两组数字表示。后面的两组数字分别表示可锻铸铁的最小抗拉强度和伸长率。可锻铸铁主要用来制作一些形状复杂且在工作中承受冲击震动的薄壁小型铸件。例如，黑心可锻铸铁具有较高的塑性与韧性，常用于制造汽车、拖拉机的后桥外壳、机床扳手、低压阀门、管接头、农具等承受震动冲击零件。珠光体可锻铸铁强硬度、耐磨性高，常用于曲轴、连杆、齿轮摇臂、凸轮轴等要求强度、耐磨性较好的零件。可锻铸铁的牌号、性能及用途如表 8-3 所示。

表 8-3 黑心可锻铸铁和珠光体可锻铸铁的牌号、性能及用途

种类	牌号	试样直径/mm	力学性能			用途举例
			σ	$\delta/\%$	HBS	
			不小于			
黑心 可锻铸铁	KTH300-06	12 或 15	300	6	不大于 150	弯头、三通管件、中低压阀门等
	KTH330-08		330	8		扳手、犁刀、犁柱、车轮壳等
	KTH350-10		350	200	10	汽车、拖拉机前后轮壳、减速器壳、转向节壳、制动器及铁道零件等
珠光体 可锻铸铁	KTH370-12	12 或 15	370	12		载荷较高和耐磨损零件，如曲轴、凸轮轴、连杆、齿轮、活塞环、轴套、耙片、万向接头、棘轮、扳手、传动链条等
	KTZ450-06		450	270	6	150～200
	KTZ550-04		550	340	4	180～250
	KTZ650-02		650	430	2	210～260
	KTZ700-08		700	530	2	240～290

8.5 其 他 铸 铁

生产中在铸铁中加入一些合金元素而获得具有特殊性能的合金铸铁，如耐磨铸铁、耐热铸铁和耐蚀铸铁。

8.5.1　耐磨铸铁

耐磨铸铁根据其工作条件和磨损形式分为减摩铸铁和抗磨铸铁两类。前者是在润滑条件下工作的，不仅要求磨损小，而且要求摩擦系数小，如机床导轨、发动机的缸套和活塞环等。

1. 减摩铸铁

减摩铸铁的组织应为软基体上分布有硬质相，细层状珠光体灰铸铁基本满足这一要求。铁素体为软基体，渗碳体为硬质相，软基体磨损后形成的沟槽可保持油膜，有利于润滑，而硬质相可承受摩擦，同时灰铸铁中的石墨也起着储油和润滑的作用。减摩铸铁就是在珠光体灰铸铁的基础上加入 Cu、Cr、Mo、P、V、Ti 等合金元素形成的。典型的减摩铸铁有高磷铸铁，在普通珠光体灰铸铁中加入 $\omega_P = 0.5\% \sim 0.75\%$ 即可得到高磷铸铁，但普通高磷铸铁的强度和韧性较差，通常会加入 Cr、Mo、W、Cu、Ti、V 等合金元素，形成合金高磷铸铁，如磷铜钛铸铁，可进一步提高力学性能和耐磨性。

2. 抗磨铸铁

抗磨铸铁组织应具有均匀的高硬度。白口铸铁本身就是一种很好的抗磨材料，我国很早就用它做犁铧等耐磨铸件，但普通白口铸铁的脆性大，不能承受冲击、震动，因此常加入 Cr、Mo、Cu、W、Ni、Mn 等合金元素，形成抗磨白口铸铁。典型的有高铬铸铁，是在白口铸铁基础上加入 $\omega_{Cr} = 14\% \sim 20\%$ 及少量的 Mo、Ni、Cu 等元素形成的。

8.5.2　耐热铸铁

在高温下工作的铸铁，如炉底板、换热器、坩埚、热处理炉内的运输链条等必须使用耐热铸铁。铸铁的耐热性主要指它在高温下抗氧化和抗热生长的能力。氧化是指铸铁在高温下受氧化性气体的侵蚀，表面生成氧化层。热生长是指铸铁在高温下发生的永久性体积胀大。其原因有两个：

①氧化性气体沿石墨边界和缝隙渗入铸件内部，造成内部氧化。

②渗碳体在高温下发生分解，产生质量体积大的石墨。提高铸铁的耐热性的途径是向铸铁中加入 Si、Al、Cr 等合金元素，以便在铸件表面形成一层致密的氧化膜如 SiO_2、Al_2O_3、Cr_2O_3 等，从而使内部不再继续氧化。同时这些元素提高铸铁的相变点，使铸铁在工作范围内不发生相变，同时又促使铸铁获得单相铁素体组织。

常用的耐热铸铁有中硅球墨铸铁 $\omega_{Si} = 5.0\% \sim 6.0\%$），高铝球墨铸铁（$\omega_{Al} = 21\% \sim 24\%$），铝硅球墨铸铁（$\omega_{Al} = 4.0\% \sim 5.0\%$，$\omega_{Si} = 4.4\% \sim 5.4\%$）等。

8.5.3　耐蚀铸铁

铸铁的耐蚀性主要是指在酸、碱条件下抗腐蚀的能力。耐蚀铸铁中加入硅、铬、铝、钼、铜、镍等合金元素，一方面是为了在表面形成致密的保护膜，同时，更主要的是为了防止和减少电化学腐蚀。耐蚀铸铁主要用于制造如管道、泵、阀门、容器等化工机械。对在含氧的酸类（如硝酸、硫酸等）和盐类介质中工作的零件，目前常用高硅（$\omega_{Si} = 14 \sim 18\%$）耐蚀铸铁。对在碱性介质中工作的零件，可选用 $\omega_{Ni} = 0.8 \sim 1.0\%$，$\omega_{Cr} = 0.6 \sim 0.8\%$ 的抗碱铸铁。

8.5.4　蠕墨铸铁

蠕墨铸铁（蠕虫状石墨铸铁）是近些年发展起来的一种新型铸铁，它是在铁水中加入适量蠕化剂进行蠕化处理后获得的，其石墨呈短片状，端部钝而圆，形似蠕虫，形状介于片状石墨和球状石墨之间。蠕化剂目前主要采用的有稀土镁钛、稀土镁钙合金或镁钛合金等。蠕墨铸铁的成分一般为：$\omega_c = 3.5\% \sim 3.9\%$，$\omega_{Si} = 2.2\% \sim 2.8\%$，$\omega_{Mn} = 0.4\% \sim 0.8\%$，$\omega_p < 0.1\%$，$\omega_s < 0.1\%$。

蠕墨铸铁的性能介于灰铸铁和球墨铸铁之间。其强度接近于球墨铸铁，并具有一定的耐热疲劳性、减振性。铸造性能优于球墨铸铁，与灰铸铁相近。切削加工性能和球墨铸铁相似，比灰铸铁稍差。蠕墨铸铁的牌号用字母 RuT（蠕铁）和一组数字来表示，数字表示最低抗拉强度。

蠕墨铸铁目前已在生产中大量应用。主要制作形状复杂、要求组织致密、强度高、耐磨、能承受较大热循环载荷的铸件，如阀体、进（排）气管、柴油机的气缸盖、气缸套等。

课堂讨论

1. 列举 5 种不同种类的钢并指出各自的性能特点和主要用途。

2. 铸铁一般采用钎焊而不用熔接，而钎焊合金通常是一种铜基钎料；用高速钢作车刀的刀头时也是用这种方法将其与普通的刀柄连接的，说明为什么不能像钢那样焊接。

3. 假定一汽车曲轴，考虑如何通过选材和工艺设计来提高其抗冲击能力和抗疲劳性能。

习题

1. 为什么灰铸铁不能用热处理来强化？

2. 在灰铸铁中，为什么含碳量与含硅量越高时铸铁的抗拉强度和硬度越低？

3. 在铸铁的石墨化过程中，如果第一、第二阶段完全石墨化，而第三阶段完全石墨化、部分石墨化或没有石墨化，问它们各获得哪种组织的铸铁？

4. 铸铁中的石墨带来了哪些优良的性能，为什么？

5. 机床的床身、床脚和箱体为什么采用灰铸铁铸造为宜？能否用钢板焊接制造？试将两者的使用性和经济性作简要的比较。

6. 判断下列说法是否正确，为什么？

（1）石墨化过程中第一阶段石墨化最不易进行。

（2）灰铸铁不能淬火。

（3）灰铸铁通过热处理可使片状石墨变成球状或团絮状石墨。

（4）可锻铸铁可锻造加工。

（5）白口铸铁由于硬度很高，故可作刀具材料。

（6）采用球化退火可获得球墨铸铁。

7. HT200、KTH300-06、KTZ550-04、QT400-18、QT700-2、QT900-2 等铸铁牌号中数字分别表示什么意思？该铸铁具有什么显微组织？

8. 为下列铸件选用合适的铸铁种类及牌号，并简述理由。

机床齿轮箱、汽车减速器壳、汽车后桥壳、精密机床床身、柴油机曲轴、水管三通、低压暖气片、大型内燃机缸体、矿车轮

9. 减摩铸铁与抗磨铸铁在性能及应用上有何差异？

10. 球墨铸铁是如何获得的？为什么球墨铸铁热处理效果比灰铸铁要显著？

11. 可锻铸铁和球墨铸铁哪种适宜制造薄壁铸件？为什么？

第 **9** 章　有色金属及其合金

内容提要

- 了解常用有色金属的分类、编号、成分、性能及用途。
- 理解轴承合金的成分、组织特征以及应用及常用滑动轴承合金。
- 掌握合金的强化、性能特点及应用。
- 掌握合金的热处理方式及特点。

教学重点

- 铝及铝合金。
- 铜及铜合金。
- 镁及镁合金。

教学难点

- 有色金属及其合金的成分及性能。
- 合金的强化机理。

在工业生产中，通常把铁、锰、铬及其合金称为黑色金属，把其他金属及其合金称为有色金属。有色金属及其合金的种类很多，显然其产量和使用量不及黑色金属多。但由于有色金属具有许多优良的特性，从而决定了有色金属在国民经济中占有十分重要的地位。例如，铝、镁、钛等金属及其合金，具有密度小，比强度高的特点，在飞机制造、汽车制造、船舶制造等工业中应用十分广泛；而银、铜、铝等有色金属，导电性及导热性优良，是电气工业和仪表工业不可缺少的材料。又如，铀、钨、钼、镭、钍、铍等是原子能工业所必须的材料。随着现代化工、农业和科学技术的突飞猛进，有色金属在人类发展中的地位愈来愈重要。它不仅是世界上重要的战略物资、重要的生产资料，而且也是人类生活中不可缺少的消费资料的重要材料。本章仅对铝及其合金、铜及其合金、镁及其合金、轴承合金作一些简要介绍。

本章内容学习应该以金属材料的结构、性能为基础，了解产生有色金属性能特点的原因，熟悉铝、铜、镁及其合金的分类、牌号和用途。掌握铝、铜及其合金的性能参数和热处理方法。了解轴承合金的成分、组织特征以及应用。达到以上要求才能在实际工作中正确地选择和使用有色金属材料及其合金。

9.1 铝及其合金

铝为银白色轻金属，有延展性。在潮湿的空气中能形成一层防止金属腐蚀的氧化膜。它的合金是仅次于钢铁用量的金属材料。在建筑业、结构业、运输业、容器和包装业、电气工业、航空工业中得到广泛的应用。

9.1.1 工业纯铝

铝是元素周期表中排第三位的主族元素。纯铝是一种银白色的金属，密度小，仅为铁的 1/3 左右，熔点低（熔点与其纯度有关，99.996% 时为 660.24 ℃），具有面心立方晶格，塑性好（δ 可达 25%），可采用锻轧、挤压等压力加工方法制成各种管、板、棒、线等型材。导电、导热性能很好，仅次于银和铜居第三位，可用来制造电线、电缆等各种导电制品和各种散热器等导热元件。在大气和淡水中具有良好的耐蚀性。因为铝的表面能生成一层极致密的氧化铝膜，防止了氧与内部金属基体的相互作用。但铝的氧化膜在碱和盐的溶液中抗蚀性低。此外，在热的稀硝酸和硫酸中也极易溶解。强度很低，抗拉强度仅为 50 MPa，虽然可通过冷作硬化的方法强化，但仍不能直接用于制作结构材料。

根据上述特征工业纯铝很少用于制造机械零件，多用于制作电线、电缆及要求热导、抗蚀且受轻载的用品或器皿。

纯铝中含有 Fe、Si、Cu、Zn 等杂质元素，使性能略微降低。纯铝材料按纯度可分为 3 类：

① 高纯铝（LG）：纯度为 99.93% ~ 99.99%，牌号有 L01、L02、L03、L04 等 4 种，编号越大，纯度越高。

② 工业高纯铝：纯度为 98.85% ~ 99.9%，牌号有 L0、L00 等，用于制作铝箔、包铝及冶炼铝合金的原料。

③ 工业纯铝：纯度为 98.0% ~ 99.0%，牌号有 L1、L2、L3、L4、L5 等 5 种，编号越大，纯度越低。工业纯铝可制作电线、电缆、器皿及配制合金。

纯铝的强度硬度低，不适于制作受力的零件。向铝中加入少量的合金元素制成铝合金，可变其组织结构，提高性能。

9.1.2 铝合金及铝合金的分类

为了提高铝的力学性能，在铝中加入某些合金元素形成合金。铝合金不仅保持纯铝的熔点低、密度小、导热性良好、耐大气腐蚀以及良好的塑性、韧性和低温性能，且由于合金化，使铝合金大都可以实现热处理强化，某些铝合金强度可达 400 ~ 600 MPa。铝合金与钢铁的相对力学性能比较如表 9-1 所示，由表可见，铝合金的相对比强度极限甚至超过了合金钢，而其相对比刚度则大大超过钢铁材料。故质量相同的零件采用铝合金制造时，可以得到最大的刚度。

表9-1　铝合金与钢相对力学性能比较

材料　　力学性能	材料名称				
	低碳钢	低合金钢	高合金钢	铸铁	铝合金
相对密度	1.0	1.0	1.0	0.92	0.35
相对比强度极限	1.0	1.6	2.5	0.6	1.8～3.3
相对比屈服极限	1.0	1.7	4.2	0.7	2.9～4.3
相对比刚度	1.0	1.0	1.0	0.51	8.5

铝中加入合金元素（Si、Cu、Mg、Zn、Mn等）后，就形成了铝合金，这些元素与铝均能形成固态下有限互溶的共晶型相图，如图9-1所示。根据该相图，铝合金通常分为变形铝合金和铸造铝合金两大类别，相图上最大饱和溶解度 D' 是这两类合金的理论分界线。

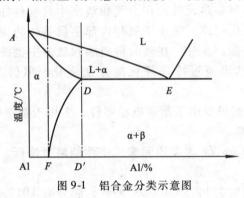

图9-1　铝合金分类示意图

9.1.3　铝合金的热处理

铝合金是通过时效处理来改变性能的。

纯铝加入合金元素形成铝基固溶体 α，有较大的极限固溶度，有一定的固溶强化效果。但随着温度的降低，固溶度急剧减小，强化效果有限。显然，铝合金也须通过热处理进一步提高强度。铝合金的热处理原理与钢不同。钢经淬火后得到马氏体组织，强度、硬度显著提高，塑性下降。铝无同素异构转变，加热时晶体结构不发生变化，固溶处理后得到的是过饱和固溶体，强度、硬度并不高，塑性却明显增加。所以，铝合金经高温加热急冷固溶处理后获得过饱和固溶体的热处理操作，称为固溶处理。经固溶处理的铝合金在室温下停放或重新加热到一定温度后保温，其强度、硬度明显升高，塑性降低。因此，铝合金的强化热处理包括固溶处理和时效处理。时效处理时，过饱和固溶体分解，强度、硬度会明显提高。固溶处理后的合金随时间的延长而发生的强化现象，称为时效强化。在室温下进行的时效，称为自然时效；在加热条件下进行的时效，称为人工时效。自然时效时，铝合金放置4天，强化即可达到最大值。铝合金的时效强化效果取决于 α 固溶体的浓度和时效温度及时效时间。一般来说，α 固溶体的浓度越高时效效果越好。提高时效温度可以显著加快时效硬化速度，但显著降低时效获得的最高硬化值。时效温度过高，时效时间过长，将使合金软化，称为过时效。

下面以 Al – Cu 合金二元相图为例来说明见图 9-1。将成分位于 D-F 之间的 Al – Cu 合金加热到 α 相区，经保温得到单相 α 固溶体，然后迅速水冷，在室温就得到了过饱和的 α 固溶体，它的强度和硬度变化不大，但塑性却较高，这个过程类似于钢的淬火，可以称为铝合金的淬火处理。过炮和的 α 固溶体是不稳定的，有降低溶解度、析出第二相、过渡到稳定状态的趋势。因此，在室温下放置或低温加热时，析出细小弥散的第二相能有效地强化铝合金，使强度、硬度明显升高，塑性下降，这种现象称为时效或时效硬化。在室温下进行的时效称为自然时效，在加热条件下进行的时效称为人工时效。

例如，含 4% Cu 的 Al – Cu 合金（见图 9-2）加热到 550 ℃保温一段时间淬火并在水中快冷时，θ 相（CuAl₂）来不及析出，得到的是过饱和的 α 固溶体，强度仅为 250 MPa，在室温下放置，随时间延长合金的强度逐渐升高，4～5 天以后，强度可升至 400 MPa。淬火后开始放置数小时内，合金的强度基本不变化，这段时间称为孕育期。时效时间超过孕育期后，强度迅速升高。所以，一般均在孕育期内对铝合金进行铆接、弯曲、矫直、卷边等冷变形成形。

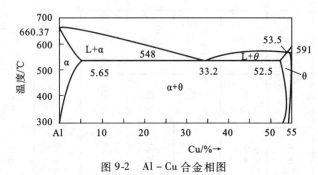

图 9-2　Al – Cu 合金相图

自然时效后的铝合金，在 230～250 ℃短时间（几秒至几分种）加热后，快速水冷至室温时，可以重新变软。如再在室温下放置，则又能发生正常的自然时效，这种现象称为回归。一切能时效硬化的合金都有回归现象。回归现象在实际生产中具有重要意义。时效后的铝合金可在回归处理后的软化状态进行各种冷变形。例如，利用这种现象，可随时进行飞机的铆接和修理等。

9.1.4　变形铝合金

变形铝合金是将铝合金铸锭通过压力加工（轧制、挤压、模锻等）制成半成品或模锻件，所以要求有良好的塑性变形能力。根据化学成分和性能的不同，变形铝合金可分为防锈铝合金、硬铝合金、超硬铝合金、锻铝合金 4 类，变形铝合金代号以汉语拼音字首 + 顺序号表示，如 LF、LY、LC、LD 分别代表防锈铝、硬铝、超硬铝和锻铝。常用变形铝合金的牌号、化学成分、力学性能及用途如表 9-2 所示。

表 9-2　常用变形铝合金的牌号、化学成分、力学性能及用途（GB/T 3190—2008）

类别	牌号（旧牌号）	化学成分/%								热处理状态	力学性能			用途举例
		Si	Fe	Cu	Mn	Mg	Zn	Ti	其他		σ_b/MPa	δ/%	硬度/HB	
防锈铝合金	5A05（LF5）	0.5	0.5	0.10	0.3~0.6	4.8~5.5	0.20			退火	280	20	70	中载零件、焊接油箱、油管、铆钉等
	3A21（LF21）	0.6	0.7	0.20	1.0~1.6	0.05	0.10	0.15			130	20	30	焊接油箱、油管、铆钉等轻载零件及制品
硬铝合金	2A01（LY1）	0.50	0.50	2.2~3.0	0.20	0.2~0.5	0.10	0.15		淬火+自然时效	300	24	70	工作温度不超过100℃的中强铆钉
	2A11（LY11）	0.7	0.7	3.8~4.8	0.4~0.8	0.4~0.8	0.30	0.15	Ni 0.10 (Fe+Ni) 0.7		420	18	100	中强零件，如骨架、螺旋桨叶片、铆钉
	2A12（LY12）	0.50	0.50	3.8~4.9	0.3~0.9	1.2~1.8	0.30	0.15	Ni 0.10 (Fe+Ni)0.7		470	17	105	高强，150℃以下工作零件，如梁、铆钉
超硬铝合金	7A04（LC4）	0.50	0.50	1.4~2.0	0.2~0.6	1.8~2.8	5.0~7.0	0.10	Cr0.10~0.25	淬火+人工时效	600	12	150	主要受力构件，如飞机大梁、起落架
	7A09（LC9）	0.50	0.50	1.2~2.0	0.15	2.0~3.0	5.1~6.1	0.10	Cr0.16~0.30		680	7	190	同上
锻铝合金	2A50（LD5）	0.7~1.2	0.7	1.8~2.6	0.4~0.8	0.4~0.8	0.30	0.15	Ni 0.10 (Fe+Ni)0.7	淬火+人工时效	420	13	105	形状复杂中等强度的锻件及模锻件
	2A70（LD7）	0.35	0.9~1.5	1.9~2.5	0.20	1.4~1.8	0.30	0.02~0.1	Ni 0.9~1.5		415	13	120	高温下工作的复杂锻件，内燃机活塞
	2A14（LD10）	0.6~1.2	0.7	3.9~4.8	0.4~1.0	0.4~0.8	0.30	0.15	Ni 0.10		480	19	135	承受高载荷的锻件和模锻件

根据新的命名体系，新旧牌号对照如表9-3所示。

表9-3　新旧牌号对照表

新牌号	旧牌号	新牌号	旧牌号	新牌号	旧牌号	新牌号	旧牌号
1A99	原LG5	2A17	原LY17	4032		5183	
1A97	原LG4	2A20	曾用LY20	4043		5086	
1A95		2A21	曾用214	4043A		6A02	原LD2
1A93	原LG3	2A25	曾用225	4047		6B02	原LD2-1
1A90	原LG2	2A49	曾用149	4047A		6A51	曾用651
1A85	原LG1	2A50	原LD5	5A01	曾用2101、LF5	6101	
1080		2B50	原LD6	5A02	原LF2	6101A	
1080A		2A70	原LD7	5A03	原LF3	6005	
1070		2B70	曾用LD7-1	5A05	原LF5	6005A	
1070A	代L1	2A80	原LD8	5B05	原LF10	6351	
1370		2A90	原LD9	5A06	原LF6	6060	
1060	代L2	2004		5B06	原LF14	6061	原LD30
1050		2011		5A12	原LF12	6063	原LD31
1050A	代L3	2014		5A13	原LF13	6063A	
1A50	原LB2	2014A		5A30	曾用2103、LF16	6070	原LD2-2
1350		2214		5A33	原LF33	6181	
1145		2017		5A41	原LT41	6082	
1035	代L4	2017A		5A43	原LF43	7A01	原LB1
1A30	原L4-1	2117		5A66	原LT66	7A03	原LC3
1100	代L5-1	2218		5005		7A04	原LC4
1200	代L5	2618		5019		7A05	曾用705
1235		2219	曾用LY19、147	5050		7A09	原LC9
2A01	原LY1	2024		5251		7A10	原LC10
2A02	原LY2	2124		5052		7A15	曾用LC15、157
2A04	原LY4	3A21	原LF21	5154		7A19	曾用919、LC19
2A06	原LY6	3003		5154A		7A31	曾用183-1
2A10	原LY10	3103		5454		7A33	曾用LB733
2A11	原LY11	3004		5554		7A52	曾用LC52、5210
2B11	原LY8	3005		5754		7003	原LC12

续表

新牌号	旧牌号	新牌号	旧牌号	新牌号	旧牌号	新牌号	旧牌号
2A12	原 LY12	3105		5056	原 LF5-1	7005	
2B12	原 LY9	4A01	原 LT1	5356		7020	
2A13	原 LY13	4A11	原 LD11	5456		7022	
2A14	原 LD10	4A13	原 LT13	5082		7050	
2A16	原 LY16	4A17	原 LT17	5182		7075	
2B16	曾用 LY16-1	4004		5083	原 LF4	7475	
8A06	原 L6	8011	曾用 LT98	8090			

1. 防锈铝合金

防锈铝合金主加合金元素是 Mn 和 Mg，编号采用"铝"和"防"两字汉语拼音第一个大写字母"LF"加顺序号表示，如 LF5、LF21。这类铝合金的主要特性是具有优良的抗腐蚀性能，因此而得名。Mn 的主要作用是提高耐蚀能力，还有固溶强化作用。Mg 在固溶强化的同时能降低合金的密度，使合金的比重降低。此外，还具有良好塑性和焊接性，适合于压力加工和焊接。这类合金不能进行热处理强化，即时效强化，因而力学性能比较低。为了提高其强度、可用冷加工方法使其强化。而防锈铝合金由于切削加工工艺性差，一般适用于制造焊接管道、容器、铆钉以及其他冷变形零件。

2. 硬铝合金

其主要合金元素是 Cu 和 Mg，并加入少量的 Mn 构成 Al - Cu - Mg - Mn 多元合金系。各种硬铝合金都可以进行时效强化，属于可以热处理强化的铝合金，亦可进行变形强化。铝的编号采用"铝"、"硬"两字汉语拼音第一个大写字母 LY 加顺序号来表示，如 LY12、LY15 等。常用硬铝合金有以下几类：

① 低强度硬铝：Mg 和 Cu 的含量较低，而且 Cu/Mg 比值较高，强度低，塑性高。采用淬火和自然时效可以强化，时效速度较慢。适于作铆钉，故又称铆钉硬铝，有 LY1、LY10 等。

② 标准硬铝：Mg 和 Cu 的含量较高，Cu/Mg 比值较高，强度和塑性在硬铝合金中属中等水平，故又称中强度硬铝。合金淬火和退火后有较高的塑性，可进行压力加工，时效处理后能提高切削加工性能。适于作飞机螺旋桨叶片、铆钉等，有 LY11 等。

③ 高强度硬铝：Mg 和 Cu 的含量高，Cu/Mg 比值较低，强度和硬度高，自然时效后 σ_b 可达 500 MPa，塑性低，变形加工能力差，有较好的耐热性。适于作航空模锻件和重要的销轴等，有 LY12 等。

3. 超硬铝合金

超硬铝合金是 Al - Cu - Mg - Zn 系合金。时效过程除了析出 θ 相和 S 相外，还能析出强化作用更大的 MgZn（η 相）相和 $Al_2Mg_3Zn_3$（T 相）。经时效处理后，可得到铝合金中的最高强度。超硬铝合金热塑性较好，但是耐蚀性较差，也可以通过包铝的方法加以改善。

常用的超硬铝有 LC4、LC6 等，主要用作要求质量轻受力大的重要构件，如飞机大梁、起落架、隔板等。

4. 锻铝合金

锻铝合金有 Al – Cu – Mg – Si 系普通锻铝合金及 Al – Cu – Mg – Ni – Fe 系耐热锻铝合金，共同的特点是热塑性、耐蚀性较好，经锻造后可制造形状复杂的大型锻件和模锻件。常用的锻造铝合金有 LD2、LD5、LD10 等。它们含合金元素种类多，但含量少。锻造铝合金通常采用固溶处理和人工时效的方法强化。它们的热塑性优良，故锻造性能甚佳，且力学性能也较好。这类合金主要用于承受载荷的模锻件以及一些形状复杂的锻件。

9.1.5 铸造铝合金

对于体积庞大、形状复杂的零件一般都采用铸造的方法成型，用其他方法（如锻造）不易制造生产，也不经济。

铸造铝合金按照主要合金元素的不同，可以分为 Al – Si 系、Al – Cu 系、Al – Mg 系和 Al – Zn 系四大类，其牌号用 ZL 和后面加 3 位数字表示。常用铸造铝合金的牌号及用途如表 9-4 所示。

表 9-4 常用铸造铝合金牌号及用途

类别	牌号	代号	用 途
铝硅合金	ZAlSi7Mg	ZL101	形状复杂的零件，如飞机、仪器零件等
	ZAlSi12	ZL102	仪表、抽水机壳体等外型复杂件
	ZAlSi9Mg	ZL104	形状复杂工作温度为 200℃ 以下的零件，如电动机壳体、气缸体等
	ZAlSi5Cu1Mg	ZL105	形状复杂工作温度为 250℃ 以下的零件，如风冷发动机气缸头、机匣、油泵壳体等
		ZL107	强度和硬度较高的零件
	ZAlSi12Cu1Mg1Ni1	ZL109	较高温度下工作的零件，如活塞等
		ZL110	活塞及高温下工作的零件
铝铜合金	ZAlCu5Mn	ZL201	砂型铸造工作温度为 175 ~ 300℃ 的零件，如内燃机气缸头、活塞等
	ZAlCu10	ZL202	高温下工作不受冲击的零件
		ZL203	中等载荷、形状比较简单的零件
铝镁合金	ZAlMg10	ZL301	大气或海水中工作的零件，承受冲击载荷、外形不太复杂的零件，如舰船配件、氨用泵体等
		ZL302	
	ZAlMg5Si1	ZL303	
铝锌合金	ZAlZn11Si7	ZL401	结构形状复杂的汽车、飞机、仪器仪表零件，也可制造日用品
	ZAlZn6Mg	ZL402	

1. Al – Si 铸造合金

简单的 Al – Si 铸造合金，其二元合金相图如图 9-3 所示。牌号为 ZL102，含 $\omega_{si} = 10\%$ ~ 13%。铸造后几乎可全部得到共晶组织，具有良好的流动性、较小的热裂倾向。二元 Al – Si 共晶组织由 α 固溶体 + 粗大的针状硅晶体组成，铸件因针状硅晶体的存在，强度和塑性都很差，脆性较大，不能应用。工业上常通过变质处理来改变共晶组织的形态，在浇注前向 820 ~ 850 ℃的合金液中投入质量为合金液 2% ~ 3% 的变质剂（一般为钠盐混合物：2/3NaF + 1/3NaCl），十余分钟后浇注，可使组织明显细化，得到树枝状的初生 α 固溶体 + 细小均匀的共晶体，强度和塑性得到了显著的提高。

经变质处理后的 ZL102 不但铸造性能良好，还具有良好的耐热、抗蚀和焊接性。但是强度较低，而且不能通过淬火时效强化。ZL102 多用作形状复杂受力不大的零件，如仪表、水泵壳体等。

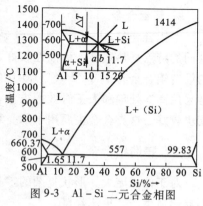

图 9-3　Al – Si 二元合金相图

2. Al – Cu 系铸造铝合金

Al – Cu 合金的强度和耐热性都比较好，由于铜和锰的加入，所形成固溶体的溶解度变化较大，经时效后，可成为铸铝中强度最高的一类，在 300 ℃ 以下能保持较高的强度。但是组织中共晶体较少，铸造性能较差，热裂、疏松的倾向较大，耐蚀性也较差。常用的 Al – Cu 铸造合金有 ZL201、ZL202、ZL203等，可用作内燃机汽缸头、活塞、增压器的导风轮等。

3. Al – Mg 系铸造铝合金

Al – Mg 合金有较高的强度，良好的耐蚀性和机加工性，密度很小（为 2.55 g/cm³，比纯铝还轻），可进行时效处理，常用的 Al – Mg 合金有 ZL301、ZL302 等，这类合金具有优良的耐蚀性，可用作为腐蚀和冲击条件下服役的零件，但铸件中疏松现象严重，常用作在海水中承载的铝合金铸件如船舶零件，氨用泵体等。

4. Al – Zn 系铸造铝合金

Al – Zn 合金铸造性能优良，价格低廉。铸态下有"自行淬火"现象，锌原子被固溶在过饱和固溶体中。经变质和时效处理后，有较高的强度，但是耐蚀性较差，热裂倾向较大。常用 Al – Zn 合金有 ZL401、ZL402 等，可用于机动车辆发动机零件及形状复杂的仪表零件。

9.2　铜及其合金

目前，铜及铜合金已成为第二大有色金属，是全球经济各行业中广泛需求的基础材料。在电气工业、仪表工业、造船工业及机械制造工业部门获得了广泛应用，约有 50% 以上的铜及其合金制品是作为导电材料使用的。铜及铜合金之所以得到广泛应用，是由于其具有一系列不可替代的优异特性。

铜及铜合金具有优良的导电性能和导热性能，在所有金属中，铜的导电性仅次于银。铜的导热性是所有金属中最好的。当然，随着合金化程度的提高铜合金的导电性能和导热性能会随之下降，但强度会提高，人类现代技术已发展了一系列实现铜合金高强高导的途径。导电、导热是铜及铜合金最重要的应用。

良好的加工性能，铜及其某些合金塑性很好，容易冷、热成形，铸造铜合金有很好的铸造性能。

某些特殊力学性能，例如优良的减磨性和耐磨性（如青铜及部分黄铜），高的弹性极限和疲劳极限（如铍青铜等）。

色泽美观，铜及铜合金在电气工业、仪表工业、造船工业及机械制造工业部门中获得了广泛的应用。但铜的储量较小，价格较贵，属于应节约使用的材料，只有在特殊需要的情况下，例如要求有特殊的磁性、耐蚀性、加工性能、机械性能以及特殊的外观等条件下，才考虑使用。

9.2.1 纯铜

纯铜外观呈紫红色，是人类最早使用的金属之一。因其表面在空气中氧化形成一层紫红色的氧化物而常称紫铜，密度 8.94 g/cm^3，熔点为 1 083 ℃，具有面心立方晶格，没有同素异构转变。纯铜是人类最早使用的金属，也是迄今为止得到最广泛应用的金属材料之一。纯铜强度较低，在各种冷热加工条件下有很好的变形能力，不能通过热处理强化，但是能通过冷变形加工硬化。

杂质 Bi、Pb、S 等会与 Cu 形成低熔点共晶组织导致"热脆"，如形成熔点为 270 ℃ 的（Cu + Bi）熔点为 326 ℃ 的（Cu + Pb）共晶体，并且分布在晶界上。在正常的热加工温度 820 ~ 860℃ 下，晶界早期熔化，发生晶间断裂。硫和氧则易与铜形成脆性化合物 Cu_2S 和 Cu_2O，冷加工时破裂断开，导致"冷脆"。

工业纯铜中铜的含量为 99.5% ~ 99.95%，其牌号以"铜"的汉语拼音字首 T + "顺序号"表示，如 T1、T2、T3、T4，顺序数字越大，纯度越低，如表 9-5 所示。

表 9-5　工业纯铜的牌号、成分及用途

牌号	代号	纯度/%	杂质/%		杂质总量/%	用　　　途
			Bi	Pb		
一号铜	T1	99.95	0.002	0.005	0.05	导电材料和配制高纯度合金
二号铜	T2	99.90	0.002	0.005	0.1	导电材料，制作电线、电缆等
三号铜	T3	99.70	0.002	0.01	0.3	铜材、电气开关、垫圈、铆钉、油管等
四号铜	T4	99.50	0.003	0.05	0.5	铜材、电气开关、垫圈、铆钉、油管等

9.2.2 铜的合金化

纯铜强度不高，用加工硬化方法虽可提高铜的强度，但塑性大大下降，延伸率仅为变形前（δ≈50%）的 4% 左右，不能作为结构材料。而且，导电性也大为降低。因此，为了保持其高塑性等特性，需要加入合金元素对 Cu 实行合金化时提高其强度。

根据合金元素的结构、性能、特点以及它们与 Cu 原子的相互作用情况，Cu 的合金化可通过以下形式达到强化的目的。

1. 固溶强化

Cu 与近 20 种元素有一定的互溶能力，可形成二元合金 Cu – Me。从合金元素的储量、价格、溶解度及对合金性能的影响等诸方面因素考虑，在铜中的固溶度为 10% 左右的 Zn、Al、Sn、Mn、Ni 等适合作为产生固溶强化效应的合金元素，可将铜的强度由 240 MPa 提高到 650 MPa。

2. 时效强化

Be、Si、Al、Ni 等元素在 Cu 中的固溶度随温度下降会急剧减小，它们形成的铜合金可进行淬火时效强化。

含量为 2% 的 Cu 合金经淬火时效处理后，强度可高达 1 400 MPa。

3. 过剩相强化

当 Cu 合金元素超过最大溶解度后，便会析出过剩相。过剩相多为脆性化合物。数量少时，可使强度提高，塑性降低；数量多时，会使强度和塑性同时降低。

9.2.3 黄铜

以锌作为主要合金元素的铜合金称为黄铜（Cu – Zn 合金）。黄铜具有较高的强度和塑性，良好的导电性、导热性和铸造工艺性能，耐蚀性与纯铜相近。黄铜价格低廉，色泽明亮美丽。按化学成分可分为普通黄铜及特殊黄铜（或复杂黄铜）；按生产方式可分为压力加工黄铜及铸造黄铜。

普通黄铜的牌号以"黄"的汉语拼音字首 H + 数字表示，数字表示铜的含量，如 H62 表示含 Cu 量为 62%，其余为 Zn 的普通黄铜。

特殊黄铜的代号表示形式是"H + 第一合金元素符号 + 铜含量 – 第一合金元素含量 + 第二合金元素含量"，数字之间用"–"分开，如 HAl59-3-2，表示含 Cu59%，含 Al3%，含 Ni2%，余量为 Zn 的特殊黄铜。

铸造黄铜的牌号则以"铸"字汉语拼音字首 Z + 铜锌元素符号 ZCuZn 表示，具体为"ZCuZn + 锌含量 + 第二合金元素符号 + 第二合金元素含量"，如 ZCuZn40Pb2 表示含 Zn40%，含 Pb2%，余量为 Cu 的铸造黄铜。常用普通黄铜、特殊黄铜、铸造黄铜的牌号及用途如表 9-6、表 9-7、表 9-8 所示。

表 9-6　普通黄铜牌号及用途

牌　　号	用　　　　途
H96	冷凝管、散热器及导电零件等
H90	奖章、供水及排水管等
H80	薄壁管、造纸网、波纹管、装饰品、建筑用品等
H70	弹壳、造纸、机械及电气零件
H68	形状复杂的冷、深冲压件、散热器外壳及导管等
H62、H59	机械、电气零件，铆钉、螺冒、垫圈、散热器及焊接件、冲压件

表 9-7　特殊黄铜牌号及用途

类　　别	牌　　号	用　　　　途
铅黄铜	HPb63-3	钟表、汽车、拖拉机及一般机器零件
	HPb59-1	适于热冲压及切削加工零件，如销子、螺钉、垫圈等
铝黄铜	HAl77-2	海船冷凝器管及耐蚀零件
	HAl60-1-1	齿轮、蜗轮、轴及耐蚀零件
	HAl59-3-2	船舶、电机、化工机械等常温下工作的高强度耐蚀零件
硅黄铜	HSi80-3	耐磨锡青铜的代用材料，船舶及化工机械零件
锰黄铜	HMn58-2	船舶零件及轴承等耐磨零件

类　别	牌　号	用　途
铁黄铜	HFe59-1-1	摩擦及海水腐蚀下工作的零件
锡黄铜	HSn90-1	汽车、拖拉机弹性套管
	HSn62-1	船舶零件
镍黄铜	HNi65-5	压力计管、船舶用冷凝管、电机零件

表9-8　铸造黄铜牌号及用途

类　别	牌　号	用　途
硅黄铜	ZCuZn16Si4	接触海水工作的配件以及水泵、叶轮和在空气、淡水、油、燃料以及工作压力在4.5 MPa，工作温度在225℃以下蒸汽中工作的零件
铅黄铜	ZCuZn40Pb2	一般用途的耐磨、耐蚀零件，如轴套、齿轮等
铝黄铜	ZCuZn25Al6Fe3Mn3	高强度、耐磨件，如桥梁支承板、螺母、螺杆、滑块和蜗轮等
	ZCuZn31Al2	压力铸造件，如电机、仪表等以及造船和机械制造中的耐蚀零件
锰黄铜	ZCuZn40Mn3Fe1	耐海水腐蚀零件，以及300℃以下工作的管件，船舶用螺旋桨等大型铸件
	ZCuZn40Mn2	在空气、淡水、海水、蒸汽（＜300℃）和各种液体、燃料中工作的零件

1. 普通黄铜

普通黄铜是铜锌二元合金。Cu – Zn 二元相图如图 9-4 所示。α 相是锌溶入铜中形成的固溶体，锌的溶解度随温度变化而变化，在 456 ℃（溶解度最大为 39% Zn）以下降温，溶解度略有下降。β 相是以电子化合物 CuZn 为基的固溶体，具有体心立方晶格，当温度降至 456 ~ 468 ℃以下时，发生有序化转变，β 相转化为有序固溶体 β′相，硬且脆，难以进行冷加工变形。γ 相是以电子化合物 CuZn₃ 为基的固溶体，具有六方晶格，更脆，强度和塑性极差。工业上使用的黄铜中 Zn 的含量一般不超过 47%，否则因性能太差而无使用价值。

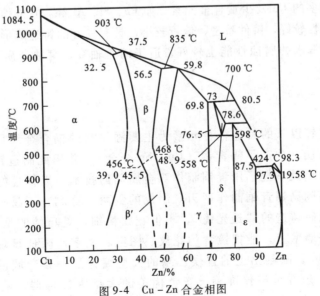

图9-4　Cu – Zn合金相图

仅有 α 固溶体的黄铜为单相黄铜，有较高的强度和塑性，可进行冷、热变形加工；它还具有良好的锻造、焊接性能。常用单相黄铜有 H68、H70、H90 等，H68、H70 因较高强度和塑性，常用作子弹和炮弹的壳体，故又称为"弹壳黄铜"。当 Zn 含量超过 32% 时，就出现了 α + β′双相黄铜。与单相黄铜相比，双相黄铜塑性下降，强度随 Zn 含量提高而升高。

当 Zn 含量为 45% 时强度达到最大值。α + β′双相黄铜具有良好的热变形能力，较高的强度和耐蚀性。常用牌号有 H59、H62 等，可用于散热器、水管、油管、弹簧等。

当 Zn 含量 >45% 以后，组织全部为 β′相，强度急剧下降，塑性继续降低。

黄铜的抗蚀能力与纯铜相近，在大气和淡水中是稳定的，在海水中抗蚀性稍差。黄铜最常见的腐蚀形式是"脱锌"和"季裂"。所谓"脱锌"是指黄铜在酸性或盐类溶液中，锌优先溶解而受到腐蚀，使工件表面残存一层多孔（海绵状）的纯铜，因而合金遭到破坏；而"季裂"是指黄铜零件因内部存在残余应力，在潮湿大气中，特别是含氨盐的大气中受到腐蚀而产生破裂的现象。为此，一般要去除零件内应力，或者在黄铜的基础上加入合金元素，以提高某些特殊的性能。

2. 特殊黄铜

特殊黄铜是在二元黄铜的基础上添加铝、硅、锡、锰、铅、镍等元素，便构成了特殊黄铜。合金元素的加入，特殊黄铜的力学性能、切削加工性能、铸造性能、耐蚀性能等得到了进一步提高，拓宽了应用范围。

Al、Sn、Si、Mn 主要是提高抗蚀性，Pb、Si 能改善耐磨性，Ni 能降低应力腐蚀敏感性，合金元素一般都能提高强度。有铅黄铜、铝黄铜、锡黄铜、硅黄铜、锰黄铜、铁黄铜、镍黄铜等。锡主要用于提高耐蚀性。锡黄铜主要用于船舶零件，有"海军黄铜"之称。铅在黄铜中溶解度很低，只有 0.1%，基本呈独立相存在于组织中，因而可以提高耐磨性和切削加工性。

3. 铸造黄铜

铸造黄铜含较多的 Cu 及少量合金元素，如 Pb、Si、Al 等。它的熔点比纯铜低，液固相线间隔小，流动性较好，铸件致密，偏析较小，具有良好的铸造成形能力。铸造黄铜的耐磨性、耐大气、海水的腐蚀性能也较好，适于用作轴套、腐蚀介质下工作的泵体、叶轮等。

9.2.4 青铜

人们把除镍和锌以外的其他合金元素为主要添加剂的铜合金统称为青铜。我国在三千多年以前就发明并生产了锡青铜（Cu – Sn 合金），并用此制造钟、鼎、武器和铜镜。春秋晚期，人们就掌握了用青铜制作双金属剑的技术。以韧性好的低锡黄铜作中脊合金，密度很高的高锡青铜制作两刃。制成的剑两刃锋利，不易折断，克服了利剑易断的缺点。西汉时铸造的"透光镜"，不但花纹精细，更巧妙的是，在日光照耀下，镜面的反射光照在墙壁上，能把镜背的花纹、图案、文字清晰地显现出来，在国际冶金界被誉为"魔镜"；随县出土的曾侯乙墓的大型编钟是一套音域很广，可以旋宫转调、演奏多种古今乐曲、声伴准确、音色优美的大型古代乐器，就是采用锡青铜制造的。

青铜具有良好的耐蚀性、耐磨性、导电性、切削加工性、导热性能、较小的体积收缩率。

按主加合金元素的不同可分为锡青铜、铝青铜、铍青铜等；按生产方式的不同可分为压力加工青铜、铸造青铜。

压力加工青铜牌号以"青"字汉语拼音字首 Q 开头，后面是主加元素符号及含量，其后是其他元素的含量，数字间以"-"隔开，如 QAl10-3-1.5 表示主加元素为 Al 且含 Fe 为 3%，含 Mn 1.5%，余量为 Cu 的铝青铜。

铸造青铜表示方法是"ZCu + 第一主加元素符号 + 含量 + 合金元素 + 含量 + …"如 ZCuSn5Pb5Zn5 表示主加元素为 Sn 且含 Sn5%、Pb5%、Zn5%，余量为 Cu 的铸造锡青铜。常用青铜的牌号及用途如表 9-9 所示。

表 9-9　常用青铜的牌号及用途

类　　别	代号（或牌号）	用　　　　途
压力加工锡青铜	QSn4-3	弹性元件、化工机械耐磨零件和抗磁零件
	QSn6.5-0.1	精密仪器中的耐磨零件和抗磁元件、弹簧
	QSn4-4-2.5	飞机、汽车、拖拉机用轴承和轴套的衬垫
铸造锡青铜	ZCuSn10Zn2	在中等及较高载荷下工作的重要管配件，阀、泵体等
	ZCuSn10P1	重要的轴瓦、齿轮、连杆和轴套等
特殊青铜（无锡青铜）	ZCuAl10Fe3	重要的耐磨、耐蚀重型铸件，如轴套、蜗轮等
	ZCuAl9Mn2	形状简单的大型铸件，如衬套、齿轮、轴承
	QBe2	重要仪表的弹簧、齿轮等
	ZCuPb30	高速双金属轴瓦、减摩零件等

1. 锡青铜

以 Sn 为主加元素的铜基合金称为锡青铜。锡青铜的主要特点是耐蚀、耐磨、强度高、弹性好等。图 9-5 所示为 Cu - Sn 二元合金相图局部。

在铜中可形成固溶体，也可形成金属化合物。因此，根据 Sn 的含量不同，锡青铜的组织和性能也不同。图 9-6 所示为锡青铜的组织和力学性能与含 Sn 量的关系。由图可知：

含 Sn5% ~6% 时，合金的组织为 α 单相固溶体，合金的塑性最高，强度也增加；含 Sn 超过 6% ~7% 后，由于组织中出现硬而脆的 δ 相（以化合物 $Cu_{31}Sn_8$ 为基的固溶体），塑性显著下降，强度继续增加，当 Sn 的含量超过 20% 时，由于大量的 δ 相出现，使合金变脆，合金的强度和塑性均下降。

因此，压力加工锡青铜含 Sn 一般低于 7% ~8%，含 Sn 大于或等于 10% 的合金适宜铸造。

由于锡青铜表面生成由 $Cu_2O \cdot 2CuCO_3 \cdot Cu(OH)_2$ 构成的致密薄膜，因此锡青铜在大气、海水、碱性液和其他无机盐类溶液中有极高的耐蚀性，但在酸性溶液中抗蚀性较差。

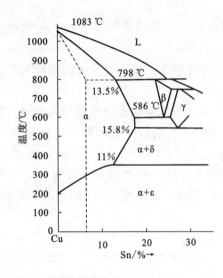

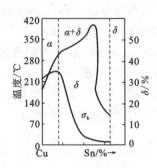

图 9-5　Cu – Sn 合金相图　　　图 9-6　锡青铜组织和力学性能与含锡量的关系

锡青铜的铸造性能并不理想，因为它的结晶温度区间大，流动性差，易产生偏析和形成分散缩孔。但铸造收缩率很小，是有色金属中铸造收缩率最小的合金，可用来生产形状复杂、气密性要求不太高的铸件。为了改善锡青铜的铸造性能、力学性能、耐磨性能、弹性性能和切削加工性，常加入 Zn、P、Ni 等元素形成多元锡青铜。

锡青铜可用作轴套、有重要用途的弹簧等耐磨材料、抗蚀、抗磁零件，广泛应用于化工、机械、仪表、造船等行业。

2. 铝青铜

以 Al 为主加合金元素的铜基合金称为铝青铜，是得到最广泛应用的一种青铜。它的成本比较低，一般铝的含量为 8.5% ～ 10.5%。铝青铜具有良好的力学性能，耐蚀性和耐磨性，并能进行热处理强化。铝青铜有良好的铸造性能，在大气、海水、碳酸及大多数有机酸中具有比黄铜和锡青铜更高的抗蚀性，此外还有冲击时不发生火花等特性。宜作机械、化工、造船及汽车工业中的轴套、齿轮、蜗轮、管路配件等零件。

3. 铍青铜（Cu – Be 合金）

铜-铍合金称为铍青铜。工业用铍青铜的含铍量一般在 1.7% ～2.5% 之间，由于铍溶入铜中形成 α 固溶体，其溶解度随温度的下降而急剧下降，室温时其溶解度仅为 0.16% Be。因此，铍青铜是典型的时效硬化型合金。其时效硬化效果显著，经淬火时效后，抗拉强度可由固溶处理状态 450 MPa 提高到 1 250 ～ 1 450 MPa，硬度可达 350 ～ 400 HB，远远超过其他所有铜合金，甚至可以和高强度钢相媲美。

铍青铜具有高的弹性极限、屈服极限和高的疲劳极限，其耐磨性、抗蚀性、导电性、导热性和焊接性均非常好。此外，还具有无磁性、受冲击时不产生火花等特点。

铍青铜主要用于制造各种重要用途的弹簧、弹性元件、钟表齿轮和航海罗盘仪器中的零件、防爆工具和电焊机电极等。铍青铜的主要缺点是价格太贵，生产过程中有毒，故应用受到很大的限制。一般铍青铜是在压力加工之后固溶处理态供应，机械制造厂使用时可不再进行固溶处理而仅进行时效即可。

9.2.5 白铜

以 Ni 为主加合金元素的铜基合金称为白铜。铜和镍都具有面心立方晶格，其电化学性质和原子半径也相差不大，故铜与镍可无限互溶，所以各种铜-镍合金均为单相组织。因此，这类合金不能进行热处理强化，主要通过固溶强化等来提高力学性能。白铜分为普通白铜和特殊白铜。普通白铜是 Cu－Ni 二元合金，牌号用 B（"白"字汉语拼音第一个大写字母）加含镍量表示。例如，B5 表示含镍量为 5%。普通白铜，具有高的抗腐蚀疲劳性，也具有高的抗海水冲蚀性和抗有机酸的腐蚀性。另外，还具有优良的冷、热加工性能。常用的简单白铜有 B5、B19 和 B30 等牌号，广泛用于制造在蒸汽、海水和淡水中工作的精密仪器、仪表零件和冷凝器及热交换器管等；特殊白铜是在 Cu－Ni 合金基础上加入 Zn、Mn、Al 等合金元素，分别称锌白铜、锰白铜、铝白铜等。牌号用 B 加特殊合金元素的化学符号，符号后的数字分别表示镍和特殊合金元素的百分含量。例如，BMn3-12 表示含 ω_{Ni} = 3% 和 ω_{Mn} = 12% 的锰白铜。

白铜具有高的耐蚀性及优良的冷、热加工工艺性。因此，广泛用于制造精密仪器、仪表化工机械及医疗器械中的关键零件。白铜的牌号及用途如表 9-10 所示。

表 9-10　常用白铜的牌号及用途

类　别	牌　号	用　途
普通白铜	B30、B19、B5	船舶仪器零件、化工机械零件
锌白铜	BZn15-20	潮湿条件下和强腐蚀介质中工作的仪表零件
锰白铜	BMn3-12	主要用途的弹簧
	BMn40-1.5	热电偶丝

9.3　镁及其合金

镁是地壳中第三种最丰富的金属元素，储量占地壳的 2.5%，仅次于铝和铁。镁及镁合金比强度高、耐冲击、具有优良的可切削加工性，并对碱、汽油及矿物油具有化学稳定性，因而可用作输油管道。作为结构材料已越来越发挥重要的作用。

9.3.1 纯镁

纯镁为银白色，其密度为 1.74 g/cm³，熔点为（650 ± 1）℃，沸点为（1 100 ± 10）℃。纯镁的电极电位很低，因此抗蚀性较差，在潮湿大气、淡水、海水及绝大多数酸、盐溶液中易受腐蚀。镁在空气中虽然也能形成氧化膜，但这种氧化膜疏松多孔，不像铝合金表面的氧化膜那样致密，对镁基体无明显保护作用。镁的化学活性很强，在空气中容易氧化，尤其在高温，如氧化反应放出的热量不能及时散失，则很容易燃烧。镁具有密排六方晶格，室温和低温塑性较低，容易脆断，但高温塑性较好，可进行各种形式的热变形加工。

9.3.2 镁合金

纯镁的力学性能较低，实际应用时，一般在纯镁中加入一些合金元素，制成镁合金。

镁的合金化原理与铝相似，主要通过加入合金元素，产生固溶强化、时效强化、细晶强化及过剩相强化作用，以提高合金的力学性能、抗腐蚀性能和耐热性能。镁合金中常加入的合金元素有 Al、Zn、Mn、Zr 及稀土等元素之后其强度可达 300～350 MPa，成为航空工业的重要金属材料。

镁合金主要的合金元素是 Al、Zn 及 Mn，它们在镁中都有溶解度的变化（见图 9-7），这就可以利用热处理方法（固溶处理＋时效）使镁合金强化。加入镁合金中的 Al 和 Zn，起强化作用，含量分别为 10%～11% 和 4%～5%，和镁形成金属间化合物 $Mg_{17}Al_{12}$ 和 MgZn。加入镁合金中的 Mn，对改善耐热性及抗蚀性具有良好的作用。

目前，工业中应用的镁合金主要集中于 Mg－Al－Zn、Mg－Zn－Zr 和 Mg－Re－Zr 等几个合金系，其中前两个合金系是发展高强镁合金的基础。

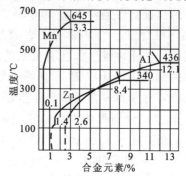

图 9-7　Al、Zn 及 Mn 在镁中的溶解度与温度关系

1. 镁合金的性能特点

① 比强度高：镁合金的强度虽然比铝合金低，但由于相对密度度小，所以其比强度却比铝合金高。例如，以镁合金代替铝合金，则可减轻电动机、发动机、仪表及各种附件的质量。

② 减振性好：由于镁合金弹性模量小，当受外力作用时，弹性变形功较大，即吸收能量较多，所以能承受较大的冲击或振动载荷。飞机起落架轮毂多采用镁合金制造，就是发挥镁合金减振性好这一特性。

③ 切削加工性好：镁合金具有优良的切削加工性能，可采用高速切削，也易于进行研磨和抛光。

④ 抗蚀性差：使用时要采取防护措施，如氧化处理、涂漆保护等。镁合金零件与其他高电位零件（如钢铁零件、铜质零件）组装时，在接触面上应采取绝缘措施（如垫以浸油纸），以防彼此因电极电位相差悬殊而产生严重的电化学腐蚀。

2. 热处理特点

① 多为退火处理：镁合金的热处理多为退火处理，如冲压件的再结晶退火、铸件的去应力退火等。只有含 Al、Zn 量较高的镁合金，才采用"固溶处理＋人工时效"强化。镁合金热处理强化方法与铝合金同属一个类型。

② 保温时间较长：由于镁具有密排六方晶格，合金元素在其中扩散比较困难，因而镁合金热处理的加热时间较长。由于合金元素在镁合金中扩散过程进行缓慢，所以当冷却时，化合物也不易从固溶体中析出，因此固溶处理时在空气中冷却也能保持固溶体不发生分解。

9.3.3　工业常用镁合金

国产镁合金牌号由相应汉语拼音字头和合金顺序号表示，表 9-11 所示为镁合金的牌号、性能及用途。

表 9-11 镁合金的牌号及用途

牌 号	抗拉强度/MPa	伸长率/%	用 途
ZM1	235	5	飞机轮毂、支架等抗冲击件
ZM2	185	2.5	200℃以下工作的发动机零件等
ZM3	118	1.5	高温高压下工作的发动机匣等
ZM5	225	5	机舱隔框、增压机匣等高载荷零件
MB1	210	8	形状简单受力不大的耐蚀零件
MB2	250	20	飞机蒙皮、壁板及耐蚀零件
MB8	260	7	形状复杂的锻件和模锻件
MB15	335	9	室温下承受大载荷的零件，如机翼等

1. 铸造镁合金

宜铸造成型的镁合金，称为铸造镁合金。包括高强铸造镁合金（如 ZM5、ZM1 和 ZM2）和耐热铸造镁合金（如 ZM3 等）两类。

高强度铸造镁合金，具有较高的常温强度和良好的铸造工艺性，但耐热性较差，长期工作温度不超过 150 ℃。ZM3 合金属于耐热铸造镁合金，其常温强度较低，但耐热性较高，可在 200～250 ℃长期工作，短时间可使用到 300 ℃。航空工业上应用较多的 ZM5 合金，属 Mg–Al–Zn 合金系。由于其含 Al 量较高，能形成较多的强化相，所以可以通过固溶处理和人工时效来强化。ZM5 合金固溶处理的加热温度为（415±5）℃，保温时间一般为 12～24 h，保温后在空气中冷却。人工时效的加热温度为 175～200 ℃，保温时间一般为 8～12 h，在空气中冷却。ZM5 合金广泛应用于制造飞机、发动机、仪表等承受较高负载的结构件或壳体。常用铸造镁合金的牌号、力学性能和应用见表 9-10。

2. 变形镁合金

该合金有 Mg–Mn 系、Mg–Al–Zn 系和 Mg–Zn–Zr 系，其牌号以 MB 加数字表示。Mg–Mn 系合金包括 MB1 和 MB8 两种，它们不能热处理强化，这些合金工艺性能好，抗蚀性高，适于制作飞机蒙皮、模锻件和要求耐蚀的管件。

MB2 属 Mg–Al–Zn 系，不能热处理强化，塑性较好，适于加工成各种板、棒和锻件等半成品。

航空工业上应用较多的为 MB15 合金是一种高强度变形镁合金，属 Mg–Zn–Zr 合金系。由于其含锌量高，锌在镁中的溶解度随温度变化较大，并能形成强化相 MgZn，所以能热处理强化。锆加入镁中能细化晶粒，并能改善抗蚀性。

MB15 合金的热处理工艺简单，经热挤压的型材，不经固溶处理，只经人工时效即可强化。这是因为这类合金经热加工变形后，在空气中冷却，已相当于固溶处理过程，因此不再进行固溶处理。人工时效的温度一般为 160～170 ℃保温 10～24 h，在空气中冷却。

在常用的变形镁合金中，MB15 镁合金具有最高的抗拉强度和屈服强度，常用来制造在室温下承受较大负荷的零件，例如机翼、翼肋等。如作为高温下使用的零件，使用温度不能超过 150 ℃。

9.3.4 镁合金的热处理

对于镁合金，常采用的热处理方式包括均匀化退火（扩散退火）、固溶（淬火）（T4）、时效（T5）、固溶＋时效（T6）、热水淬火＋时效（T61）、去应力退火、完全退火等。

均匀化退火，其目的是消除铸件在凝固过程中形成的晶内偏析。那么晶内偏析是如何形成的需要了解结晶凝固过程，图9-8所示为镁合金相图中最普通的 Mg－Al 相图。

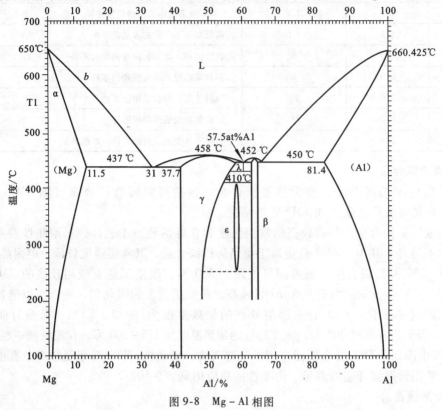

图 9-8　Mg－Al 相图

以 AZ61 为例，从相图中可以看到，从液相线开始，熔体开始凝固，形核随着温度下降开始长大，在每一个温度点，液相和固相成分分别对应于该温度时的液相线和固相线所对应的成分。造成了晶粒随温度下降而长大过程中的成分不均匀，也就是晶内偏析。均质化退火，主要作用是将铸件加热到一定温度，使物质迁移作用明显，消除晶粒内浓度梯度。

对于固溶、时效等热处理手段，是利用合金元素在基体中溶解度随温度变化这一属性。

固溶处理：基体不发生多型转变的合金系，室温平衡组织为 α＋β，α 为基体固溶体，β 为第二相。当合金加热到一定温度时，β 相将溶于基体而得到单相 α 相固溶体，这就是固溶化。如果合金从该温度以足够大的速度冷却下来，合金元素的扩散和重新分配来不及进行，β 相就不能形核和长大，α 固溶体中就不可能析出 β 相，而且由于基体固溶体在冷却过程中不发生多型性转变，因此这时合金的室温组织为 α 单相过饱和固溶体，这就是固溶处理。在镁合金热处理中，固溶处理能够起到一定的强化作用。其强化机理如下：

对于理想晶体，原子以空间点阵形式排布，图9-9所示为金属原子的二维排布点阵。

当溶质原子进入基体后，引起溶剂原子晶格畸变，（见图9-10），使原子间距离改变，不再是该温度下的平衡距离，从而原子间相互作用的合力不为零，原子势能不为零，产生了晶格畸变能，从而使材料在一定程度上得到强化。

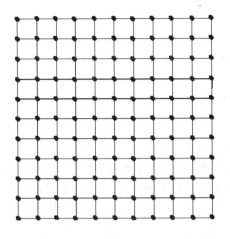

图 9-9　理想晶体二维点阵

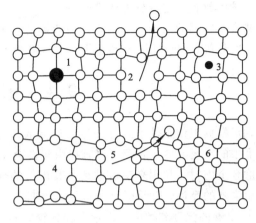

图 9-10　发生晶格畸变的二维点阵

　　时效处理：其本质是脱溶或沉淀，也是镁合金强化的一种有效热处理方式。时效是一种手段。脱溶，就是将固溶体中的溶质从熔体中脱离出来，沉淀析出。固溶处理后获得的过饱和固溶体，为亚稳过饱和相，有自发分解的趋势，若置于足够高的温度下时效，最终将形成平衡脱溶相。脱溶出来的 β 相弥散分布在 α 相基体中，起钉扎作用，阻止材料内部滑移、孪晶等的产生，起到强化作用。

　　表 9-12 所示为镁及镁合金挤压件的典型力学性能。

表 9-12　镁及镁合金不同状态典型力学性能比较

合金	状态	抗拉强度/MPa	屈服强度/MPa	延伸率/%
纯镁	挤压态	165	105	8
AZ80	挤压态	343	239	9
	时效（T5）	378	284	4
	固溶 + 时效（T6）	414	297	6

　　从表 9-11 中可以发现，纯镁由于基体中没有固溶引起的晶格畸变，也就没有晶格畸变能所引起的固溶强化。经过时效处理后，由于 β 相在 α 相基体中的弥散沉淀，使材料强度得到提高。经过固溶和时效处理后，由于固溶处理可以使 β 相比较充分地溶解，使得 β 相沉淀析出更加均匀，也就是在材料内部分布得更加均匀，所以材料强度进一步提高。

　　镁合金的热处理方式与铝合金基本相同，但由于组织结构上的差别，与铝合金相比，呈现以下几个特点：

　　① 镁合金的组织一般比较粗大，且常达不到平衡态，因此淬火加热温度较低。

　　② 合金元素在镁中的扩散速度较慢，需要的淬火加热时间较长。

　　③ 铸造镁合金及加工前未经退火的变形镁合金易产生不平衡组织，淬火加热速度不宜过快，一般采用分级加热的方式。

　　④ 自然时效条件下，过饱和固溶体析出沉淀相的速度极慢，故镁合金需用人工时效处理。

　　⑤ 镁合金的氧化倾向大，加热炉内需保持一定的中性气氛，普通电炉一般通入 SO_2 气

体或在炉中放置一定数量的硫铁矿石碎块，并要密封。

镁合金常用的热处理工艺有铸造或锻造后的直接人工时效、退火、淬火不时效及淬火加人工时效等，具体工艺规范根据合金成分特点及性能需求确定。

9.4　轴承合金

轴承根据工作条件不同可分为滚动轴承和滑动轴承两类，是汽车、拖拉机、机床及其他机器中的重要部件。轴瓦可以直接由耐磨合金制成，也可以在钢基上浇注（或轧制）一层耐磨合金内衬。凡用来制造轴瓦及其内衬的合金，统称轴承合金。当轴旋转时，轴瓦和轴发生强烈的摩擦，并承受轴颈传给的周期性载荷。因此，轴承合金应具有以下性能：

① 足够的强度和硬度，以承受轴颈较大的单位压力。

② 足够的塑性和韧性，高的疲劳强度，以承受轴颈的周期性载荷，并抵抗冲击和振动。

③ 良好的磨合能力，使其与轴能较快地紧密配合。

④ 高的耐磨性，与轴的摩擦系数小，并能保留润滑油，减轻磨损。

⑤ 良好的耐蚀性、导热性、较小的膨胀系数，防止摩擦升温而发生咬合。

轴瓦材料不能选用高硬度的金属，以免轴颈受到磨损；也不能选用软的金属，防止承载能力过低。因此，轴承合金应既软又硬，组织特点是在软基体上分布硬质点，或者在硬基体上分布软质点。

若轴承合金的组织是软基体上分布硬质点，则运转时软基体受磨损而凹陷，硬质点将凸出于基体上，使轴和轴瓦的接触面积减小，而凹坑能储存润滑油，降低轴和轴瓦之间的摩擦系数，减少轴和轴承的磨损。另外，软基体能承受冲击和振动，使轴和轴瓦能很好地结合，并能起嵌藏外来小硬物的作用，保证轴颈不被擦伤如图 9-11 所示。轴承合金的组织是硬基体上分布软质点时，也可达到上述同样目的。

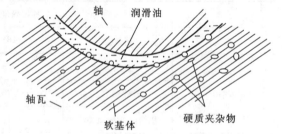

图 9-11　软基体轴与轴瓦配合示意图

9.4.1　滑动轴承合金的分类及牌号

常用的轴承合金按主要成分可分为锡基、铅基、铝基、铜基等数种，前两种称为巴氏合金，轴承合金一般在铸态下工作，其牌号以"铸"字汉语拼音字首 Z 开头，表示方法为"Z + 基本元素符号 + 主加元素符号 + 主加元素含量 + 辅加元素符号 + 辅加元素含量 + …"。例如，ZSnSb12Pb10Cu4，即表示含Sb12%、含 Pb10% 和 Cu4% 的锡基轴承合金。

9.4.2　常用滑动轴承合金

1. 锡基轴承合金（锡基巴氏合金）

锡基轴承合金是以锡为基础合金，辅加 Sb、Cu、Pb 等元素而形成的一种软基体硬质点类型的轴承合金。最常用的牌号是 ZSnSb11Cu6。

其组织可用 Sn – Sb 合金相图来分析（见图 9-12）。α 相是 Sb 溶解于 Sn 中的固溶体，为软基体。β′相是以化合物 SnSb 为基的固溶体，为硬质点。即硬质点 β′相均匀分布在 α 相软基体上。铸造时，由于 β′相较轻，易发生严重的比重偏析，所以加入 Cu，生成 Cu_6Sn_5，呈树枝状分布，阻止 β′相上浮，有效地减轻比重偏析。Cu_6Sn_5 的硬度比 β′相高，也起硬质点作用，进一步提高合金的强度和耐磨性 ZSnSb11Cu6 的显微组织为 α + β′ + Cu_6Sn_5。其中 α 相软基体呈黑色，β′硬质点呈白方块状，Cu_6Sn_5 呈白针状或星状。

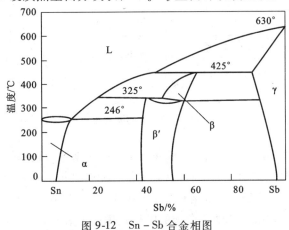

图 9-12 Sn – Sb 合金相图

锡基轴承合金的摩擦系数和膨胀系数小，塑性和导热性好，适于制作最重要的轴承，如汽轮机、发动机和压气机等大型机器的高速轴瓦。但锡基轴承合金的疲劳强度较低，许用温度也较低（不高于 150 ℃）。常用锡基轴承合金的牌号及用途如表 9-12 所示。

表 9-12 常用锡基轴承合金的牌号及用途

牌　　号	用　　　途
ZSnSb12Pb10Cu4	一般机械的主轴轴承，但不适于高温工作
ZSnSb11Cu6	2000 马力以上的高速蒸汽机，500 马力的蜗轮压缩机用的轴承
ZSnSb8Cu4	一般大机器轴承及轴衬，重载、高速汽车发动机、薄壁双金属轴承
ZSnSb4Cu4	蜗轮内燃机高速轴承及轴衬

注：1 马力 ≈ 735.5 瓦。

为了提高锡基合金的疲劳强度、承压能力和使用寿命，在生产上广泛采用离心浇注法将其镶铸在钢质轴瓦上，形成薄（≤0.1 mm）而均匀的一层内衬。这种工艺，称为"挂衬"。具有这种双金属层结构的轴承，称为"双金属"轴承。

2. 铅基轴承合全（铅基巴氏合金）

铅基轴承合金是以 Pb 为基础合金，辅加 Sb、Cu、Sn 等元素而形成的一种软基体硬质点类型的轴承合金。常用牌号是 ZPbSb16Cu2。

图 9-13 所示为该合金的 Pb – Sb 相图。α 为 Sb 在 Pb 中的固溶体，β 为 Pb 在 Sb 中的固溶体。含 15% ~17% Sb 的 Pb – Sb 合金的组织为（α + β）+ β。（α + β）共晶体为软基体，β 相为硬质点。但由于基体太软，β 相很脆易破碎，且有严重的比重偏析，性能不好，所以在铅基轴承合金中再加入锡和铜。锡是为了生成化合物 SnSb，并得到以 SnSb 为基的固溶体

作为硬质点；Cu 是为了形成化合物 Cu_6Sn_5，防止比重偏析，同时亦起硬质点作用。

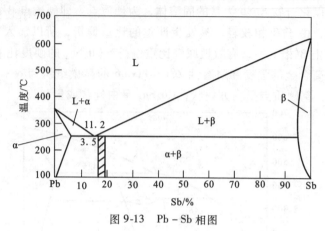

图 9-13   Pb – Sb 相图

ZPbSb16Cu2 的显微组织为 $\alpha + \beta + Cu_6Sn_5$。$\alpha + \beta$ 共晶体为软基体，白方块为以 SnSb 为基的 β 固溶体，起硬质点作用，白针状晶体为化合物 Cu_6Sn_5。这种合金的铸造性能和耐磨性较好（但比锡基轴承合金低），价格较便宜，可用于制造中、低载荷的轴瓦，例如汽车、拖拉机曲轴的轴承等。常用铅基轴承合金的牌号及用途如表 9-13 所示。

表 9-13   常用铅基轴承合金的牌号及用途

牌　　号	用　　　途
ZPbSb16Sn16Cu2	工作温度 < 120 ℃，无显著冲击载荷，重载高速轴承
ZPbSb15Sn5Cu3Cd2	船舶机械，小于 250 kW 的电动机轴承
ZPbSb15Sn10	中等压力的高温轴承
ZPbSb15Sn5	低速、轻压力条件下工作的机械轴承
ZPbSb10Sn6	重载、耐蚀、耐磨用轴承

铅基轴承合金可用于低速、低载荷或中静载荷设备的轴承，可作为锡基轴承合金的部分代用品。铅的价格仅为锡的 1/10，因此，铅基轴承合金得到了广泛应用。

3. 铜基轴承合金

铜基轴承合金包括铅青铜、锡青铜等，常用合金牌号为 ZCuPb30、ZCuSn10P1 等。

ZCuPb30 是硬基体上分布软质点类型的轴承合金，润滑性能好，摩擦系数小，耐磨性好，铅青铜还具有良好的耐冲击能力和疲劳强度，并能长期工作在较高的温度（250 ~ 320 ℃）下，导热性优异。常用于高载荷、高速度的滑动轴承，如航空发动机、高速柴油机轴承等。铅青铜的强度较低，实际使用时也常和铅基巴氏合金一样在钢轴瓦上浇铸成内衬，进一步发挥其特性。

ZCuSn10P1 是以 α 固溶体作为软基体，金属化合物 β 相和 Cu_3P 作为硬质点，强度高，耐磨性好，也可用于高速柴油机轴承。

4. 铝基轴承合金

铝基轴承合金是以 Al 为基本元素，主加元素为 Sb、Cu、Sn 等形成的合金。与其他轴承合金相比，它不但是一种新型的减磨材料，还具有生产成本低、密度小、导热性好、耐蚀性好、疲劳强度高等优点，主要用于高速、高载条件下工作的汽车、内燃机轴承等。铝基轴承合金主要不足之处是线膨胀系数大，运行时特别是在启动状态下容易与轴咬合，应用中常采用增大轴承间隙，提高接触面平整度或镀锡加以防止。铝基轴承合金硬度较高，相应地要提高轴的硬度，防止轴颈被擦伤。

（1）铝锑镁轴承合金

组成铝锑镁轴承合金元素的含量为 Sb 3.5%～5%，Mg 0.3%～0.7%，余量为 Al，是软基体分布硬质点类型的轴承合金，以 Al 为溶剂的 α 固溶体是软的基体，化合物 AlSb（β相）是硬的质点，微量 Mg 的作用是将针状 β 相的形态改变成片状，提高塑性、韧性和屈服强度。一般是将该合金浇铸在钢轴瓦上形成内衬使用。

铝锑镁轴承合金的缺点是承压能力较小，允许滑动线速度不大，冷启动性较差，多用于小载荷的柴油机轴承。

（2）高锡铝基轴承合金

高锡铝基轴承合金中所含元素的含量为 Sn20%，Cu1%，余量为 Al，是硬质基体上分布软质点类型的轴承合金。由于 Al 和 Sn 在固态下几乎不互溶，所以显微组织由 Al + Sn 组成，Al 是硬基体，Sn 呈球状是软质点，微量 Cu 的作用是使基体进一步强化。

高锡铝基合金一般是与钢复合制成双金属结构使用，疲劳强度较高，耐磨性、耐热性、耐蚀性良好，承压能力较高，允许滑动线速度较高，可代替巴氏合金、铜基轴承合金。铝锑镁轴承合金常用在高速大功率的重型机床、内燃机车、拖拉机和滑动轴承上。

（3）铝石墨轴承合金

铝石墨轴承合金所含元素的含量为：Si6%～8%，C3%～6%，余量为 Al，是一种新型的轴承合金。经试验证明，其耐磨性非常好。这种材料在润滑条件下，摩擦系数与锡基合金相近。尤其可贵的是，它可在润滑条件很差甚至不加润滑剂的情况下，仍维持轴承温度不变，这是因为包在合金中的石墨微粒在足够高的压力下发生变形，并在摩擦表面形成一层连续的润滑剂薄膜的缘故。铝-石墨复合材料很适宜制造在十分恶劣工作条件下长期运转的轴承或活塞等耐磨零件。

由于石墨与铝液互相不浸润，而且石墨密度比铝小，易漂浮。所以，如何将石墨微粒加到铝液中并使其分布均匀，是制造这种材料的关键。目前采用的方法是：先制得表面涂有镍的石墨粉，然后用喷射或搅拌的方法加到铝液中去。采用这种方法，可使石墨粒子与铝合金基体很好地结合。

习题

1. 铝合金性能有哪些特点？铝合金可以分为哪几类？试根据二元铝合金一般相图说明其依据。

2. 硬铝合金的热处理有什么特点？实际操作时要注意哪些问题？

3. 铜合金性能有哪些特点？铜合金可以分为哪几类？铜合金的强化有哪几种途径？

4. 滑动轴承合金的工作条件和必备的性能如何？

5. 指出下列合金的名称、化学成分、主要性质和作用：LF21、LY11、LC4、LD6、ZL201、ZL401、ZCuSnl0P1、ZCuSn5Pb5Sn5。

6. 分析 4% Cu 的 Al－Cu 合金固溶处理与 45 钢淬火两种工艺的不同点及相同点。

第 ⑩ 章　陶瓷材料

内容提要

- 常用陶瓷材料及其主要用途。
- 陶瓷材料的结构和性能特点。
- 熟悉陶瓷材料的制造和加工过程。

教学重点

- 常用的陶瓷材料（如氧化铝、碳化硅、氮化硅、氮化硼等）的组成、性能和主要用途。
- 重要概念：陶瓷、烧结、相变增韧。

教学难点

- 陶瓷材料的制造和加工过程。

10.1　概　　述

10.1.1　陶瓷材料发展及组成

陶瓷是人类最早使用的材料之一，传统的陶瓷所使用的原料主要是黏土等天然硅酸盐类矿物，故又称为硅酸盐材料；其主要成分是 SiO_2、Al_2O_3、Fe_2O_3、TiO_2、CaO、MgO、K_2O、Na_2O、PbO 等氧化物，形成的材料又统称为传统陶瓷或普通陶瓷，包括陶瓷、玻璃、水泥及耐火材料等。

随着生产的发展和科学技术的进步，现代陶瓷材料虽然制作工艺和生产过程基本上还沿用传统陶瓷的生产工艺——即粉末原料处理→成型→烧结的方法，但其所用原料已不仅仅是天然的矿物，有很多则是经过人工提纯或是人工合成的，组成配合范围已扩大到整个无机非金属材料的范围。因此，现代陶瓷材料是指除金属和有机材料以外的所有固体材料，又称无机非金属材料，是三大类固体材料之一类，有着十分重要的作用。

现代陶瓷更为充分地利用了各不同组成物质的特点以及特定的力学性能和物理化学性能。从组成上看，其除了传统的硅酸盐、氧化物和含氧酸盐外，还包括碳化物、硼化物、硫化物及其他的盐类和单质；材料更为纯净，组合更为丰富；而从性能上看，现代陶瓷不仅能够充分利用无机非金属物质的高熔点、高硬度、高化学稳定性，得到一系列耐高温（Al_2O_3、SiO_2、SiC、Si_3N_4 等）、高耐磨和高耐蚀（BN、Si_3N_4、$Al_2O_3 + TiC$、B_4C 等）的新型陶瓷，而且还充分利用无机非金属材料优异的物理性能，制得了大量的不同功能的特种陶瓷，如介电陶瓷（$BaTiO_3$）、压电陶瓷（PZT，ZnO）、高导热陶瓷（AIN）以及具有铁电性、半导体、超导性和各种磁性的陶瓷，适应了航天、能源、电子等新技术发展的需求，也是目前材料开发的热点之一。

10.1.2　陶瓷材料的分类

陶瓷材料及产品种类繁多，且还在不断扩大和增多，为便于掌握各种材料或产品特征，通常以成分和性能或用途对陶瓷材料加以分类。

1. 按化学成分分类

① 氧化物陶瓷：最早被使用的陶瓷材料，其种类也最多，应用最广泛。最常用的是 Al_2O_3、SiO_2、MgO、ZrO_2、CeO_2、CaO 及莫来石（$3Al_2O_3 \cdot 2SiO_2$）和尖晶石（$MgAl_2O_4$）等，其中 Al_2O_3 和 SiO_2 就像金属材料中钢铁和铝一样广泛应用。除了上述单一氧化物外，还有大量氧化物的复合氧化物陶瓷，常用的玻璃和日用陶瓷均属于这一类。

② 碳化物陶瓷：具有比氧化物更高的熔点，但碳化物易氧化，因此在制造和使用时必须防止。最常用的有 SiC、WC、B_4C、TiC 等。

③ 氮化物陶瓷：包括 Si_3N_4、TiN、BN、AlN 等。其中 Si_3N_4 具有优良的综合力学性能和耐高温性能；TiN 有高硬度；BN 具有耐磨减摩性能；AlN 具有热电性能，其应用正日趋广泛。类似的化合物还包括目前正在如火如荼研究的 C_3N_4，它可能会具有更为优越的物理化学性能。

④ 其他化合物陶瓷：指除上述几类陶瓷和金属及高分子材料以外的无机化合物，包括常作为陶瓷添加剂的硼化物陶瓷以及具有光学、电学等特性的硫族化合物陶瓷等，其研究和应用也日益增多。

2. 按性能和用途分类

① 结构陶瓷：这类陶瓷是作为结构材料用于制造结构零部件，要求有更好的力学性能，如强度、韧性、硬度、模量、耐磨性及高温性能等。以上所述 4 类不同成分陶瓷均可设计成为结构陶瓷，如 Al_2O_3、Si_3N_4、ZrO_2 等，是常用的结构陶瓷。

② 功能陶瓷：作为功能材料，主要是利用无机非金属材料除力学性能外的优异的物理和化学性能，如电磁性、热性能、光性能及生物性能等，用以制作功能器件。例如，用于制作电磁元件的铁氧体、铁电陶瓷；制作电容器的介电陶瓷；作为力学传感器的压电陶瓷，还有固体电解质陶瓷、生物陶瓷、光导纤维材料等大量的功能性陶瓷。

上述按性能和用途的分类，也只是相对的。因为材料在使用环境下运转时，往往不只是单一的性能和功能需求，有时是多方面的：但选材时必须分清主次，互相兼顾，才能更完美地选择和使用材料。表 10-1 所示为各类常用陶瓷及其用途。

表 10-1　陶瓷材料的分类及用途

类别	特性	典型材料及状态	主要用途
工程陶瓷	高强度（常温，高温）	Si_3N、SiC（致密烧结体）	高温发动机耐热部件，如叶片、转子、活塞、内衬、喷嘴、阀门
	高韧性	Al_2O_3、B_4C、金刚石（金属结合）、TiN、TiC、B_4C、Al_2O_3、WC（致密烧结体）	切削工具
	硬度	Al_2O_3、B_4C、金刚石（粉状）	研磨材料

续表

类别	特性	典型材料及状态	主要用途
功能陶瓷	绝缘性	Al_2O_3（薄片高纯致密烧结体）、BeO（高纯致密烧结体）	集成电路衬底、散热性绝缘衬底
	介电性	$BaTiO_3$（致密烧结体）	大容量电容器
	压电性	$Pb(Zr_xTi_{1-x})O_3$（极化致密烧结体）	振荡元件、滤波器
		ZnO（定向薄膜）	表面波延元件
	热电性	$Pb(Zr_xTi_{1-x})O_3$（极化致密烧结体）	红外检测元件
	铁电性	PLZT（致密透明烧结体）	图像记忆元件
	离子导电性	β-Al_2O_3（致密烧结体）	钠硫电池
		稳定 ZrO_2（致密烧结体）	氧量敏感元件
	半导体	$LaCrO_3$、SiC	电阻发热体
		$BaTiO_3$（控制显微结构体）	正温度系数热敏电阻
		SnO_2（多孔烧结体）	气体敏感元件
		ZnO（烧结体）	变阻器
	软磁性	$Zn_{1-x}Mn_xFe_2O_4$（致密烧结体）	记忆运算元件、磁心、磁带
	硬磁性	$SrO \cdot 6Fe_2O_3$（致密烧结体）	磁铁

10.2 陶瓷材料制作工艺

陶瓷种类繁多，应用状态也多不相同，有使用块材的（如常用的工程陶瓷），还有很多是以薄膜的形式利用（这多数是功能陶瓷膜），因此生产制作过程会有所不同。

10.2.1 大块陶瓷材料的制作

大块陶瓷材料的生产制作一般都使用粉末烧结方法，生产过程要经历 3 个阶段，即制粉、成型和烧结。

1. 制粉

陶瓷粉末制备的方法很多，主要包括机械研磨法和化学法。

① 机械研磨法：即传统陶瓷粉料的制作方法，即选择所需组分或其前驱体配料后，用机械法粉碎并混合后，焙烧反应得到所需物相，再用球磨法将粉料细化，而得到所需原料。该方法易于实现工业化生产，但粉粒细度有限，且分布不均，同时研磨或球磨过程中还会给粉体引来新的杂质。

② 化学法：即通过化学反应过程（液相、气相或固相反应）使组分均匀混合，且粉料粒度均匀，纯度高，还可得到微米、亚微米甚至纳米级的超细粉料，可以大大提高陶瓷的性能。该方法包括液相沉淀法（如 sol-gel 溶胶-凝胶法等）；气相法（CVD 法）和固相法（高温自蔓延合成法）。其中液相法主要用于氧化物粉体制备，而气相法则主要用于非氧化物陶瓷粉料制备。

2. 成型

陶瓷成型就是将粉料直接或间接地转变成具有一定形状、体积和强度的型体，也称素坯。成型方法很多，主要有可塑法、注浆法和压制法。

① 可塑法：又称塑性料团成型法，是将粉料与一定水分或塑化剂混合均匀化，使之成为具有良好的塑性的料团，再用手工或机械成型。

② 注浆法：即浆料成型法，是将原料粉配制成胶状浆料注入模具中成型，还可将其分为注浆成型和热压注浆成型。

③ 压制法：粉料直接成型的方法，其与粉末冶金的成型方法完全一致，又分为干压法和冷等静压法两种。

3. 烧结

烧结是将成型后的生坯体加热到高温（有时还须同时加压）并保持一定时间，通过固相或部分液相物质原子的扩散迁移或反应过程，消除坯料中的孔隙并使材料致密化，同时形成特定的显微组织结构的过程。这一些过程与材料最终的组织结构和性能有关，因此是十分重要的一个步骤。根据烧结时加压情况可将烧结过程分为常压或无压烧结、热压烧结及热等静压成型烧结。

常压烧结就是在大气中烧结，无须抽真空或加保护性气分，因此过程简单，成本低；但烧结体致密化慢，致密度低，且一般只适于氧化物陶瓷的烧结。热压烧结粉体致密化进程快，气孔率低，同时可降低烧结温度；但由于压力具有方向性，会导致致密度、组织和性能的各向异性，且成本较高。热等静压将成型和烧结一体化，综合了冷等静压成型、热压和无压烧结的优点，是许多新型陶瓷的最为有效的成型烧结方法。

10.2.2　陶瓷薄膜的制作方法

陶瓷材料的高硬度、高化学稳定性等性能常常可用于某些材料的表面防护层，而许多功能陶瓷在应用时也常常是以薄膜的形式出现的。当然，将大块陶瓷进行机械磨削或化学腐蚀抛光的方法也可以获得陶瓷膜，但实际上应用陶瓷薄膜时其主要制作方法是一些表面处理技术。主要包括：

1. 液相法

通过化学或电化学方法在特定基体上形成陶瓷薄膜。常用的电化学方法有阳极化方法／即在电解质（如水溶液）中加电场，金属阳极表面被氧化得到氧化物膜（如 Al 合金表面的各种氧化膜）；电泳沉积法／将陶瓷粉末制成乳化液，使粉末表面带有一定的电荷，当在乳液中加电场后，带电的粉末就可以被沉积到阴极或阳极表面并得到陶瓷膜；电镀法得到具有红外等光学性质的硫化物膜。化学方法包括化学氧化法／即将金属或某一基体材料置于具有氧化性的溶液中，基体表面被氧化并形成氧化陶瓷膜；溶胶-凝胶方法／根据某些金属醇盐或金属无机盐的水解作用，改变或控制环境条件，使之在基体表面发生溶胶-凝胶转化，形成一层氧化物薄膜的方法，可获得氧化物增透膜、反射膜以及一些功能陶瓷薄膜，如压电薄膜等。

上述方法中，阳极氧化法、化学氧化法和溶胶-凝胶法一般只能获得氧化物陶瓷膜，而电镀法和电泳沉积法还可以用于其他类型的陶瓷膜的制作。

2. 气相法

主要是各种化学气相沉积法、离子注入法。气相法对获得碳化物、氮化物、硼化物及硫化物的功能陶瓷膜更具有优势，在生产中已有成功的应用。

3. 回相法

该法主要是利用热喷涂或浆料上釉并烧结的方式在基体上获得较厚的陶瓷层。

10.3　陶瓷材料的性能特点

由于陶瓷材料原子结合主要是离子键和共价键，因此陶瓷材料总的性能特点是强度高、硬度大、熔点高、化学稳定性好、线膨胀系数小，且多为绝缘体。相应地，其塑性、韧性和可加工性较差。在这里主要介绍陶瓷材料一些主要的性能特点。

10.3.1　陶瓷材料的机械性能

1. 强度

图 10-1 所示为几种不同类型材料在室温下的拉伸曲线。可见陶瓷材料弹性模量较大，即刚性好。但陶瓷在断裂前无明显塑性变形，因此陶瓷质脆，作为结构材料使用时安全性差。从组织上看，质脆陶瓷除了与其自身原子共价键或离子键结合时错位难以滑移运动有关外，还由于粉末烧结的陶瓷内部存在的孔洞缺陷的影响作用，因此减少烧结缺陷如孔洞、玻璃相等都会使陶瓷的力学性能大大改善。另外，细化晶粒时对陶瓷材料的强度提高仍然符合 Hall-Petch 规律。

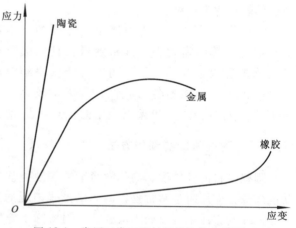

图 10-1　常用三类工程材料的拉伸曲线图

陶瓷材料的抗压强度比抗拉强度高得多，比值为 10∶1 左右，而铸铁材料只能达到 3∶1，故可充分利用。

陶瓷材料的高温强度比金属高得多，且当温度升到 $0.5T_m$（T_m 为熔点）以上时陶瓷材料也可发生塑性变形，此时其既存缺陷的敏感性降低；虽然高温度时陶瓷材料强度有一定程度的下降，但其塑性、韧性却大大提高，加之陶瓷材料优异抗氧化性，其可能成为未来高速高温燃气发动机的主要结构材料。

2. 硬度

高硬度、高耐磨性是陶瓷材料主要的优良特性之一，由于硬度是局部变形抗力标志，因此硬度对陶瓷烧结气孔等缺陷敏感性低；另外由于陶瓷塑变程度小，使其硬度与弹性模大体上呈直线关系。陶瓷硬度随温度升高而降低的程度较强度下降得要快。

3. 脆性与陶瓷增韧

上述的拉伸变形断裂过程特征表明，陶瓷是脆性的材料。其直观性能的表征为抗外力冲击和热冲击性能差。脆性的本质是与陶瓷材料内原子为共价键或离子键合特征有关的。

在许多应用领域，陶瓷的脆性限制了其特性的发挥和应用，因此陶瓷韧化便成为世界瞩目的陶瓷材料研究和开发的中心课题，改善陶瓷脆性主要有三方面的途径。

① 增加陶瓷烧结致密度降低气孔所占份数及气孔尺寸，尽量减少脆性玻璃相数量，并细化晶粒。

② 通过陶瓷的相变增韧：同金属一样某些陶瓷材料也存在相变和同素异构转变，如 ZrO_2 从高温液相冷却过程中将发生如下相变：液相（L）→立方相（C）→正方相（t）→单斜相（m），其中，t→m 转变属于马氏体型相变，相变时产生 3%~5% 的体积膨胀。将这种相变用于某些复相陶瓷中或将 ZrO_2 等粒子加至其他材料中，相变产生的体积效应和形状效应会吸收较大能量，从而使材料表现出现很高的韧性。这种增韧效果还可同时提高陶瓷材料的强度，具有补强效应。

③ 纤维增韧：利用一些纤维（长纤维或短纤维）的高强度和高模数特性，使之均匀分布于陶瓷基体中，生成一种陶瓷基复合材料。当材料受到外载作用时，纤维可以承担一部分的负荷，减轻了陶瓷本身的负担，同时纤维还可阻止或抑制裂纹扩展，大大减小了陶瓷材料的脆性，起到了增韧效果。

10.3.2　陶瓷材料的其他性能简介

1. 陶瓷热性能

陶瓷熔点高，而且有很好的高温强度和抗氧化性，是有前途的高温材料。用于制造陶瓷发动机，不仅重量轻体积小，且热效率大大提高。陶瓷热传导性差，抗熔融金属侵蚀性好，可用作坩埚热容器。陶瓷线膨胀数低，但抗热震性能差。

2. 陶瓷的电性能

由于陶瓷中组成原子的键合的特点，即共价键和离子键的饱和性，使大部分陶瓷成为好的绝缘材料；但由于杂质，某些组元等一系列成分因素的作用及一些环境因素的影响，有些陶瓷可以作半导体或压电材料，或热电材料或环境敏感材料等。

陶瓷材料还有一些特殊的光学性能、磁性能、生物相容性甚至超导性能等；而陶瓷薄膜的力学性能除与其结构因素有关外，还应服从薄膜的力学性能规律以及其独特的光、电、磁等物理化学性能。利用这些性能将可开发出各种各样的功能材料，应用前景广泛。

10.4　常用工业陶瓷及其应用

10.4.1　普通陶瓷

普通陶瓷就是用天然原料制成的黏土类陶瓷，它是以黏土（$Al_2O_3 \cdot 2SiO_2 \cdot 2H_2O$）、长石（$K_2O \cdot Al_2O_3 \cdot 6SiO_2$、$Na_2O \cdot Al_2O_3 \cdot 6SiO_2$）和石英（$SiO_2$）经配料、成型烧结而成。这类陶瓷质硬，不导电，易于加工成型；但其内部含有较多玻璃相，高温下易软化，耐高温及绝缘性不及特种陶瓷。其成本低，产量大，广泛用于工作温度低于 200℃ 的酸碱介质、容器、反应塔、管道、供电系统的绝缘子和纺织机械中导纱零件等。表 10-2 所示为普通陶瓷的性能表。

表 10-2　普通陶瓷的性能

名称	耐酸耐温陶瓷	耐酸陶瓷	工业瓷
相对密度	2.1 ~ 2.2	2.2 ~ 2.3	2.3 ~ 2.4
气孔率/%	< 12	< 5	< 3
吸水率/%	< 6	< 3	< 1.5
耐热冲击性/℃	450	200	200
抗拉强度/MPa	7 ~ 8	8 ~ 12	26 ~ 36
抗弯强度/MPa	30 ~ 50	40 ~ 60	65 ~ 85
抗压强度/MPa	120 ~ 140	80 ~ 120	460 ~ 660
冲击强度/MPa	—	$(1 ~ 1.5) \times 10^3$	$(1.5 ~ 3) \times 10^3$
弹性模量/MPa	—	450 ~ 600	650 ~ 800

注：热冲击性是使试样从高温（如 200 ℃或 450 ℃）激冷到室温（20 ℃）并反复 2 ~ 4 次不出现裂纹下测得的。

10.4.2　特种陶瓷

1. 氧化铝陶瓷

这是以 Al_2O_3 为主要成分的陶瓷，另外含有少量的 SiO_2。根据 Al_2O_3 含量不同又分为 85 瓷（含 85% Al_2O_3）、95 瓷（含 95% Al_2O_3）和 99 瓷（含 99% Al_2O_3），后两者又称刚玉瓷，其性能如表 10-3 所示。可见氧化铝陶瓷中 Al_2O_3 含量越高玻璃相含量越少，气孔越少，其性能也越好，但此时技术变得复杂，成本升高。

氧化铝陶瓷耐高温性好，在氧化性气氛中，可达到 1 950 ℃，且耐蚀性好。故可用作高温器皿，如熔炼铁钴镍等的坩埚及耐热用品等。

氧化铝有高硬度及高温强度，可用作高速切削及难切削材料加工的刃具（760 ℃时 87 HRA，1 200 ℃时 80 HRA）；还可作耐磨轴承、模具及活塞、化工用泵和阀门等。同时氧化铝瓷有很好的绝缘性能、内燃机火花塞基本都是用氧化铝瓷做的。

氧化铝瓷的缺点是脆性大，不能承受冲击载荷，抗热震性差，不适合用于有温度急变场合。表 10-3 所示为氧化铝瓷的性能。

表 10-3　氧化铝瓷的性能

编号	Al_2O_3/%	相对密度	硬度/莫氏	抗压强度/MPa	抗拉强度/MPa
85 瓷	85	3.45	9	1 800	150
95 瓷	95	3.72	9	2 000	180
99 瓷	99	3.90	9	2 500	250

2. 其他氧化物陶瓷

BeO、CaO、ZrO_2、CeO_2、MgO 等氧化物陶瓷熔点高，均在 2 000 ℃附近，甚至更高，且还具有一系列特殊的优异性能。MgO 是典型的碱性耐火材料，用于冶炼高纯度铁及其合金、铜、铝、镁以及熔化高纯铀、钍及其合金。BeO 陶瓷在还原性气中特别稳定，其导热性极好（与铝相近），故抗热冲击性能好，可用作高频电炉坩埚和高温绝缘子等电子元件，以及用于激光管、晶体管散热片、集成电路基片等。铍的吸收中子截面小，故氧化铍还是核反应堆的中子减速剂和反射材料，但氧化铍粉末及蒸气有剧毒，生产和应用中应注意。LrO_2 高强且耐热性好，导热率高，高温下是良好的隔热材料。另外 ZrO_2 室温下是绝缘体，但在 1 000 ℃ 以上变为导体，是优异的固体电解质材料，用于离子导电材料（电极），传感及敏感元件及 1 800 ℃ 以上的高温发热体，还可用于熔炼 Pt、Pd、Rh 等合金的坩埚。

3. 非氧化物工程陶瓷

常用的非氧化物陶瓷主要有碳化物陶瓷，如 SiC、B_4C；氮化物陶瓷，如 Si_3N_4、BN 等，它们也具有各自的优导性能。

氮化硅（Si_3N_4）陶瓷稳定性极好，除氢氟酸外能耐各种酸碱腐蚀，也可抵抗熔融有色金属的侵蚀；氮化硅硬度很高，摩擦因数小（只有 0.1 ~ 0.2，相当于油润滑的金属表面），耐磨性减磨性好（自润滑性好），是很好的耐磨材料；同时 Si_3N_4 还有很好的抗热震性，故氮化硅陶瓷可用作腐蚀介质下的机械零件、密封环、高温轴承、燃气轮机叶片、冶金容器和管道以及精加工刀具等。近年来，在 Si_3N_4 中加入一定量的 Al_2O_3，形成 Si - Al - O - N 系陶瓷，即赛伦（Sialon）瓷，其可用常压烧结，是目前强度最高的陶瓷，并具有优异的化学稳定性、热稳定性和耐磨性。

碳化硅（SiC）陶瓷的最大特点是高温强度高，在 1 400 ℃ 时抗弯强度仍达 500 ~ 600 MPa；且其导热性好，仅次于 BeO 陶瓷，热稳定性耐蚀性耐磨性也很好。主要可用于制作火箭尾喷管的喷嘴、炉管、热电耦套管，以及高温轴承、高温热交换器、密封圈和核燃料的包封材料等。

氮化硼包括六方结构和立方结构两种陶瓷。六方氮化硼结构与石墨相似，性能也比较接近，故又称"白石墨"，其具有良好的耐热导热性（导热性与不锈钢类似）和高温介电强度，是理想的散热和高温绝缘材料。另外六方氮化硼化学稳定性好，具有极好的自润滑性，同时由于硬度较低，可进行机械加工，作成各种结构的零件。六方氮化硼瓷一般用作熔炼半导体材料坩埚和高温容器、半导体散热绝缘件、高温润滑轴承和玻璃成型模具等。立方氮化硼为立方结构，结构紧密，其硬度与金刚石接近，是优良的耐磨材料，常用于制作刀具。

陶瓷的品种很多，其所具有的性能也是十分广泛的，在所有的工业领域都有这一类材料的应用天地。随着材料的发展，其应用必将越来越广泛。上述介绍的是常用的一些结构陶瓷材料，结构陶瓷仍在不断发展；而功能陶瓷（尤其是功能性陶瓷薄膜）的品种和应用也十分广泛，发挥的作用也越来越重要。由于性能各异，品种繁多，此处不一一介绍。

课堂讨论

1. 陶瓷材料一般是脆性的，且其抗拉强度远低于理论强度，也比其抗压强度低许多，说明其原因。至少提出 3 种改进陶瓷材料韧性的方法。

2. 为什么陶瓷材料的拉伸试验数据比金属的分散？

3. 餐具瓷表面釉的膨胀系数一般应低于基体陶瓷的膨胀系数。说明这样做的原因。

习题

1. 现代陶瓷材料有哪些力学性能特点？举例说明其主要的应用领域。

2. 陶瓷的结晶度对其性能有什么影响？对其烧结过程有什么影响？

3. 车床用的陶瓷（Al_2O_3）刀具在安装方式上与高速钢不同，为什么？

4. 85 瓷、95 瓷和 99 瓷的组成、结构和性能有什么不同？

5. 列举 5 种非氧化物陶瓷材料，并说明其性能和主要用途。

6. 制作陶瓷薄膜时，是否也需要烧结过程？

第 **11** 章　高分子材料

内容提要

- 熟悉高分子材料（塑料、橡胶、纤维）的结构和主要性能特点。
- 了解高分子材料的分类依据。
- 了解常用高分子材料的主要用途。

教学重点

- 常用高分子材料的主要用途。
- 高分子材料（塑料、橡胶、纤维）的结构和主要性能特点。

教学难点

- 高分子化合物的组成、合成。
- 高分子材料的 3 种力学状态。

11.1　概　　述

现代材料科学和工程的发展已进入了人工合成材料新时期，而人工合成高分子材料则有了一个多世纪的发展历史，因此其对材料的发展有着深刻而长远的影响。自 1872 年最早发现酚醛树脂，并将其成功用于电气和仪器仪表等工业中以来，高分子材料由于其独特的性能特点而得到了迅速发展和广泛应用。到目前为止，已发展成塑料、橡胶、合成纤维三大合成结构材料以及油漆、胶黏剂等组成的庞大的材料群体，其发展较传统材料更为迅速，应用更快，效率更高。

何谓高分子材料？它是指以高分子化合物为主要成分的所有材料，而一般来说高分子化合物的分子量应在 1 000 以上，有的可达几万，甚至几十万。实际上，高分子化合物应包括作为生命和食物基础的生物大分子（包括蛋白质、DNA、生物纤维素、生物胶等）和工程聚合物两大类，而工程聚合物又包括人工合成的（塑料、纤维和橡胶等）和天然的（橡胶、毛及纤维素等）材料。这里要讲述的材料，主要包括大多数应用于机械、电子、化工和建筑等工业中的人工合成塑料、橡胶和有机纤维等高分子材料。

11.1.1　高分子化合物的组成

高分子化合物的分子量虽然很大，但其化学组成却相对简单。首先，组成高分子化合物的元素主要是 C、H、O、N、Si、S、P 等少数几种元素；其次所有的高分子却是由一种或几种简单的结构单元通过共价键连接并不断重复而形成。以聚乙烯为例，它是由许多乙烯小分子连接起来形成大分子链，其中只包含 C 和 H 两种元素，即：

$$nCH_2 =\!\!=\!\!= CH_2 \longrightarrow \sim CH_2 - CH_2 \sim CH_2 - CH_2 \sim CH_2 - CH_2 \sim \longrightarrow CH_2 - CH_{2n} \quad (11\text{-}1)$$

组成聚合物的低分子化合物（如乙烯、氯乙烯等）称为单体，高分子链中重要的结构单元称为链节，一条高分子链中所含的链节数目（n）称为聚合度。很显然，高分子的分子量（M）是链节的分子量（M_0）与聚合度（n）的乘积：

$$M = nM_0 \quad (11\text{-}2)$$

实际上高分子材料则是由大量的分子链聚集而成，各个大分子链的长短并不一致，而是按统计规律分布的，因此高分子材料的分子量也是按统计规律分布，我们平时所用分子量实际为平均的分子量。

11.1.2　高分子化合物的合成

高分子化合物的合成方法有两种，即加成聚合反应（又称加聚反应）和缩合聚合反应（简称缩聚反应）。

1. 加聚反应

加聚反应是指含有双键的单体在一定的外界条件下（光、热或引发剂）双键打开，并通过共价键互相链接而形成大分子链的反应。由一种单体加聚而成的高分子叫均聚物，如聚乙烯、聚氯乙烯等；由两种或两种以上的单体聚合而成的高分子则称为共聚物，如最著名的 ABS 树脂就是由丙烯腈（A）、丁二烯（B）和苯乙烯（S）这 3 种单体加聚而成的共聚物。目前有 80% 的高分子材料是通过加聚反应得到的。

2. 缩聚反应

由两种或两种以上具有特殊官能团的低分子化合物聚合时在生成高分子化合物的同时，还有水、氨气、卤化氢或醇等低分子副产物析出，并逐步合成为一种大分子链的反应称缩聚反应。其产物叫缩聚物，缩聚反应是由若干个聚合反应逐步完成的，如果条件不满足可能会停留在某一个中间阶段。由于缩聚过程中总有小分子析出，故缩聚高聚物链节的化学组成和结构与其单体并不完全相同，许多常用的高聚物如酚醛树脂、环氧树脂、聚酰胺、有机硅树脂等都是由缩聚反应制得。

11.2　高分子材料的分类及命名

11.2.1　高分子材料的分类

1. 按用途和性能分类

① 塑料：在常温下有一定形状，强度较高，受力后能发生一定变形的聚合物。按塑料热性能又分为热塑性和热固性塑料。

② 橡胶：在常温下具有很高弹性，即受到很小载荷即可发生很大变形甚至达原长的十余倍，而去除外力后又可恢复原状的聚合物。

③ 纤维：在室温下材料的轴向强度很大，受力后变形很小，且在一定温度范围内力学性能变化不大的聚合物。

塑料、橡胶和纤维这三大合成材料之间其实也没有严格的界限，严格区分也很难，有时同一种高分子化合物可用不同的方法加工成不同种类的产品。如典型的聚氯乙烯塑料也可抽丝成为纤维（氯纶）。通常将聚合后未加工成型的聚合物称为树脂，以区分加工后的塑料或纤维制品，如电木（酚醛塑料）未固化前称为酚醛树脂，涤纶纤维未抽丝前称为涤纶树脂。

除上述三类外，胶黏剂、涂料等都是以树脂形式不加工而直接使用的高分子化合物。

2. 按聚合反应的类型分类

① 加聚物：单体经加聚合成的高聚物，链节结构的化学式与单体分子式相同，如前述的聚乙烯、聚氯乙烯等。

② 缩聚物：单体经缩聚合成的高聚物。缩聚反应与加聚反应不同，聚合过程有小分子副产物析出，链节的化学结构和单体的化学结构不完全相同，如酚醛树脂，是由苯酚和甲醛聚合，缩去水分子形成的聚合物。

3. 按聚合物的热行为分类

① 热塑性聚合物：加热后软化，冷却后又硬化成型，这一过程随温度变化可以反复进行。聚乙烯、聚氯乙烯等烯类聚合物都属于此类。

② 热固性聚合物：这类聚合物的原料经混合并受光热或其他外界环境因素的作用下发生化学变化而固化成型，但成型后再受热也不会软化变形，如酚醛树脂、环氧树脂等均属这类材料。

4. 按聚合物主链上的化合物组成分类

① 碳链聚合物：主链由碳原子一种元素所组成，如 C—C—C—C—C—…。

② 杂链聚合物：主链中除碳外还有其他元素，如还含有 O、N、S、P 等。

③ 元素有机聚合物：主链由氧和其他元素组成，如…—O—Si—O—Si—O—…。

11.2.2 高分子材料的命名

常用的高分子材料名称大多数采用习惯命名法，对加聚高分子材料一般在原料单体名称前加"聚"字，如聚乙烯、聚氯乙烯等。对缩聚高分子材料一般是在原料名称后加"树脂"两字，如酚醛树脂、脲醛树脂（尿素和甲醛聚合物）等。

实际上有很多高分子材料在工程中常采用商品名称，它没有统一的命名原则，对同一材料可能各国的名称都不相同。尤其纤维和橡胶材料的名称使用商品名称的更多，如聚己内酰胺称尼龙6，或锦纶或卡普隆；聚乙烯醇缩甲醛称维尼纶；聚丙烯腈（人造羊毛）称腈纶或奥纶；聚对苯二甲酸乙二酯称涤纶或的确良；丁二烯和苯乙烯共聚物称丁苯橡胶等。有时为了简化，高分子材料还往往用英文名称的缩写表示，如聚乙烯用 PE、聚氯乙烯用PVC 等。

11.3　高分子材料的性能特点

11.3.1 高分子材料的力学性能特点

1. 高分子材料的 3 种力学状态

高分子材料中大分子链多为共价键，链间或为交连态或为范德瓦耳斯力（van de Waals force）键合，使其当环境温度变化时呈现不同的物理力学状态，这对该类材料的加工成形和使用都有着十分重要的意义。

（1）线性非晶态高聚物的 3 种物理力学状态

在恒定负荷的作用下，线性非晶态高聚物的温度-形变关系曲线如图 11-1 所示，曲线可分作 3 个区，分别表示 3 种物理力学状态：

① 玻璃态：当温度较低时，分子热运动能力弱，分子链甚至链节都处于刚性状态，其力学性能与低非晶分子固体材料类似。在外载作用下只能发生一定的弹性变形（像玻璃），这种状态称为玻璃态。高聚物呈现玻璃态的最高温度（T_g）称为玻璃化温度，不同高分子材料的 T_g 不同。一般来说，以塑料形式使用的状态一般为高分子材料的玻璃态。显然塑料的 T_g 高于室温，如聚氯乙烯的 T_g 为 87 ℃，尼龙的 T_g 为 50 ℃，有机玻璃的 T_g 为 100 ℃。

② 高弹态：图 11-1 中 $T_g \sim T_f$ 温度之间使用的高聚物处于高弹态。在这一区域，分子热运动能量增加，链段可进行内旋转，但分子链间不能移动，因此高聚物受力时能够产生很大的弹性变形（变形量可达 100% ~ 1000%），但弹性模量很小，外力去除后，形变可恢复，但恢复不是瞬时进行的，而是要经过一定的时间完成。

高分子材料的高弹态又称橡胶态，它为高分子材料所独有。因此，室温下处于高弹态的材料都叫橡胶。

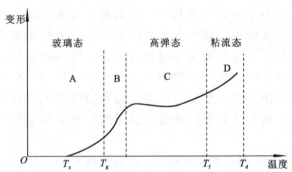

图 11-1　线性非晶态高聚物的变形-温度曲线

T_x—脆化温度；T_g—玻璃化温度；T_f—粘流温度；T_d—分解温度

③ 粘流态：温度高于 T_f 时，整个分子链及其各链段均能运动起来，聚合物成为可流动的黏稠状液体，称为粘流态。它是线型高聚物流变加工成型的工作状态，在室温下处于粘流态高分子材料又称流动性树脂。

（2）线性晶态高聚物的物理学状态

高分子材料实际只能有部分结晶，即其总是由结晶区和非晶区两部分构成或均为非晶态。非晶区相当于非晶态聚合物，存在上述三态。而结晶区则有固定的熔点 T_m，使用温度低于 T_m 时，该区域为硬结晶态；温度高于 T_m 时则晶区熔融成为粘流态；在温度 $T_g \sim T_m$ 之间，非晶区处于高弹态，柔顺性好，而结晶区仍保持在硬态。因此，具有一定结晶度的高分子材料既具有一定柔顺（韧）性，又有一定的刚硬性，称这种状态为"皮革"态。显然，也可通过控制室温结晶度来改变聚合物性能。

（3）体型高分子材料的物理力学状态

体型非晶态高聚物大分子链互相交连具有网状结构，其交连点密度对聚合物的物理状态具有重要影响。若交连点密度较小，交连点间链段长，柔性较好，在外力作用下链段可以伸展而产生高弹性变形，其仍具有高弹态，如轻度硫化的橡胶。若交连点密度较大，交连点之间的链段短，运动受到约束大大加强，弹性变形小，失去高弹态，如过度硫化的橡胶。当交连点密度很大时，$T_g = T_f$，高弹态完全消失，高分子只有玻璃态，如酚醛塑料等。聚合物的交连也是其强化的重要方法之一。

高分子材料的物理力学状态除受化学成分、分子链结构、分子量、结晶度等内在结构因素影向外，对应力、湿度、环境介质，以及加载速率和方式等外界条件也很敏感，因此使用高分子材料时对环境因素应予以足够的重视。

2. 高分子材料的力学性能特点

与其他材料相比（如金属材料、陶瓷材料），高分子材料的力学性能具有如下特点：

① 低强度和高比强度：高分子材料的强度很低，如塑料抗拉强度 δ_b 在 30 ~ 100 MPa 之间；而橡胶的 σ_b 则更低，只有 25 MPa 左右。但由于高分子材料的密度很低，故其比强度较高，这在许多应用中有着重要意义。

② 高弹性和低弹性模数：高分子材料弹性模量很低，塑料的弹性模量只有金属的十分之一，由于其使用状态为玻璃态，故其弹性也较低；橡胶弹性模量更低，为金属材料的千分之一左右，但其具有很优秀的弹性性能。

③ 粘弹性：高分子材料在外力作用下发生高弹性变形和黏性流动，其变形与时间有关，即具有粘弹性。使用中表现为有显著的蠕变、应力松弛和内耗的发生。蠕变反应了材料在一定外力作用下保持的尺寸稳定性状态；应力松弛是指在应变保持不变时应力随时间延长的衰减现象，这一过程中高分子材料内部构象已经发生了变化；而内耗则是在交变应力的作用下高分子材料内部应力和应变间的滞后现象，它会大大降低外载的使用效率。产生粘弹性的原因就是大分子的变形和构象变化速度慢而滞后于外界条件而引起。

④ 高耐磨性：高分子材料虽然硬度较低，但由于其为大分子结构，故其抗磨和耐撕裂性好，耐磨性却优于金属；塑料摩擦系数小，甚至还有自润滑性能，而橡胶虽然摩擦系数较大，但由于其好的粘弹性，故也很耐磨。

11.3.2 高分子材料的其他性能特点

1. 高绝缘性

由于高分子材料内部主要是以共价键或分子键结合，无离子和自由电子，故其导电能力很低，介电常数小，介电损耗低，耐电弧性好。

2. 膨胀性

高分子材料中分子链柔性大，其线膨胀系数是金属材料的 3 ~ 10 倍，因此加热时它有明显的体积和尺寸变化。

3. 导热性低

高分子材料是由分子链缠绕交联形成，内部无自由的电子、原子和分子，故导热性很差，比金属材料低 2 个或 3 个数量级。

4. 热稳定性差

加热时高分子的分子链易发生链段运动或整个链的移动，导致材料软化，熔化甚至分解；使塑料高温下难以保持高的强度和硬度，而橡胶则不能有高的弹性。

5. 高化学稳定性

高分子材料在大多数酸碱盐的水溶液中具有优异的耐腐蚀性能，这是由于高分子材料为共价化合物，其中无自由电子、原子等活性粒子，不易受腐蚀；同时大分子间互相缠绕，起到了整体防护的作用。但高分子在某些有机溶剂中会被溶解腐蚀或溶剂渗入而"溶胀"，使材料性能破坏而腐蚀。

6. 高分子材料使用过程中的化学反应

① 分子的交联反应：为改变某种聚合物的性质，常常加入含有某些官能团的大分子或小分子的化合物作为聚合物改性剂；或通过辐射等物理方法使高分子从线型结构转变为体型结构，使其机械性能、耐热性和化学稳定性增加，这种高分子结构的变化称为交联反应。这种变化可以在生产过程中进行，如橡胶的硫化；也可以现场操作实现成型密封或防护等功能，如树脂的固化等。

② 大分子的裂解反应：高分子材料在使用时，由于外界因素的作用其大分子链可能会发生断裂，使分子量下降，材料性能发生改变，这叫裂解反应。引起裂解的因素很多，如光、热、氧、机械作用、化学作用、生物作用、超声波作用等。

③ 高分子材料的老化及防止：高分子材料在长期放置或使用过程中受到外界的物理化学及生物机械等因素的作用后，逐渐失去弹性出现龟裂变硬变脆或发黏软化等现象称为聚合物的老化。老化是一个复杂的化学变化过程，目前认为主要的原因是大分子的交联或裂解。若以大分子交联为主，则材料会变硬、脆且失去弹性，出现龟裂等；而出现裂解，则表现为材料失去刚性、发黏变软等。

防止高分子材料的老化常常是通过高分子材料改性，添加防老剂或进行表面涂层处理以防止或降低环境因素对其不利影响等。

11.4　工　程　塑　料

11.4.1　塑料的组成

如上所述，塑料是高分子材料在一定温度区间内以玻璃态状态使用时的总称。因此，塑料材料在一定温度下可变为橡胶态而加工成型；而在另外的一些条件下又可变为纤维材料。但工程上所用的塑料，其成分都是以各种各样的树脂为基础并加入其他添加剂制成的，其大致组成如下：

1. 树脂

树脂是塑料的主要成分，它决定塑料的主要性能并且其他添加剂的加入及作用的发挥都是以树脂为中心作用的，故绝大多数塑料都以相应的树脂来命名。

2. 添加剂

工程塑料中的添加剂都是以改善材料的某种性能而加入的。添加剂的作用和类型主要包括：

① 改善塑料工艺性能：如增塑剂、固化剂、发泡剂和催化剂等。其中增塑剂是改善高分子材料柔顺性，使其易于成型。固化剂则是促进塑料受热交联反应使其由线型结构变为

体型结构，使其尽快达到形状尺寸和性能的最终稳定化作用（如环氧树脂加入乙二胺即为此类）；而催化剂也是加速成型过程中的材料的结构转变过程。发泡剂则是为了获得比表面积大的泡沫高分子材料而加入。

② 改善使用性能：如增塑剂、稳定剂、填料、滑润剂、着色剂、阻燃剂、静电剂等等，主要用于改善塑料的某些使用性能而加入。如增塑剂改善韧性；填料则提高强度，改善某些特殊性能并降低成本；稳定剂则是防止使用过程中的老化作用；着色剂、阻燃剂也都根据各自的使用性能而加入的。

11.4.2　塑料的分类

1. 按热性能分类

① 热塑性塑料：该类材料加热后软化或熔化，冷却后硬化成型，且这一过程可反复进行。常用的材料有聚乙烯、聚丙烯、ABS 塑料等。

② 热固性塑料：材料成型后，受热不变形软化，但当加热至一定温度则会分解。故只可一次成型或使用，如环氧树脂等材料。

2. 按使用性能分

① 工程塑料：可用作工程结构或机械零件的一类塑料，它们一般有较好的稳定机械性能，耐热耐蚀性较好，且尺寸稳定性好，如 ABS、尼龙、聚甲醛等。

② 通用塑料：主要用于日常生活用品的塑料。其产量大，成本低，用途广，占塑料总产量的 3/4 以上。

③ 特种塑料：具有某些特殊的物理化学性能的塑料，如耐高温、耐蚀、光学等性能塑料。其产量少，成本高，只用于特殊场合。如聚四氟乙烯（PTFE）的润滑耐蚀和电绝缘性；有机硅树脂的耐温性（可在 200～300 ℃长期使用）。

塑料原料通常的状态可为粉末、颗粒或液体。使用这些状态的原料，热塑性塑料可以用注射、挤出、吹塑等技术制成管、棒、板和不同厚度的薄膜、泡沫或其他各种状态的零件；而热固性塑料则可以用模压、层压、浇铸等技术制成层压板、管、棒以及各种形状的零件。

11.4.3　常见工程塑料的性能特点和用途

1. 聚烯烃塑料

聚烯烃塑料的原料来源于石油天然气，原料丰富，因此一直是塑料工业中产量最大的品种，用途也十分广泛。

① 聚乙烯（PE）：其合成方法有低压法、中压法和高压法 3 种，性能如表 11-1 所示。

聚乙烯产品相对密度小（0.91～0.97），耐低温、耐蚀、电绝缘性好。高压聚乙烯质软，主要用于制造薄膜；低压聚乙烯质硬，可用于制造一些零件。

聚乙烯产品缺点是强度、刚度、硬度低；蠕变大，耐热性差，且容易老化。但若通过辐射处理，使分子链间适当交联，其性能会得到一定的改善。

表 11-1　聚乙烯 3 种生产方法及性能比较

合成方法		高压法	中压法	低压法
聚合条件	压力/MPa	100 以上	3 ~ 4	0.1 ~ 0.5
	温度/℃	180 ~ 200	125 ~ 150	60 以上
	催化剂	微量 O_2 或有机化合物	Cr_2O_3、MoO_3 等	$Al(C_2H_5)_2 + TiC_{14}$
	溶剂	苯或不用	烷烃或芳烃	烷烃
聚合物性能	结晶度/%	64	93	87
	密度/（g/cm³）	0.910 ~ 0.925	0.955 ~ 0.970	0.941 ~ 0.960
	抗拉强度/MPa	7 ~ 15	29	21 ~ 37
	软化温度/℃	14	135	120 ~ 130
使用范围		薄膜、包装材料、电绝缘材料	桶、管、电线绝缘层或包皮	桶、管、塑料部件、电线绝缘层或包皮

② 聚氯乙烯（PVC）：最早使用的塑料产品之一，应用十分广泛。它是由乙烯气体和氯化氢合成氯乙烯再聚合而成。较高温度的加工和使用时会有少量的分解，产物为氯化氢及氯乙烯（有毒），因此产品中常加入增塑剂和碱性稳定剂抑制其分解。

增塑剂用量不同可将其制成硬质品（板、管）和软质品（薄膜、日用品）。

PVC 使用温度一般在 -15 ~ 55 ℃。其突出的优点是耐化学腐蚀，不燃烧且成本低，易于加工；但其耐热性差，抗冲击强度低，还有一定的毒性。当然若用共聚和混合法改进，也可制成用于食品和药品包装的无毒聚氯乙烯产品。

③ 聚苯乙烯（PS）：该类塑料的产量仅次于上述两者（PE、PVC）。PS 具有良好的加工性能；其薄膜有优良的电绝缘性，常用于电器零件；其发泡材料相对密度低达 0.33 g/cm³，是良好的隔音、隔热和防震材料，广泛用于仪器包装和隔热。其中还可加入各种颜色的填料制成色彩鲜艳的制品，用于制造玩具及日常用品。

聚苯乙烯的最大缺点是脆性大、耐热性差，但常将聚苯乙烯与丁二烯、丙烯腈、异丁烯、氯乙烯等共聚使用，使材料的冲击性能、耐热耐蚀性大大提高，而可用于耐油的机械零件、仪表盘、罩、接线盒和开关按钮等。

④ 聚丙烯（PP）：聚丙烯相对密度小（0.9 ~ 0.91），是塑料中最轻的。其力学性能如强度、刚度、硬度、弹性模数等都优于低压聚乙烯（PE）；它还具有优良的耐热性，在无外力作用时，加热至 150 ℃ 不变形，因此它是常用塑料中唯一能经受高温消毒的产品；还有优秀的电绝缘性。其主要的缺点是：黏合性、染色性和印刷性差；低温易脆化、易燃，且在光热作用下易变质。

PP 具有好的综合机械性能，故常用来制各种机械零件、化工管道、容器；无毒及可消毒性，可用于药品的包装。

PVC、PS 及 PP 三大类烯烃塑料的性能比较如表 11-2 所示。

表 11-2 PVC、PS 及 PP 的性能比较

名称	聚氯乙烯	聚苯乙烯	聚丙烯
缩写	PVC	PS	PP
密度/（g/cm^3）	1.30 ~ 1.45	1.02 ~ 1.11	0.90 ~ 0.91
抗拉强度/MPa	35 ~ 36	42 ~ 56	30 ~ 39
延伸率/%	20 ~ 40	1.0 ~ 3.7	100 ~ 200
抗压强度/MPa	56 ~ 91	98	39 ~ 56
耐热温度/℃	60 ~ 80	80	149 ~ 160
吸水率/（%/24 h）	0.07 ~ 0.4	0.03 ~ 0.1	0.03 ~ 0.04

2. ABS 塑料

ABS 塑料是由丙烯腈、丁二烯和苯乙烯 3 种组元共聚而成，三组元单体可以任意比例混合，由此制成各种品级的树脂性能如表 11-3 所示。由于 ABS 为三元共聚物，丙烯腈使材料耐蚀性和硬度提高，丁二烯提高其柔顺性，而苯乙烯则使具有良好的热塑性、加工性，因此 ABS 是"坚韧、质硬且刚性"的材料，是最早被人类认识和使用的"高分子合金"。

ABS 由于其低的成本和良好的综合性能，且易于加工成型和电镀防护，因此在机械、电器和汽车等工业有着广泛的应用。

表 11-3 ABS 塑料性能表

级别	超高冲击型	高强度冲击型	低温冲击型	耐热型
密度/（g/cm^3）	1.05	1.07	1.07	1.06 ~ 1.08
抗拉强度/MPa	35	63	21 ~ 28	53 ~ 56
抗拉弹性模量/MPa	1 800	2 900	700 ~ 1 800	2 500
抗压强度/MPa	—	—	18 ~ 39	70
抗弯强度/MPa	62	97	25 ~ 46	84
吸水率/（%/24 h）	0.3	0.3	0.2	0.2

3. 聚酰胺（PA）

聚酰胺的商品名称是尼龙或绵纶，是目前机械工业中应用比较广泛的一种工程热塑性塑料。尼龙的品种很多，常用的如表 11-4 所示。其中尼龙 1010 是我国独创，使用原料是蓖麻油。

聚酰胺的机械强度高，耐磨，自润滑性好，而且耐油、耐蚀、消音、减震，已大量用于制造小型零件，代替有色金属及其合金；芳香尼龙具有良好的耐磨、耐热、耐辐射性和电绝缘性，在 95% 相对湿度下不受影响，而且可在 200 ℃ 长期工作使用，可用于制造高温下工作的耐磨零件，H 级绝缘材料及宇宙服等。

大多数尼龙易吸水，导致性能和尺寸的改变，在使用时应予以注意。

表 11-4 各种尼龙性能

级别	尼龙 6	尼龙 66	尼龙 610	尼龙 1010
密度/（g/cm^3）	1.13 ~ 1.15	1.14 ~ 1.15	1.08 ~ 1.09	1.04 ~ 1.06
抗拉强度/MPa	54 ~ 78	57 ~ 83	47 ~ 60	52 ~ 55
弹性模量/MPa	830 ~ 2 600	1 400 ~ 3 300	1 200 ~ 2 300	1 600
抗压强度/MPa	60 ~ 90	90 ~ 120	70 ~ 90	55

级　别	尼龙 6	尼龙 66	尼龙 610	尼龙 1010
抗弯强度/MPa	70～100	100～110	70～100	82～89
延伸率/%	150～250	60～200	100～240	100～250
熔点/℃	215～223	265	210～223	200～210
吸水率/（%/24 h）	1.9～2.0	1.5	0.5	0.39

4. 聚甲醛（POM）

POM 是没有侧链、高密度高结晶性的线型聚合物，性能比尼龙好，其按分子链结构特点又分为均聚甲醛和共聚甲醛，性能如表 11-5 所示。聚甲醛性能较好，但热稳定性和耐候性差、大气中易老化、遇火燃烧。但目前仍广泛用于汽车、机床、化工、仪表等工业中。

表 11-5　聚甲醛的性能

名　　称	均聚甲醛	共聚甲醛
密度/（g/cm³）	1.43	1.41
抗拉强度/MPa	70	62
弹性模量/MPa	2 900	2 800
抗压强度/MPa	125	110
抗弯强度/MPa	980	910
延伸率/%	15	12
熔点/℃	175	165
结晶度/%	75～85	70～75
吸水率/（%/24 h）	0.25	0.22

5. 聚碳酸酯（PC）

PC 是一种新型热塑性塑料，品种较多。工程上用的是芳香族聚碳酸酯，产量仅次于尼龙。PC 性能指标如表 11-6 所示。PC 的化学稳定性很好，能抵抗日光雨水和气温变化的影响；它透明度高，成型收缩小，因此制件尺寸精度高。广泛用于机械、仪表、电信、交通、航空、照明和医疗机械等工业。如波音 747 飞机上有 2 500 个零件要用到聚碳酸酯。

表 11-6　聚碳酸酯的性能

性　　　能	数　　　值
抗拉强度/MPa	66～70
弹性模量/MPa	2 200～2 500
抗压强度/MPa	83～88
抗弯强度/MPa	106
延伸率/%	～100
熔点/℃	220～230
使用温度/℃	－100～140

6. 有机玻璃（PMMA）

有机玻璃的化学名称为聚甲基丙烯酸甲酯，是目前最好的透明有机物，透光率达92%，超过了普通玻璃；且其力学性能好，σ_b 可达 $60 \sim 70$ MPa，冲击韧性比普通玻璃高 $7 \sim 8$ 倍（厚度为 $3 \sim 6$ mm 时），不易破碎，耐紫外线和防老化性能好，同时相对密度低（1.18 g/cm^3）易于加工成型。但其硬度低，耐摩擦性、耐有机溶剂腐蚀性、耐热性、导热性差，使用温度不能超过 $180℃$。主要用于制造各种窗体、罩及光学镜片和防弹玻璃等部分零件。

7. 聚四氟乙烯（PTFE）

聚四氟乙烯是含氟塑料的一种，具有极好的耐高低温性和耐磨蚀等性能。PTFE 几乎不受任何化学药品的腐蚀，即使在高温、强酸、强碱及强氧化环境中也较稳定，故有"塑料王"之称。其熔点为 $327℃$，能在 $-195 \sim +250℃$ 范围内保持性能的长期稳定性；其摩擦系数小，只有 0.04，具有极好的自润滑；具有憎水憎油和不黏性；在极潮湿的环境中也保持良好的电绝缘性。但其强度硬度较低，冷流性大，加工成型性较差，只能用冷压烧结方法成型。在高于 $390℃$ 时分解出剧毒气体，应予注意。PTFE 的优良性能使其在电子、国防、涂料等领域的应用日益广泛。

8. 其他热塑性塑料

常用的热塑性塑料还有聚酰亚胺（PI）、聚苯醚（PPO）、聚砜（PSF）和氯化聚醚等。

聚酰亚胺是含氮的环形结构的耐热性树脂，其强度、硬度较高，使用温度可达 $260℃$；但加工性较差，脆性大，成本高。主要用于特殊条件下工作的精密零件，如喷气发动机供燃料系统的零件，耐高温、高真空用自润滑轴承及电气设备，是航空航天工业中常用的高分子材料。

聚苯醚是线性非晶态工程塑料，综合性能好，使用温度宽（$-190 \sim 190$ ℃），耐磨性、电绝缘性和耐水蒸气性能好。主要用作在较高温度下工作的齿轮、轴承、凸轮、泵叶轮、鼓风机叶片、化工管道、阀门和外科医疗器械等。

聚砜是含硫的透明树脂，其耐热性抗潜变性突出，长期使用温度可达 $150 \sim 174$ ℃，脆化温度 -100 ℃。广泛用于电器、机械、交通和医疗领域。

氯化聚醚的主要特点是耐化学腐蚀性极好，仅次于 PTFE。但加工性好，成本低，尺寸稳定性好。主要用于制作 $120℃$ 以下腐蚀介质中工作的零件或管道以及精密机械零件等。几种塑料的性能表如表 11-7 所示。

表 11-7　几种塑料的性能表

名　　称	聚　砜	聚四氟乙烯	氯化聚醚	聚苯醚	聚酰亚胺
密度/（g/cm^3）	1.24	$2.1 \sim 2.2$	1.4	1.06	$1.4 \sim 1.6$
抗拉强度/MPa	85	$14 \sim 15$	$44 \sim 65$	66	94
弹性模量/MPa	$2\,500 \sim 2\,800$	400	$2\,460 \sim 2\,610$	$2\,600 \sim 2\,800$	12 866
抗压强度/MPa	$87 \sim 95$	42	$85 \sim 90$	116	170
抗弯强度/MPa	$105 \sim 125$	$11 \sim 14$	$55 \sim 85$	$98 \sim 132$	83
延伸率/%	$20 \sim 100$	$250 \sim 315$	$60 \sim 100$	$30 \sim 80$	$6 \sim 8$
吸水率/（%/24 h）	$0.12 \sim 0.22$	<0.005	0.01	0.07	$0.2 \sim 0.3$

9. 热固性塑料

热固性塑料也很多，是树脂经固化处理后获得的。所谓固化处理就是树脂中加入固化剂并压制成型，使其由线型聚合物变为体型聚合物的过程。用得最多的热固性塑料主要是酚醛塑料和环氧塑料。酚醛塑料有优异的耐热、绝缘、化学稳定和尺寸稳定性，较高的强度、硬度和耐磨性，其抗潜变性能优于许多热塑性工程塑料，广泛用于机械电子、航空、船舶工业和仪表工业中，如高频绝缘件、耐酸耐碱耐霉菌件及水润滑轴承；其缺点是质脆、耐光性差、色彩单调（只能制成棕黑色）。环氧塑料强度高，且耐热性耐腐蚀性及加工成型性优良，对很多材料有好的胶接性能，主要用于制作塑料膜，电气、电子元件和线圈的密封和固定等领域，还可用于修复机件，但其价格昂贵。常用的还有氨基塑料（如脲醛塑料和三聚氰胺塑料等），有机硅塑料及聚氨脂塑料等。主要的热固性塑料性能特点和应用如表 11-8 所示。

表 11-8　主要热固性塑料的性能

名　　称	酚醛	脲醛	三聚氰胺	环氧	有机硅	聚胺脂
耐热温度/℃	100 ~ 150	100	140 ~ 145	130	200 ~ 300	—
抗拉强度/MPa	32 ~ 63	38 ~ 91	38 ~ 49	15 ~ 70	32	12 ~ 70
弹性模量/MPa	5 600 ~ 35 000	7 000 ~ 10 000	13 600	21 280	11 000	700 ~ 7 000
抗压强度/MPa	80 ~ 210	175 ~ 310	210	54 ~ 210	137	140
抗弯强度/MPa	50 ~ 100	70 ~ 100	45 ~ 60	42 ~ 100	25 ~ 70	5 ~ 31
成型收缩率/%	0.3 ~ 1.0	0.4 ~ 0.6	0.2 ~ 0.8	0.05 ~ 1.0	0.5 ~ 1.0	0 ~ 2.0
吸水率/（% /24 h）	0.01 ~ 1.2	0.4 ~ 0.8	0.08 ~ 0.14	0.03 ~ 0.20	2.5 mg/cm²	0.02 ~ 1.5

11.5　合成橡胶与合成纤维

11.5.1　橡胶

橡胶是以高分子化合物为基础的具有显著高弹性的材料，它与塑料的区别是在很广的温度范围内（−50 ~ 150 ℃）处于高弹态，保持明显的高弹性。

1. 橡胶的组成

工业用橡胶是由生胶（或纯橡胶）和橡胶配合剂组成。生胶（或纯橡胶）是橡胶制品的主要成分，也是形成橡胶特性的主要原因，其来源可以是合成的也可是天然的，但生胶性能随温度和环境变化很大，如高温发黏，低温变脆且极易为溶剂溶解，因此必须加入各种不同的橡胶配合剂，以提高橡胶制品的使用性能和加工工艺性能。橡胶中常加入的配合剂有硫化剂、硫化促进剂、防老剂、填充剂、发泡剂和着色剂、补强剂等。

2. 橡胶的性能特点

橡胶的最大特点是高弹性，且弹性模数很低，只有 1 MPa，而外加作用下变形量则可达（100 ~ 1 000）%，且易于恢复。橡胶有储能、耐磨、隔音、绝缘等性能。广泛用于制造密封件、减震件、轮胎、电线等。

3. 常用橡胶材料

橡胶品种很多，主要有天然橡胶和合成橡胶两类。合成橡胶按用途及使用量分为通用橡胶和特种橡胶，前者主要用作轮胎、运输带、胶管、胶板、垫片、密封装置等；后者则主要是为在高温、低温、酸碱油和辐射等特殊介质下工作的制品而设计。表 11-9 所示为常用橡胶的性能和用途。

表 11-9　常用橡胶的性能和用途

名称	代号	抗拉强度/MPa	延伸率/%	使用温度/℃	特性	用途
天然橡胶	NR	25~30	650~900	-50~120	高强绝缘防震	通用制品轮胎
丁苯橡胶	SBR	15~20	500~800	-50~140	耐磨	通用制品胶板 胶布轮胎
顺丁橡胶	BR	18~25	450~800	120	耐磨耐寒	轮胎运输带
氯丁橡胶	CR	25~27	800~1 000	-35~130	耐酸碱阻燃	管道电缆轮胎
丁腈橡胶	NBR	15~30	300~800	-35~175	耐油水气密	油管耐油垫圈
乙丙橡胶	EPDM	10~25	400~800	150	耐水气密	汽车零件绝缘体
聚氨脂胶	VR	20~35	300~800	80	高强耐磨	胶辊耐磨件
硅橡胶		4~10	50~500	-70~275	耐热绝缘	耐高温零件
氟橡胶	FPM	20~22	100~500	-50~300	耐油碱真空	化工设备衬 里密封件
聚硫橡胶		9~15	100~700	80~130	耐油耐碱	水龙头衬垫管子

11.5.2　合成纤维

凡能保持长度比本身直径大 100 倍的均匀条状或丝状的高分子材料均称为纤维，包括天然和化学纤维两大类。化学纤维又分为人造纤维和合成纤维，人造纤维是用自然界的纤维加工制成的，如所谓人造丝、人造棉的黏胶纤维和硝化纤维，醋酸纤维等；而合成纤维则是以石油、煤、天然气等为原料制成，其品种十分繁多，且产量直线上升，差不多每年都以 20% 的速率增长。合成纤维具有强度高，耐磨保暖不霉烂等优点，除广泛用作衣料等生活用品外，在工农业、国防等部门也有很多应用。例如，汽车、飞机的轮胎帘线、渔网、索桥、船缆、降落伞及绝缘布等。

表 11-10 列出了产品最多的六大纤维品种及其性能和应用。

表 11-10　六种主要合成纤维及用途

化学名称		聚酯纤维	聚酰胺纤维	聚丙烯腈	聚乙烯醇缩醛	聚烯烃	含氯纤维
商品名称		涤纶（的确良）	锦纶（人造毛）	维纶	丙纶	氯纶	氟纶芳纶
产量（占合成纤维%）		>40	30	20	1	5	1
强度	干态	优	优	优	中	优	优
	湿态	中	中	中	中	优	中
密度		1.38	1.14	1.14~1.17	1.26~1.3	0.91	1.39

续表

化学名称	聚酯纤维	聚酰胺纤维	聚丙烯腈	聚乙烯醇缩醛	聚烯烃	含氯纤维
商品名称	涤纶（的确良）	锦纶（人造毛）	维纶	丙纶	氯纶	氟纶芳纶
吸湿率/%	0.4～0.5	3.5～5	1.2～2.0	4.5～5	0	0
软化温度/℃	238～240	180	190～230	220～230	140～150	60～90
耐磨性	优	最优	差	优	优	中
耐日光性	优	差	最优	优	差	中
耐酸性	优	中	优	中	中	优
耐碱性	中	优	优	优	优	优
特点	挺阔不皱，耐冲击，耐疲劳	结实耐磨	蓬松耐晒	成本低	轻，坚固	耐磨不易燃
工业应用举例	高级帘子布、渔网、缆绳、帆布	2/3 用于工业帘子布。渔网，降落伞，运输带	制作碳纤维及石墨纤维原料	2/3 用于工业帆布、过滤布、渔具、缆绳	军用被服绳索、渔网、水龙带、合成纸	导火索皮、口罩、帐幕、劳保用品

课堂讨论

1. 提出几种方案以提高高分子材料的强度或改善其塑性韧性。

2. 试分析用全塑料制成的零件的优缺点。

3. 举出介于金属与陶瓷之间和陶瓷与聚合物之间的材料。

4. 为什么陶瓷比金属易于获得非晶态，而聚合物中却含有大量的非晶态？

5. 为什么橡胶在液氮温度以下非常脆？说明其原因。

习题

1. 解释高分子材料的老化并说明防护措施。

2. 举出 4 种常用的热塑性塑料和两种热固性塑料，说明其主要的性能和用途。

3. 热塑性塑料和热固性塑料的碎片能重复应用吗？

4. 简述 ABS 塑料的组成及特点。若 ABS 塑料各组成部分质量相等，计算每种链节的比例。

5. T_g 的准确值取决于冷却速度，为什么？

6. 用热塑性塑料和热固性塑料制造零件，应采用什么技术方法？

7. 比较金属、陶瓷和高分子材料耐磨的主要原因，并指出它们分别适合哪一种磨损场合。

8. 说明橡胶和纤维的主要特性和用途。

第 **12** 章　复合材料

内容提要

- 了解复合材料的分类和复合材料的复合机制。
- 了解不同类型的复合材料的强化原理。
- 了解常用复合材料的性能和主要用途。

教学重点

常用复合材料的性能和主要用途。

教学难点

不同类型的复合材料的强化原理。

12.1　概　　述

12.1.1　复合材料的定义

虽然在自然界和人类发展中，复合材料并不是一个陌生的领域，自然界中的树木、建筑中的混凝土和人体的骨骼等都是复合材料，但现代复合材料则是在充分利用材料科学理论和材料制作工艺发展的基础上发展起来的一类新型材料，在不同的材料之间进行复合（金属之间、非金属之间、金属与非金属之间），既保持各组分的性能又有组合的新功能，充分发挥了材料的性能潜力，获得了普通材料达不到的多功能性，成为改善材料性能的新手段，也为现代尖端工业的发展提供了技术和物质基础。如现代航天航空、能源、海洋工程等工业的发展要求材料有良好的综合性能，低密度、高强度、高模数、高韧性，以及高疲劳性能，并要求能在耐高温、高压、高真空、辐射等极端条件下稳定工作，只有通过复合技术才能得到满足条件的材料；而现代通信，信息和数字化技术发展，对于导电导热换能（压电、光电转换）以及生物等特殊物理性能的需求，单一的传统材料及传统制作工艺不能满足新的需求，急需研制开发新一代多功能复合材料。

复合材料是由两种或两种以上性质不同的材料组合起来的一种多相固体材料，它不仅保留了组成材料各自的优点而且还具有单一材料所没有的优异性能。

工程复合材料的组成是人为选定的，通常可将其划分为基体材料和增强体。其基体材料大多为连续的，除保持自身特性外，还有粘结或连接和支承增强体的作用；而增强体主要用于工程结构，具有可承受外载或发挥其他特定物理化学功能的作用。

12.1.2　复合材料的分类

按下列不同的分类方法，可将其分作不同的类别。

1. 材料的主要作用

可将材料分为结构复合材料和功能复合材料两大类。前者主要用于工程结构，以承受各类不同环境条件下的复合外载荷的材料，主要是其有优良的力学性能；后者则为具有各种独特物理化学性能的材料，它们具有优异的功能性。例如，结构复合材料又含有各种不同基体的复合材料，它们部分或完全弥补了原各类基体材料的性能缺陷，加强了结构件的环境适应能力；而功能复合材料则通过复合效应增强了基体材料的各种物理功能性，如换能、阻尼、吸波、电磁、超导、屏蔽、光学、摩擦润滑等各种功能。

2. 基体材料

按复合材料基体的不同可分为树脂基、金属基、陶瓷基及碳-碳基复合材料。

3. 增强体特性

按复合材料中增强体的种类和形态不同可分为纤维增强复合材料、颗粒增强复合材料、层状复合材料和填充骨架型复合材料。其中纤维增强复合材料又分为长纤维、短纤维和晶须增强型复合材料。

12.2　复合材料的性能特点和增强机制

复合材料中能够对其性能和结构起决定作用的，除了基体和增强体外还包括基体与增强体间的过渡界面。基体将增强体固定黏附起来，并使其均匀分布，从而能充分利用增强体特性，并保持基体材料原有的性能，基体还可以保护增强体免受环境物理化学损伤，其作用是至为重要的；增强体则可大大强化基体材料的功能，使复合材料达到基体难以达到的特性，对结构材料，它还可能是外载的主要承担者；而基体与增强体的界面结合既要有一定的相容性，以保证材料一定的连结性和连续性，又不能发生较强的反应以改变基体和增强体的性能。因此基体、增强体及其界面应互相配合，协同性好，才能达到最好的复合效果。复合材料的性能特点也正是建立在这一原则基础上的。

12.2.1　复合材料性能特点

1. 力学性能特点

应该说不同复合材料是没有统一的力学性能特点，因为其性能是根据使用需求而设计确定的，其力学性能特点应该与复合材料的体系及加工工艺有关。但就常用的工程复合材料而言，与其相应的基体材料相比较，其主要有如下的力学性能特点：

① 比强度、比模数高：这主要是由于增强体一般为高强度、高模数而比重小的材料，从而大大增加了复合材料的比强度、比模数。例如，碳纤维增强环氧树脂比强度是钢的 7 倍，比模数则比钢大 3 倍。

② 耐疲劳性能好：复合材料内部的增强体能大大提高材料的屈服强度和强度极限，并具有阻碍裂纹扩展及改变裂纹扩展路经的效果，因此其疲劳抗力高；对脆性的陶瓷基复合材料这种效果还会大大提高其韧性，是陶瓷韧化的重要方法之一。

③ 高温性能好：复合材料增强体一般高温下仍会保持高的强度和模量，使复合材料较其所用的基体材料具有更高的高温强度和蠕变抗力。例如，Al 合金在 400 ℃时强度从室温的 500 MPa 降至 30 ~ 50 MPa，弹性模量几乎降为零；如使用碳纤维或硼纤维增强后 400 ℃

时材料的强度和模量与室温的相差不大。

④ 许多复合材料还同时具有好的耐磨减摩性，抗冲蚀性等性能，使复合材料成为航天航空等高技术领域乃至生物海洋工程需求的理想的新材料。表 12-1 所示为各复合材料性能与常用的金属材料的性能对比。

表 12-1　常用金属材料与复合材料的性能对比

材料	密度/ （g/cm^3）	抗拉强度/ MPa	拉伸模数/ GPa	比强度/ （×10^6/cm）	比模数/ （×10^8/cm）	膨胀系数/ （×10^{-6}/℃）
碳纤维/环氧	1.6	1 800	128	11.3	8.0	0.2
芳纶/环氧	1.4	1 500	80	10.7	5.7	1.8
硼纤维/环氧	2.1	1 600	220	7.6	10.5	4.0
碳化硅/环氧	2.0	1 500	130	7.5	6.5	2.6
石墨纤维/铝	2.2	800	231	3.6	10.5	2.0
钢	7.8	1 400	210	1.4	2.7	12
铝合金	2.8	500	77	1.7	2.8	23
钛合金	4.5	1 000	110	2.2	2.4	9.0

2. 物理性能特点

除力学性能外，根据不同的增强体的特性及其与基体复合工艺的多样性，经过设计的复合材料还可以具有各种需要的优异的物理性能：如低密度（增强体的密度一般较低）、膨胀系数小（甚至可达到零膨胀）、导热导电性好、阻尼性好、吸波性好、耐烧蚀抗辐照等性能优异。因此，基于不同的复合材料性能，目前已开发出了压电复合材料、导电及超导材料、磁性材料、耐磨减摩材料、吸波材料、隐形材料和各种敏感材料，成为功能材料中十分重要的新成员，同时复合化的方式也是功能材料领域的重要的研究和开发方向，这无疑具有重大的社会和经济效益。

3. 工艺性能

复合材料的成型及加工工艺因材料种类不同而各有差别，但一般来说相对于其所用的基体材料而言，成型加工工艺并不复杂。例如，长纤维增强的树脂基、金属基和陶瓷基复合材料可整体成型，大大减少结构件中装配零件数，提高了产品的质量和使用可靠性；而短纤维或颗粒增强复合材料，则完全可按传统的工艺制备（如可用铸造法、也可用粉末冶金法制备）并可进行二次加工成型，适应性强。

12.2.2　复合材料的复合机制

1. 粒子增强型复合材料的复合机制

这类复合材料按颗粒的粒径大小和数量可分为：散布强化复合材料和颗粒增强复合材料。

① 散布强化复合材料：一般加入增强颗粒粒径在 0.01 ~ 0.1 μm 之间，加入量也在 1% ~15% 之间。增强颗粒可以是一种或几种，但应是均匀散布地分布于基体材料内部。这

些散布粒子将阻碍导致基体塑性变形的差排的运动（金属基）或分子链的运动（树脂基），提高了变形抗力。同时由于所加入的散布粒子大都是高熔点高硬度且高稳定的氧化物、碳化物或氮化物等，故粒子还会大大提高材料的高温强度和蠕变抗力；对于陶瓷基复合材料其粒子则会起到细化晶粒，使裂纹转向与分叉作用，从而提高陶瓷强度和韧性。当然，粒子的强化效果与粒子粒径、形态、体积分数比和分布状态等直接相关。

② 颗粒增强复合材料：这类材料是用金属或高分子聚合物把具有耐热，硬度高但不耐冲击的金属氧化物碳化物或氮化物等粒子黏结起来形成的材料。它具有基体材料的脆性小、耐冲击的优点，又具有陶瓷的高硬度、高耐热性特点，复合效果显著；其所用粒子粒径较大，一般为 $1 \sim 50 \ \mu m$，体积分数在 20% 以上。因此，复合材料的使用性能主要决定于粒子的性质，此时粒子的强化作用并不显著，但却大大提高了材料耐磨性和综合力学性能，这种方式主要用作耐磨减摩的材料，如硬质合金、粘接砂轮材料等。

2. 纤维增强复合材料的复合机制

① 短纤维及晶须增强复合材料：其强化机制与散布强化复合材料的强化机制类似，但由于纤维明显具有方向性，因此在制作复合材料时，如果纤维或晶须在材料内的分布也具有一定的方向性，则其强化效果必然也是各向异性的。短纤维（或晶须）对陶瓷的强化和韧化作用比颗粒增强体的作用更有效、更明显，纤维增加了基体与增强体的界面面积，具有更为强烈的裂纹偏转和阻止裂纹扩展效果。

② 长纤维增强复合材料：这类复合材料的增强效果主要取决于纤维的特性，基体只起到传递力的作用，材料力学性能还与纤维和基体性能、纤维体积分数、纤维与基体的界面结合强度及纤维的排列分布方式和断裂形式有关。

12.3　常用复合材料

12.3.1　颗粒增强复合材料

颗粒增强复合材料中有一类材料所含颗粒粒径较粗，体积比大。常用的有金属陶瓷和砂轮，而典型的金属陶瓷即硬质合金在第 11 章已经述及，此处不再详论。其主要应用于高硬度、高耐磨的工具和耐磨零件。

另一类即弥散强化复合材料，这类材料大多数是金属基复合材料。其所选用的增强体颗粒尺寸一般很小，直径在 $0.01 \sim 0.1 \ \mu m$ 间，并且大都是硬质颗粒，可以是金属也可是非金属，最常用的是氧化物、碳化物等耐热性及化学稳定性好且与基体不发生化学反应的颗粒。该类复合材料大多是金属基复合材料，基体材料可以是不同性能的纯金属及各种合金。目前，常用的有 Al、Mg、Ti、Cu 及其合金或金属间化合物，典型的代表有 SAP 复合材料、SiC_p/Al 复合材料、TD – Ni 复合材料及散布无氧铜复合材料。

SAP 是烧结的铝粉末，即其内有 Al_2O_3 质点弥散强化基体 Al 或 Al 合金；由于弥散的 Al_2O_3 熔点高，硬而稳定，使该材料高温力学性能很好，具有高的高温屈服强度和蠕变抗力，这在电力工业和航空航天工业有广泛应用。而 TD – Ni 则是在镍基中加入 1% ~2% Th（钍），在压紧烧结时，扩散至材料中的氧形成细小弥散的 ThO_2，使材料高温强度大大提高。TD – Ni 主要应用在原子能工业等部门。弥散无氧铜材料是在粉末冶金铜粉中加入 1%

左右的金属 Al，在烧结时形成内氧化的极细小弥散的 Al_2O_3，强化效果十分明显，500 ℃时其长期工作屈服强度仍可达 500 MPa，且对纯铜的导电性影响甚小，是高频电子仪器（如大功率行波管）中必不可少的导电结构材料。

碳化硅颗粒增强铝基复合材料（SiC_p/Al）是少有的几种实现了大规模产业化生产的金属基复合材料之一。这种材料密度与铝相近；而比强度与钛合金相近，比铝合金高，比模量却远远高于铝合金，与钛合金接近；其还有良好的耐磨性和高温性能，使用温度可高达 300～350 ℃。其已用于制造大功率汽车发动机的柴油机的活塞、连杆、刹车片等，以及制造火箭、导弹构件、红外及激光制导系统构件。此外，超细碳化硅颗粒增强的铝基复合材料还是一种理想的精密仪表中高尺寸稳定性材料，如精密电子封装材料。

最近引人关注的还有颗粒增强钛基或金属间化合物基的高温型金属基复合材料，如粉末冶金的 TiC/Ti-6Al-4V（TC4）复合材料的强度，模量和蠕变抗力明显高于基体合金 TC4，可用于制造导弹壳体、导弹尾翼和发动机零部件等。

适当的颗粒加入陶瓷材料中也具有增强作用，即提高高温强度和高温蠕变性能，同时颗粒还有一定的增韧作用。这类复合材料的制作技术与陶瓷基体的基本一致，简单易行。如用 SiC、TiC 颗粒增强的 Al_2O_3、Si_3N_4 陶瓷材料，当颗粒含量为 5% 时其强度和韧性都达到最大值，具有很好的强韧化效果。这种材料已被用于制作陶瓷刀具。而将具有相变特性的 ZrO_2 粒子加入普通陶瓷或各种特种陶瓷（Al_2O_3、Si_3N_4、莫来石）中，可以利用相变松弛裂纹应力集中而起到很好的相变强韧化效果。

对高分子材料，加入颗粒虽然也能在一定程度上强化基体，但一般来说这种颗粒主要是提高材料的其他功能，如耐磨减摩性、导电性和磁性能等。例如，环氧塑料中加入银（Ag）或氧化亚铜（Cu_2O）或石墨颗粒后材料具有较好的导电性，可用于相应零部件的导电、防雷电或电磁屏蔽等。

12.3.2 纤维增强复合材料

1. 增强纤维材料

用于复合材料的增强纤维的种类很多，根据其直径大小及结构性能特点又可将其分为纤维和晶须两类。目前用作增强体的纤维大多数直径为几至几十微米的多晶或非晶材料，根据其长度不同又可分为长纤维和短纤维。目前已发展并应用的纤维主要有玻璃纤维、碳纤维、硼纤维、碳化硅纤维、氮化硅纤维、氧化铝纤维和芳纶纤维等。其中，玻璃纤维、碳纤维及芳纶纤维是树脂基复合材料用得最多的增强体；而硼纤维、碳纤维、碳化硅及氧化铝纤维则常常用作金属基和陶瓷基复合材料的增强体。作为增强体的纤维可以是一种，也可以是两种或两种以上的混合纤维加入到复合材料中。

晶须是在人工控制条件下以单晶形式生成的一种短纤维，其直径很小（约 1 μm），以致内部缺陷极少，使其强度接近完整晶体的理论强度。晶须的长径比很大，使复合材料具有很高的性能潜力。已开发的晶须有很多，但具有实用价值作为增强体的有石墨、碳化硅、氧化铝、氮化硅、氮化钛和氮化硼等。晶须主要用作金属材料及陶瓷材料的增强体，常用晶须及纤维的性能如表 12-2 所示。

表 12-2　常用晶须及纤维的性能

材料	密度/（g/cm³）	纤维直径/μm	抗拉强度/GPa	拉伸模数/GPa	延伸率/%
E-玻璃纤维	2.5 ~ 2.6	9	3.5	69 ~ 72	4.8
S-玻璃纤维	2.48	9	4.8	85	5.3
硼纤维	2.4 ~ 2.6	100 ~ 200	2.8 ~ 4.3	365 ~ 440	1.0
高模量碳纤维	1.81	7	2.5	390	0.38
高强度碳纤维	1.76	7	3.5	230	1.8
Nicalon 碳化硅纤维	2.55	10 ~ 15	2.45 ~ 2.94	176 ~ 196	0.6
Dupont 氧化铝纤维	3.95	20	1.38 ~ 2.1	379	0.4
高比模量芳纶纤维	1.44	12	2.9	135	2.5
石墨晶须	2.25	0.5 ~ 2.5	20	1 000	—
碳化硅晶须	3.15	0.1 ~ 1.2	20	480	—
氮化硅晶须	3.2	0.1 ~ 2	7	380	—
氧化铝晶须	3.9	0.1 ~ 2.5	14 ~ 28	700 ~ 2 400	—

2. 纤维增强树脂基复合材料

一般来说，纤维增强树脂基复合材料的力学性能主要由纤维的特性决定，化学性能耐热性等则是由树脂和纤维共同决定的。按增强纤维的不同，主要有以下几类：

（1）玻璃纤维-树脂复合材料（即玻璃钢）

玻璃钢成本低，工艺简单，应用很广，按所用基体又分为两类：

① 热塑性玻璃钢：它是由 20% ~ 40% 的玻璃纤维和 60% ~ 80% 的基体材料（如尼龙、ABS 塑料等）组成，具有高强度、高冲击韧性，良好的低温性能及低热膨胀系数，这类玻璃钢的性能如表 12-3 所示。

表 12-3　热塑性玻璃钢的性能

基体材料	尼龙 66	ABS	聚苯乙烯	聚碳酸酯
密度/（g/cm³）	1.37	1.28	1.28	1.43
抗拉强度/MPa	182	101.5	94.5	129.5
弯曲模量/MPa	9 100	7 700	9 100	8 400
膨胀系数/（10⁻⁵/℃）	3.24	2.88	3.42	2.34

② 热固性玻璃钢：它是由主 60% ~ 70% 的玻璃纤维（或者玻璃布）和 30% ~ 40% 的基体材（如环氧树脂，聚脂树脂等）组成，其主要特点是密度小、强度高，比强度超过一般高强度钢和铝合金及钛合金，耐磨性、绝缘性和绝热性好，吸水性低，易于加工成型；但是这类材料弹性模量低，只有结构钢的 1/5 ~ 1/10，刚性差，耐热性比热塑性玻璃钢好但仍不够高，只能在 300 ℃ 以下工作。为提高它的性能，可对基体进行化学改性，如环氧树脂和酚醛树脂混溶后做基体的环氧。酚醛玻璃钢热稳定性好，强度更高。这类玻璃钢的性能如表 12-4 所示。

表 12-4　热固性玻璃钢的性能

基体材料	聚脂	环氧	酚醛
密度/（g/cm³）	1.7 ~ 1.9	1.28 ~ 2.0	1.6 ~ 1.85
抗拉强度/MPa	180 ~ 350	70.3 ~ 298.5	70 ~ 280
弯曲模量/MPa	21 000 ~ 25 000	18 000 ~ 30 000	10 000 ~ 27 000
膨胀系数/（10^{-5}/℃）	210 ~ 350	70 ~ 470	270 ~ 1 100

（2）碳纤维-树脂复合材料

碳纤维增强树脂复合材料由碳纤维与聚酯、酚醛、环氧、聚四氟乙烯等树脂组成，其性能优于玻璃钢，密度小、强度高、弹性模量高（因此比强度和比模量高），并具有优良的抗疲劳性能和耐冲击性能、良好的自润滑性、减摩耐磨性、耐蚀和耐热性；但碳纤维与基体的结合力低（必须经过适当的表面处理才能与基体共混成型）。这类材料主要应用于航空航天、机械制造、汽车工业及化学工业。

（3）硼纤维-树脂复合材料

由硼纤维和环氧、聚酰亚胺等树脂组成，具有高的比强度和比模量及良好的耐热性。如硼纤维-环氧树脂复合材料的弹性模量分别为铝或钛合金的 3 倍或 2 倍，而比模量则为铝或钛合金的 4 倍；其缺点是向异性明显，加工困难，成本太高。主要用于航空航天和军事工业。

（4）碳化硅纤维-树脂复合材料

碳化硅与环氧树脂组成的复合材料，具有高的比强度和比模量，抗拉强度接近碳纤维-环氧树脂复合材料，而抗压强度为其 2 倍，是一类很有发展前途的新材料，主要用于航空航天工业。

（5）聚芳酰胺（即各种牌号的 Kevlar 纤维）有机纤维－树脂复合材料

它是由 Kevlar 纤维与环氧、聚乙烯、聚碳酸酯、聚酯等树脂组成，其中最常用的是 Kevlar 纤维与环氧树脂组成的复合材料，其主要性能特点是抗拉强度较高，与碳纤维－环氧树脂复合材料相似；但其延性好，可与金属相当；耐冲击性超过碳纤维增强塑料；有优良的疲劳抗力和减震性，其疲劳抗力高于玻璃钢和铝合金，减震能力为钢的 8 倍，为玻璃钢的 4 ~ 5 倍。用于制造飞机机身、雷达天线罩、轻型舰船等。

3. 纤维增强金属（或合金）基复合材料

（1）长纤维增强金属基复合材料

这类复合材料由高强度、高模量的较脆长纤维和具有较好韧性的低屈服强度的金属或合金组成，这类材料与纤维增强树脂基复合材料类似，其中承载主要是由高强度高模量的纤维来完成，而基体金属则主要起固结纤维和传递载荷的作用。其性能决定于组成材料的组元和含量，相互作用及制备工艺。常用的纤维有：硼纤维、碳（石墨）纤维、碳化硅纤维等；常用的基体有铝及其合金、钛及其合金、铜及其合金、镍合金及银、铅等。

在上述长纤维增强金属基复合材料体系中，以铝基复合材料的研究和发展最为迅速，技术也比较成熟，应用最广。其中硼纤维增强铝基（B/Al）复合材料，是最早应用的一类金属基复合材料。生产中为提高硼纤维的稳定性，材料制备过程中常在纤维的表面涂上一层 SiC 膜；所用基体也因复合材料的制造方法不同而异。例如，采用扩散黏结工艺时，常选用变形铝合金；而采用液态金属浸润工艺时，则用铸造合金。B/Al 复合材料具有很高的比强度和比模量，优异的耐疲劳性能及良好的耐蚀性能，其构件可安全地在 300℃ 或更高的温度下服役。长纤维增强铝基复合材料中，碳纤维增强铝基复合材料由于生产中借助于碳纤维表面沉积改性技术有效地改善了碳纤维与液态铝浸润性并控制了铝与纤维的界面反应，制备出了高性能复合材料并成功地将其应用于航天结构件。

近年来为充分利用基体材料的特点，也研究和发展了纤维增强镁基复合材料，高温金属基复合材料，如钨丝增强镍基、钨丝增强铜基等长纤维增强金属基复合材料。

长纤维增强金属基复合材料的主要应用领域是航天航空，先进武器和汽车领域，同时在电子、纺织、体育等领域也具有广泛的应用潜力。其中，铝基、镁基复合材料主要用作高性能的结构材料；而钛基耐热合金及金属间化合物基复合材料主要用于制造发动机零件；铜基和铅基复合材料作为特殊导体和电极材料，在电子行业和能源工业中具有广泛的应用前景。当然，长纤维增强金属基复合材料目前还存在着制备工艺复杂，成本高的缺点，因此其制备工艺的改进和完善仍将是未来一段时间内的工作重点。

（2）短纤维及晶须增强金属基复合材料

这类复合材料除具有高比强度比模量、耐高温、耐磨及热膨胀系数小的特点外，更重要的是其可以采用常规设备制备并可二次加工，可以减少甚至消除材料的各向异性。目前发展的短纤维或晶须增强金属基复合材料主要有铝基、镁基、钛基等几类复合材料。其中，除氧化铝短纤维增强铝基复合材料外，以碳化硅晶须增强铝基（SiCw/Al）复合材料的发展最快。

4. 纤维增强陶瓷基复合材料

纤维/陶瓷复合材料中的纤维与在聚合物或金属中作用有类似的一方面——能起到强化陶瓷作用，但其更重要的作用是增加陶瓷材料的韧性，因此陶瓷/纤维复合材料中的纤维具有"增韧补强"作用。这种机制几乎可以从根本上解决陶瓷材料的脆性问题，因此纤维-陶瓷复合材料日益受到人们的重视。

目前用于增强陶瓷材料的长纤维主要是碳纤维或石墨纤维，它能大幅度地提高冲击韧性和热震性，降低陶瓷的脆性，而陶瓷基体则保证纤维在高温下不氧化烧蚀，使材料的综合力学性能大大提高。如碳纤维-Si_3N_4 复合材料可在 1 400 ℃ 长期工作，用于制造飞机发动机叶片。碳纤维-石英陶瓷的冲击韧性比烧结石英大 40 倍，抗弯强度大 5 ~ 12 倍，能承受 1 200 ~ 1 500 ℃ 的高温气流冲蚀，可用于宇航飞行器的防热部件上。

与金属基复合材料类似，短纤维或晶须增韧陶瓷材料除具有长纤维的主要增强性能的作用外，还具有易于制造加工的特点，发展迅速。目前常用的晶须有 SiCw、Si_3N_4w、Al_2O_3w、$Al_2O_3 \cdot B_2O_3w$ 等，陶瓷基体包括各种氧化物、氮化物及碳化物陶瓷。

12.3.3　其他类型的复合材料

1. 叠层或夹层复合材料

叠层或夹层复合材料是由两层或两层以上的不同材料组合而成，其目的是充分利用各组成部分的最佳性能，这样不但可减轻结构的质量，提高其刚度和强度，还可获得各种各样的特殊功能，如耐磨耐蚀、绝热隔音等。

如最简单的叠层材料有控温的双金属片（利用了不同金属材料的热膨胀系数差），用于耐蚀耐热的不锈钢/普通钢的复合钢板材料。而最典型的夹层材料是航空航天结构件中常用的蜂窝夹层结构材料，其基本结构形式是在两层面板之间夹一层蜂窝芯，面板与蜂窝芯是采用黏结剂或钎焊连接在一起的。常用面板材料有纯铝或铝合金、钛合金、不锈钢、高温合金、高分子复合材料。夹芯材料有泡沫塑料、波纹板、铝或铝合金蜂窝、纤维增强树脂蜂窝等。

2. 功能复合材料

这类材料主要是对一些功能材料进行复合化使其具有多种特殊的物理化学功能，以解决许多功能材料环境适应性差的缺点。目前主要发展了压电型功能复合材料、吸收屏蔽（隐身）型复合材料、自控发热功能复合材料、导电（磁）功能复合材料、密封功能复合材料等。如碳纤维-铜复合材料除具有一定的力学性能外，还具有优秀的导电导热性、低膨胀系数、低摩擦系数和低磨损率等，可用作特殊电动机的电刷材料，代替 Ag、Cu 制造集成电路的散热板，还用作电力机车或电气机车导电弓架上的滑块以代替金属或碳滑块材料。

课堂讨论

1. 总结复合材料的增强原理，举例说明。
2. 简述影响复合材料广泛应用的因素，提出适当的措施以扩大其应用。

习题

1. 陶瓷基复合材料常由于复合化后其韧性也大大提高，试解释其原因。
2. 举例日常应用的复合材料并指出其复合强化机制。
3. 说明下列复合材料的性能特点及用途，并分析复合材料与其相应的基体材料在结构和性能上的差异：
（1）钢/钛复合板；（2）钢/铝/铝锡合金（含 20% Sn）3 层复合板；（3）玻璃钢。

第 13 章　工程材料的选用

内容提要

- 了解材料的使用性能。
- 了解材料的工艺性能。
- 了解塑料的使用性能与选材。
- 了解陶瓷材料的使用性能、工艺性能。

教学难点

- 塑料的使用性能与选材。
- 陶瓷材料的使用性能、工艺性能。

13.1　工程材料选用的一般原则

高质量的机械零件在于合理的设计、正确的选材和恰当的零件处理加工工艺。所谓合理的设计就是根据零件的工作条件进行必要的强度计算，确定其各部分尺寸，并应考虑零件的结构，使之具有优良的工艺性；正确的选材应该是在满足零件使用性能要求的前提下，具有良好的工艺性和经济性；恰当的零件处理加工工艺是对零件的组织、性能、尺寸精度进行分析后，选择合理的加工工艺，尤其是热处理工艺，以保证零件加工和使用性能的需求。而如何正确选材是上述过程的中心问题。

正确合理的选材应考虑以下 3 个基本原则：即材料的使用性能、工艺性能和经济性。三者之间有联系，也有矛盾，选材的任务就是上述原则的合理统一。

13.1.1　材料的使用性能

材料的使用性能是用于满足零件工作特性和使用条件的要求。大多数零件在工作时，对材料性能的要求不是单一的，而是多方面的，因此零件选材必须经过分析，分清材料性能要求的主次，首先应满足主要性能的要求，兼顾其他性能，并通过特定的加工工艺（如材料热处理、化学热处理、材料复合化和表面改性工艺等），使零件具有完美的使用性能。

在机械工程中，应根据零件的工作条件首先确定对材料机械性能和其他使用性能的要求，这是材料选用的基本出发点。为便于分析机械零件的工作条件，可将它分为受力状态、负荷性质、工作场（如温度场、电磁场等）、环境介质等几个方面。受力状态有拉压弯扭或混合状态等；负荷性质有静载、冲击、交变和表面摩擦力等；工作温度可分为低温、室温、高温和交变温度；环境介质为与零件接触的介质，如润滑剂、海水、酸碱盐，各类大气环境、空间环境或其他气氛环境等。实际上要更准确地了解零件的使用性能，还必须充分地研究零件的各种失效方式并分清主次，在此基础上找出对零件失效起主导作用的机械性能指标或其他性能指标，而这种指标可以是一个，也可以是多个；甚至选择不同材料和使用不同的加工工艺时，使零件失效的主导指标是变化的。

由上述零件使用条件分析和多年来零件材料的失效研究实践，可以清楚地看出机械产品的设计和选材主要是针对材料断裂、磨损和腐蚀等三大失效原因的综合设计，实际上这三大失效原因几乎完全包含在零件的全部工作条件中。以下就说明在机械工程选材中应当注意的问题。

1. 工程材料的强韧性

一般来说，材料的强度指标是指材料在达到允许的变形和断裂前所能承受的最大外加抗力。由于零件的使用性能要求及使用环境不同，其所供选择的强度指标有很多，如弹性极限、屈服极限、强度极限、疲劳极限、蠕变极限、断裂韧性等，因此要根据零件工作情况、受载状态和相关力学分析以及零件的典型失效分析，确定设计所需的强度指标进行零件设计和选材并由此确定零件的加工工艺。

而现代意义上的材料强度，已经不再是传统的强度，而是指材料失效抗力的综合表征，它不仅包括上述的强度指标，还包括刚性、延伸率、硬度、冲击韧性及在不同载荷下材料对零件的尺寸效应、表面状态和环境介质的敏感性等指标。因此，零件设计和选材时要综合考虑强度和韧性指标，并应注意以下几个方面的问题：

（1）材料强度与零件强度

零件的强度除与材料自身的因素如材料强度等有关外，还与其结构，加工工艺及使用等因素有关。结构因素表明了零件各部分的形状尺寸，连接配合对材料强度的影响效应；加工工艺因素是指零件在所有的加工程序中导致零件表面状态、内部组织状态改变的影响作用。这些因素有各自的影响作用，同时又是相互影响的，它们决定了零件的瞬时承载能力和长期使用寿命。

上述因素也决定了在手册中给出的材料强度指标的条件性——设计手册的性能数据一般都是在特定的条件下测定的。工程选材时的数据依据必须要考虑所制造零件使用的条件性，如尺寸效应和环境效应等。如16Mn钢当试样直径 $\phi \leqslant 16$ mm 时，$\sigma_s = 350$ MPa，$\sigma_b = 520$ MPa，$\delta = 21\%$；而当 $\phi = 17 \sim 25$ mm 时，$\sigma_s = 290$ MPa，$\sigma_b = 480$ MPa，$\delta = 19\%$。尤其是当材料应力状态发生变化时，对强度指标的选择更应慎重，如由平面应变状态变为平面应力状态，材料的应力场强度因子是完全不同的。

（2）材料强度与材料韧性

在机械工程选材时，仅仅满足强度指标是远远不够的，还必须考虑其韧性指标，即达到强韧性的有机结合。由材料强化理论可知，材料的强度和韧性往往是互相矛盾的，即增加材料强度常常是以牺牲其韧性为代价，使材料变脆。在选材时，要寻求强韧性优良的材料，使零件的强韧性有机地结合起来，从而保证其设计和使用的可靠性。

零件的韧性不但与材料的组织结构特性（即材料的组织结构决定了材料的韧性）有关，还受到其结构尺寸、应力状态和环境因素的强烈影响，如零件结构中的台阶、零件不同部位尺寸的变化会引起应力集中而降低韧性；降低温度会引起某些材料的脆化，即材料的冷脆，钢材在冷脆转变温度以下韧性急剧下降，大多数高分子材料在其玻璃转化温度以下也完全脆化；在一些腐蚀介质中零件材料也有可能产生脆化，如氢脆、镉脆等。因此，应尽可能选择韧性好的材料，或通过适当的加工处理工序（如细化组织、消除残余应力）提高材料韧性，降低和消除环境脆性，或改变零件结构，改善其表面状态以降低或消除结构脆化。

（3）工程材料强韧性与其工艺性能

工程材料的强韧性与其工艺过程是密切相关的，设计零件和选材时，必须确定好的强韧化工艺。例如，低碳结构钢的淬火 + 低温回火工艺；中碳结构钢的调质处理工艺；Al－Si 铸造铝合金的变质处理；金属材料的形变热处理。除此之外，细化材料组织，适当的表面改性处理也可以改善零件韧性，尤其降低环境脆性。

2. 工程材料的磨损与腐蚀

磨损和腐蚀是零件最常见的两种失效形式，但这两种失效都是从零件的表面开始的，是由于零件表面与对偶零件（或物体，如气蚀、冲蚀时的气流、粒子等）的相对运动或零件与介质间的物理化学作用或是两者的综合作用而引起零件材料的物质和性能的损失，从而导致零件失效。零件工作时受到磨损或腐蚀破坏的形式是多种多样的，失效机制也有各自的特点，因此零件选材时仅仅满足其整体使用性能的要求是不够的，还应充分考虑起使用时表面性能的需求。

（1）材料的耐磨性与其整体性能

零件的磨损失效主要包括磨粒磨损、粘着磨损、腐蚀磨损和疲劳磨损 4 种形式，不同的磨损形式对材料选择上要求不同。一般来讲，表面的硬度越高，或相同硬度时韧性越好，材料的耐磨粒磨损性越好，如陶瓷材料较其他材料具有更好的耐磨粒磨损性，高碳的工具钢比低碳结构钢的耐磨性好。选用相容性差的对磨副材料，增加材料的热稳定性和强韧性，或减小零件摩擦系数及进行润滑处理，或增加零件表面的光洁度，都可以抑制或消除零件的耐粘着磨损，如滑动轴承材料与钢制轴的零件对磨体系，就充分利用了上述选材和工艺规则。增加材料的化学稳定性和强韧性是提高零件的腐蚀磨损性的主要途径，且一般增加材料的化学稳定性更为重要。

上面所述对提高工程材料的耐磨性设计和材料选择原则与材料的整体性能的要求，在很多情况下是相互矛盾的，如选择齿轮用材料时齿轮整体的强韧性要求与表面高硬度耐磨性的要求在同一种材料中难以满足，还有很多零件都有这样一个矛盾。因此，为使零件更好地工作，常常运用材料的表面处理技术。钢制零件的表面处理技术有常用的化学热处理（如渗碳、氮化、碳氮共渗、渗硼等）技术，还包括适用于其他材料的表面处理技术，如电镀、化学镀、热喷涂、PVD、CVD、激光热处理等，这些表面技术可以获得高硬度的耐磨层，还可以获得低摩擦系数的减磨层以及耐腐蚀磨损的表面层，表面处理技术能够满足零件耐磨的要求。但由于零件表面改性后材料的表面状态发生较大的变化，对零件的一些其他性能产生一定影响，有时甚至是巨大的，这在零件选材和工艺制订时是必须予以重视的。例如，金属零件表面电镀硬铬会降低其疲劳性能，如高强度钢、铝合金镀铬疲劳性能下降可达 50% 以上，电镀过程还可能引起零件的氢脆。钢材正确的渗碳处理可提高耐磨性，还可以提高疲劳极限，但会降低材料的耐腐蚀性。了解不同表面技术对零件性能的影响作用后，在设计和选材时，除了要达到零件表面性能的需求外，一方面还应选择对材料整体性能有有利影响或影响小的表面技术；另一方面如果必须选择某一技术，而其表面处理层对材料的整体性能又有不利的影响，这时就应加入另外一些相关工艺步骤以消除表面层的不利影响或者改用其他的表面改性技术。例如，镀前的喷丸处理可以减小甚至消除镀铬对疲劳性能的不利影响；用氮化层代替渗碳层会具有更好的耐磨耐腐蚀性，且对零件的其他性能没有不利影响。

在注意到零件的耐磨性与其整体性能间的有机结合后，还应注意零件工作时对磨件之间的硬度匹配，如传动齿轮、蜗轮蜗杆、轴与轴承、链条与链轮、导轨与滑块等零件体系，两个接触面之间的硬度匹配，对其磨损及使用寿命有很大的影响。这类零件的选材和工艺制订中应注意材料和硬度的匹配。在生产中，减速箱大小齿轮（钢制）的表面硬度（HRC）比应保持为 1.4 ~ 1.7 的关系，这样小齿轮不易出麻点，且大小齿轮的寿命基本相等，汽车后桥主动齿轮表面硬度（64 HRC）应高于被动齿轮的硬度（56 ~ 59 HRC）；轴（钢制）与滑动轴承（各类轴承合金）两种对磨零件选材不同，硬度等性能也不同；蜗轮（铜合金）和蜗杆（钢制）的选材也是充分考虑二者之间的匹配。生产实践还表明，相同硬度的同一种材料组成对磨副时零件的耐磨性最差；对不同工作条件和润滑条件的对磨零件体系、对磨零件的选材、表面性能和工艺的确定要通过实验才能确定。

（2）零件的耐腐蚀性和选材

零件的腐蚀不但与零件材料的成分、显微组织和加工工艺有关，同时也决定于机器中各相关零件的材料组成体系和零件的使用环境。大部分由陶瓷材料和高分子材料制作的零件在一般的条件下都具有较好的耐腐蚀性。在一些强腐蚀环境中应注意陶瓷材料的耐腐蚀性较差，而一些有机溶剂或有机化工环境会造成高分子材料的腐蚀失效。

大部分金属零件的腐蚀都是电化学腐蚀，且腐蚀作用也是首先从零件的表面开始的，因此设计零件和选材时，可以通过 3 种措施来控制或消除零件的腐蚀失效，即选择耐腐蚀材料；使用某些表面改性工艺获得表面防护层；通过调整工作环境改变零件的工作状态。

避免腐蚀的最简单的方法就是设计中选择耐腐蚀的材料，这不但是指制作某一个零件用耐蚀材料，如不锈钢、铜合金、钛合金等，还表示在同一环境下工作的机器零件只限于使用一种材料，以防止零件之间形成原电池而腐蚀。在特殊情况下，可以用绝缘材料将不同材料或状态的金属零件分隔开，防止原电池的形成。耐腐蚀材料选定后，正确制订零件的加工工艺也是至关重要的，如 18-8 不锈钢零件，黄铜零件成型加工后应进行去应力退火以防零件应力腐蚀破坏，各类不锈钢零件的正确热处理以避免晶间腐蚀失效等。

零件的表面防护层可以通过物理、化学或电化学的方法改变其表面成分或结构来实现，且这些方法几乎不改变零件的形状尺寸，如磷化、钝化、化学或电化学氧化（常用的有钢的磷化、铜合金的钝化、铝合金的化学氧化和阳极氧化等）、化学热处理（如渗 Cr、渗 Al、氮化等）。还常用一些表面处理技术获得各种不同成分和性能特点的表面防护层，但这时可能会在一定程度上改变零件的表面形态和尺寸，所用的技术有喷涂、涂装、热浸镀、电镀、PVD、CVD 等，获得的表面层可以是金属（如镀 Ni、Cu、Ag、Zn、Cr 等纯金属或合金或它们的组合）、陶瓷（如搪瓷）或有机物（如油漆、涂料、胶）。表 13-1 所示为这三大类防护层的比较。需要指出的是，同耐磨防护层一样，耐腐蚀层由于改变了零件的表面状态，也同样可能会影响零件的其他性能，对不同的表面处理层和基体体系，这种影响效果是不同的，应以一定的理论和实验结果为指导。

表 13-1　金属表面防蚀层的比较

类　型	举　例	优　点	缺　点
有机	油漆、涂料	可变形弯曲、应用方便、便宜	老化、较软，使用温度限制
金属	惰性金属、电镀、喷涂、浸镀	可变形，不溶于有机溶剂，导电导热	选择好防护层/基体体系
陶瓷	搪瓷、釉、氧化物覆盖物	耐热、较硬，不与基体形成原电池	脆、隔热

13.1.2　材料的工艺性能

工程零部件质量的优劣不仅决定于工件选材的使用性能，还决定于其工艺性能的好坏，因为制作任何一个合格的机械零件，都要经过一系列的加工过程，故所选用材料加工工艺性能将直接影响到零件的质量、生产效率和成本。材料的工艺性能主要包括冷加工性能如冷变形加工和切削加工性能，热加工性能如铸造性能、焊接性能、锻造性能和热处理性能等。不同零件对各种加工工艺性能的要求是不同的，如很好的铸造性能是制造铸造零件的先决条件，冷成型件要求材料有好的均匀塑性变形性能，作工程构件的材料应具有好的焊接和冷变形性能，而大多数的机器零件对材料工艺上最突出的要求是可切削加工性和热处理工艺性（包括淬锈性、变形规律、氧化和热化学稳定性等）。工程塑料工艺性能主要包括热成型性、脱模性等；陶瓷材料的素坯成型性（主要与粉料的流动性、颗粒黏结强度及成型模具有关）和烧结性能是其重要的工艺性能。

当工艺性能和机械性能相矛盾时，有时要选择工艺性能更好的材料（当然材料的使用性能必须满足零件工作的最低使用性能要求）而舍弃某些机械性能更优越的材料，这对于大批量生产的零件尤为重要，因为在大量生产时，工艺周期长短和加工费用高低，常常是生产的关键。因此，工程选材时工艺性能应从以下几方面加以考虑：

1. 尽量选用工艺简单的材料

例如，冷拔硬化钢料具有良好的强韧性，加工成型后一般不需热处理，且其还有良好的切削加工性。自动加工机床选用易切钢，可以延长刀具寿命，提高生产率，改善零件的表面光洁度。用低碳钢淬火（低碳马氏体）代替中碳钢调质，热处理工艺性大大改善，不易淬火变形和开裂，不易脱碳，其他加工工艺性也可得到改善。在机械制造业中还常常考虑以铁代钢，以铸代锻也简化了工艺，同时还降低了成本。

2. 选材材质与其工艺性要求

机械零件用材料的材质不但对其使用性能而且对其工艺性能也有很大的影响。例如，钢中杂质硫影响材料锻造工艺性（有热脆性），但硫可改善钢的切削加工性；而磷使钢产生"冷脆"，影响冲压和焊接工艺性，但磷可改善钢的耐大气腐蚀能力；沸腾钢的冲压性能不如镇静钢，故形状复杂的冲压件不能选用沸腾钢；渗碳钢最好是本质细晶钢，否则需要重新加热淬火以细化晶粒、改善性能；普通结构钢的含碳量范围较宽，淬透性变化较大，不宜用作热处理；过热敏感性较大的钢，要求严格控制加热温度和保温时间，大型零件不宜采用这类钢。同样在铝、铜、镁等有色合金中杂质特定的合金元素对其零件的各加工性能也有很大影响。高分子材料中固化剂、填充剂的性能和数量对其成型性影响很大；陶瓷材料中的杂质对其烧结成型的影响可能是巨大的，如氧化铝瓷中的 SiO_2、MgO、NaO 等杂质（或添加剂）对其零件的烧结温度、烧结速度和材料的致密度有极大的影响作用。

3．各加工工艺之间的相互联系和结合

零件制作过程中，各工序的工艺之间是互相联系，相辅相成的。如大多数的钢制零件加工时，其预备热处理会对后面的机械加工，最终热处理等工序产生重要影响。而若生产中要把铸件锻件用焊接的方法联成一体，成为铸-锻-焊件，或是要采用高能表面热处理方法，且将这种工序纳入零件生产自动线，或采用冷塑性变形的方法（冷轧、冷挤、冷冲压、冷滚、冷镦等）取代部分机械加工时，这些加工方法的应用往往要求材料作相应改变，或是充分考虑前后工艺间的相容性，以适应新生产技术的要求。

13.1.3　关于零件选材的经济性

在设计和生产中，可能不止一种材料可以满足零件的使用性能和其加工工艺性能的要求，这时经济性就成为选材的重要依据。经济性涉及材料本身成本的高低，供应是否充分，零件加工工艺过程的复杂程度，加工成品率和加工效率的高低，甚至机器零件设计使用寿命的长短。因此考虑材料的经济性时，切不可以单价来评价材料的优劣，而应当以综合效益来评价材料经济性的高低。

13.2　塑料的选用

从工程选材的角度看，塑料与金属材料在性能上相差悬殊，这时要充分利用塑料的优秀性能，但仍然要注意保持材料的使用性能、工艺性能和经济性的有效统一。

13.2.1　塑料的使用性能与选材

塑料种类繁多，性能各异，有时还具有相当大的差别，但有一些共同的特点，故对塑料材料的选用也有一些共同的规律。

1．力学性能与选材

与金属材料相比，塑料的强度、刚度（弹性模量）、抗疲劳能力以及冲击韧性都不如金属，但塑料的耐磨性和减震性优越；塑料高温下易软化、低温下易脆化；塑料材料的比重都很小，其比强度不比钢铁差多少；因此单纯的塑料材料在目前还只适宜作一些受力不大且工作温度不过高或过低的零件或构件，如一些小型机械、玩具零件和机器模型等，也可以作一些用于减重的特殊需要的飞机和航天器构件。若采用各种高强度纤维增强制成塑料基复合材料，则能大大提高塑料材料的强度刚度，可用于制作一些重要的零构件，如已经将这类复合材料用于飞机、航天器结构件以替代铝合金和钛合金等，也用于制造大吨位船舶、大跨度桥梁、大型压力容器和高级汽车构件等；但这时材料的成本上升，加工工艺较复杂。

塑料的硬度不高，但耐磨性好，这主要是塑料的摩擦系数很小之故。塑料作为耐磨材料很有前途，现在不少设备上使用尼龙、聚甲醛、聚碳酸酯、聚四氟乙烯、变性塑料等制造轴承、齿轮、导轨等零件，机器使用寿命大为提高。

2. 物理性能与选材

塑料的绝缘、绝热、比重小的优点以及一定的光学性能使其成为某些特殊功能材料，如绝缘材料、光学材料和装饰材料等。但塑料的耐热性远不如金属，故使用温度低、膨胀系数大、尺寸稳定性差，这些特点选用时应充分注意。此外，大多数塑料均有一定程度的吸水性，有受潮湿而膨胀和受干燥而收缩效应，而且这也影响塑料的力学性能和其他物理性能，因此一般用塑料作精密零件时必须慎重。

3. 化学性能与选材

塑料一般都有优异的耐酸碱盐等介质腐蚀的特性，因而可用于代替一些有色金属和不锈钢，或代替一般碳钢以取消防锈措施，可取得良好的经济效益。目前塑料用作各种管道、阀门、泵、储槽、容器、反应器以及各种防腐衬里已相当普遍。但有些塑料在特定的有机溶剂中会发生溶涨或腐蚀；塑料在光和氧或辐射的作用下或在反复受热与冷却条件下，其内部结构将发生变化，导致性能上出现"老化"而失效，因此塑料用于制作有一定使用寿命要求的机械零件，在配料中加入适当的防老化剂或采取适当的防护措施是十分重要的。

13.2.2 塑料制品的工艺性和经济性

1. 塑料的工艺性

塑料的成形性能是十分优良的，几乎所有的金属成形加工，塑料都可采用。塑料制品从板材、管材、型材、线材到纤维、薄膜、泡沫以及各种复合材料，几乎应有尽有。而塑料成形所需的温度和压力则比金属成形所需的低得多，工艺简便得多，机械加工量也少得多；但每种不同形状尺寸的塑料零件成形时需要一套专用的工艺设备，这必然对产品的成本造成影响。因此在用塑料取代金属零件时，要全面考虑经济效益问题。一般来说，塑料零件的小批量生产是不经济的。

2. 塑料的经济性

塑料的价格因品种而异，差别很大，有的很便宜，如聚氯乙烯按重量计价，不比铸铁贵多少；有的很昂贵，如尼龙比不锈钢贵。但考虑到塑料比重小，如按体积计价（元/m^3），则大多数常用塑料和铸铁或碳钢的相近；而由于塑料零件的成形工艺简便，加工费用少，能耗少，无须防锈措施，且其加工废料还能回收利用。因此若综合考虑这些因素，塑料可能是比金属更为经济的选材。

若其价格随着科学技术的进步得以大幅度降低，则其应用会得到更大发展。不仅用于目前制造一些受力小的构件或某些特殊用途的重要构件，如减轻自重具有特殊意义的飞机和宇航器构件，而且将普遍用来制造承载大的重要零件和工程构件，如国外开始用这类复合材料制造大吨位船舶、大跨度桥梁、大型压力容器和汽车车身等，反映了工程材料发展的一种动向。

在机械工程中，用塑料取代现有金属零件，一般都要在对零件的结构形状和尺寸作较大修改后，才能收到良好效果，因为塑料的力学性能，工艺性能以及加工过程与金属零件的有很大差别。这一过程的参考依据较少，同时由于塑料材料的品种和性能相差悬殊，因此优化选用塑料会有一定难度，必须对上述各方面的问题进行综合分析和充分的实验，因材施用，否则取代工作就不能收到预期效果甚至可能失败。当然，如果能够用一定的工艺方法把塑料和金属结合起来，取长补短，各尽其能，将获得一些高性能的材料和结构。例如，以金属为骨架的塑料/金属嵌镶结构，部分用塑料，部分用金属，然后加以连接的组合结构，金属表面覆盖塑料或塑料表面覆盖金属的被复结构，已经成为工程中广泛的应用技术和结构。

13.3　陶瓷材料的选用

陶瓷材料总的特点是熔点高、密度低、强度硬度高、塑性韧性低、化学稳定性好且资源丰富。目前陶瓷材料由于包含了几乎所有的无机非金属材料，具有丰富的物理化学性能，有着极广阔的应用。虽然选材原则相同，但陶瓷材料的选用仍然具有其自身的特点。

13.3.1　陶瓷材料的使用性能

除少数材料（如可塑性黏土）外，陶瓷材料的机械性能特征是有高的剪切强度，因此其是非延性（脆性）的，但也使其有高的强度硬度和抗压强度，断裂强度低，并具有缺口敏感性，因此在工程中主要用于冲击小且受压缩载荷的场合，如混凝土、砖和其他陶瓷材料；若有弯曲或要求较高强度时则必须增大尺寸或改变材料状态，如钢化玻璃用于玻璃门、汽车窗等。高硬度使陶瓷具有优秀的耐磨性尤其是耐磨粒磨损性，陶瓷用于机械冲击小和要求高耐磨的零件上具有一定的优势。

陶瓷材料的另一个重要的特点是高的耐腐蚀性和高温性能。陶瓷在大多数的碱性、盐和有机物溶液中比金属材料具有更优秀的耐蚀性，很多陶瓷在除氢氟酸以外的其他酸溶液中也有较高的稳定性，同时它还不像高分子材料那样易于老化和耐高温性能差；陶瓷有优良的高温抗氧化性和高温力学性能（结构稳定、强度高、蠕变抗力高、较高温合金更好），因此在冶金、化工、航空航天等领域中，陶瓷材料有着广泛的应用价值，能够取代一些金属和高分子材料。

13.3.2　陶瓷材料的工艺性能

普通黏土类陶瓷由于其成型工艺大多为塑性料团或注浆法成型，因此适合于各种形状物体的制作，但对形状太复杂或尺寸变化大的零件可能会由于素坯强度致密性差而难以加工或由于烧结过程的应力而发生脆裂失效。而大多数的特种陶瓷都是用粉末压制并烧结而成的，一般只能制作形状不太复杂的材料。

陶瓷材料的硬度高，一般不能进行切削加工，因此只有能够烧结成型的形状不太复杂的零件才可以用陶瓷材料制作。

还可以通过表面处理的方法做成各种陶瓷薄膜，这既是制作功能陶瓷的主要工艺方法，同时还可以在许多金属或高分子材料表面获得高性能的陶瓷，是一种复合化的工艺，使结构零件的性能大大提高，具有较普遍的适应性。

习题

1. 机械工程选材时应当注意哪些问题？
2. 塑料制品的工艺性是指什么？
3. 金属表面防蚀有哪些措施？试举例。

附　　录

附录A　常用元素表

元素名称	符号	原子序数	原子量	熔点/℃	固态密度/ (g/cm³)	晶体结构/ 20 ℃	原子半径/ nm	离子半径/ nm
氢	H	1	1.007 8	−259.14	—	—	0.046	
氦	He	2	4.003	−272.2	—	—	0.176	
锂	Li	3	6.94	180	0.534	bcc	0.151 9	0.068
铍	Be	4	9.01	1 289	1.85	hcp	0.114	0.035
硼	B	5	10.81	2 103	2.34	—	0.046	0.025
碳	C	6	12.011	>3 500	2.25	hex	0.077	—
氮	N	7	14.007	−210			0.071	
氧	O	8	15.999	−218.4			0.06	0.14
氟	F	9	19.001	−220			0.06	0.133
氖	Ne	10	20.18	−248.7		fcc	0.16	
钠	Na	11	22.99	97.8	0.97	bcc	0.185 7	0.097
镁	Mg	12	24.31	649	1.74	hcp	0.161	0.066
铝	Al	13	26.98	660.4	2.7	fcc	0.143 15	0.051
硅	Si	13	28.09	1414	2.33		0.117 6	0.042
磷	P	15	30.97	44	1.8		0.11	0.035
硫	S	16	32.06	112.8	2.07		0.106	0.184
氯	Cl	17	35.45	−101			0.090 5	0.181
氩	Ar	18	39.95	−189.2			0.192	
钾	K	19	39.1	63	0.86	bcc	0.231 2	0.133
钙	Ca	20	40.08	840	1.54	fcc	0.196 9	0.099
钛	Ti	22	47.9	1 672	4.51	hcp	0.146	0.068
铬	Cr	24	52	1 863	7.2	bcc	0.124 9	0.063
锰	Mn	25	54.94	1 246	7.2		0.112	0.08
铁	Fe	26	55.85	1 538	7.88	bcc	0.124 1	0.074
						fcc	0.126 9	0.064

元素名称	符号	原子序数	原子量	熔点/℃	固态密度/ (g/cm³)	晶体结构/ 20℃	原子半径/ nm	离子半径/ nm
钴	Co	27	58.93	1494	8.9	hcp	0.125	0.072
镍	Ni	28	58.71	1455	8.9	fcc	0.124 6	0.069
铜	Cu	29	63.54	1 084.5	8.92	fcc	0.127 8	0.096
锌	Zn	30	65.37	419.6	7.14	hcp	0.139	0.074
锗	Ge	32	72.59	937	5.35		0.122 4	
砷	As	33	74.92	809	5.73		0.125	
氪	Kr	36	83.8	−157		fcc	0.201	
银	Ag	47	107.87	961.9	10.5	fcc	0.144 4	0.126
锡	Sn	50	118.69	232	7.3		0.150 9	0.071
锑	Sb	51	121.75	630.7	6.7		0.145 2	
碘	I	53	126.9	114	4.93		0.135	0.22
氙	Xe	54	131.3	−122	2.7	fcc	0.221	
铯	Cs	55	132.9	28.4	1.9	bcc	0.262	0.167
钨	W	74	183.9	3 387	19.4	bcc	0.136 7	0.07
金	Au	79	197.0	1 064.4	19.32	fcc	0.144 1	0.137
汞	Hg	80	200.6	−38.86			0.155	0.11
铅	Pb	82	207.2	327.5	11.34	fcc	0.175	0.12
铀	U	92	238	1 133	19		0.138	0.097

附录 B　常用工程材料的物理性质（20 ℃）

材　　料	密度/ （g/cm³）	热传导系数/ （J/mm·s·℃）	线膨胀系数/ （10^{-6}/℃）	电阻率/ （Ω·m）	平均弹性 模量/GPa
工业纯铁	7.88	0.072	11.7	98×10^{-9}	205
20 钢	7.86	0.05	11.7	169×10^{-9}	205
45 钢	7.85	0.048	11.3	171×10^{-9}	205
T8 钢	7.84	0.046	10.8	180×10^{-9}	205
18Cr-8Ni 不锈钢	7.93	0.015	9	700×10^{-9}	205
灰口铸铁	7.15		10		140
白口铸铁	7.7		9	660×10^{-9}	205
工业纯铝	2.7	0.22	22.5	29×10^{-9}	70
铝合金	~2.7	0.16	22	$\sim 45 \times 10^{-9}$	70~80
工业纯铜	8.9	0.4	17	17×10^{-9}	110
黄铜（70Cu-30Zn）	8.5	0.12	20	62×10^{-9}	110
青铜（95Cu-5Sn）	8.8	0.08	18	100×10^{-9}	110
纯铅	11.34	0.033	29	206×10^{-9}	14
纯镁	1.74	0.16	25	45×10^{-9}	45
蒙乃尔合金（70Ni-30Cu）	8.8	0.025	15	482×10^{-9}	180
货币银合金	10.4	0.41	18	18×10^{-9}	75
Al_2O_3	3.8	0.029	9	$>10^{12}$	350
建筑用砖	2.3	0.000 6	9		
耐火砖	2.1	0.000 8	4.5	1.4×10^6	
混凝土	2.4	0.001	13		14
硼硅玻璃	2.4	0.001	2.7	$>10^{15}$	70
石英玻璃	2.2	0.001 2	0.5	$>10^{15}$	70
MgO	3.6		4.5	10^8	205
SiC	3.17	0.012	4.5	0.025	
TiC	4.5	0.03	7	50×10^{-8}	350
密胺甲醛	1.5	0.000 3	27	10^{11}	9
酚甲醛	1.3	0.000 16	72	10^{10}	3.5
尿素甲醛	1.5	0.000 3	27	10^{10}	10.3
合成橡胶	1.5	0.000 12			4~75
硫化橡胶	1.2	0.000 12	81	10^{12}	3.5
低密度聚乙烯	0.92	0.000 34	180	$10^{13} \sim 10^{16}$	0.1~0.35
高密度乙烯	0.96	0.000 52	120	$10^{12} \sim 10^{16}$	0.35~1.25
聚苯乙烯	1.05	0.000 08	63	10^{16}	2.8
聚四氟乙烯	2.2	0.000 2	100	10^{14}	0.35~0.7
尼龙	1.15	0.000 25	100	10^{12}	2.8

附录 C 常用工程材料力学性质

材　料	σ_s/MPa	σ_b/MPa	δ/%	材　料	σ_s/MPa	σ_b/MPa	δ/%
金钢石	50 000		0	Al	40	200	0.5
SiC	10 000		0	铁素体不锈钢	240 ~ 400	500 ~ 800	0.15 ~ 0.25
Si$_3$N$_4$	8 000		0	钢筋混凝土		410	0.02
WC，Nbc	6 000		0	低碳钢	220	430	0.18 ~ 0.25
SiO$_2$	7 200		0	碱性卤化物	200 ~ 350		0
Al$_2$O$_3$	5 000		0	铁	50	200	0.3
BeO，ZrO$_2$	4 000		0	镁合金	80 ~ 300	125 ~ 380	0.06 ~ 0.2
TiC，ZrC，TaC	4 000		0	GPRF		100 ~ 300	
普通玻璃	3 600		0	Au	40	220	0.5
MgO	3 000		0	有机玻璃	60 ~ 110	110	
钴及其合金	180 ~ 2 000	500 ~ 2 500	0.01 ~ 0.6	环氧	30 ~ 100	30 ~ 120	
低合金钢（淬火、回火）	500 ~ 1 980	680 ~ 2 400	0.02 ~ 0.3	超纯金属（面心立方）	1 ~ 10	200 ~ 400	1 ~ 2
压力容器钢	1 500 ~ 1 980	1 500 ~ 2 000	0.3 ~ 0.6	冰	85		0
奥氏体不锈钢	286 ~ 500	760 ~ 1 280	0.45 ~ 0.65	纯金属	20 ~ 80	200 ~ 400	0.5 ~ 1.5
硼/环氧复合材料		725 ~ 1 730		聚苯乙烯	34 ~ 70	40 ~ 70	
镍合金	200 ~ 1 600	400 ~ 2 000	0.01 ~ 0.6	Ag	55	300	0.6
普通木头（垂直于纹理）		4 ~ 10		普通木头（平行于纹理）		35 ~ 55	
W	1 000	1 500	0.01 ~ 0.6	铅及铅合金	11 ~ 55	14	0.2 ~ 0.8
Mo 及 Mo 合金	560 ~ 1 450	665 ~ 1 650	0.01 ~ 0.36	Sn 及 Sn 合金	7 ~ 45	14 ~ 60	0.3 ~ 0.7
Ti 及其合金	180 ~ 1 320	300 ~ 1 400	0.06 ~ 0.3	聚丙烯	19 ~ 36	33 ~ 36	
碳钢（淬火、回火）	260 ~ 1 300	500 ~ 1 800	0.2 ~ 0.3	聚氨脂	26 ~ 31	58	
Ta 及其合金	330 ~ 1 090	400 ~ 1 100	0.01 ~ 0.4	高密度聚乙烯	20 ~ 30	37	
铸铁	220 ~ 1 030	400 ~ 1 200	0 ~ 0.18	未加固混凝土	20 ~ 30		0
铜合金	60 ~ 960	250 ~ 1 000	0.01 ~ 0.55	天然橡胶		30	5.0
铜	60	400	0.55	低密度聚乙烯	6 ~ 20	20	
Co/Wc 硬质合金	400 ~ 900	900	0.02	Ni	70	400	0.65
CPRF		640 ~ 670		尼龙	49 ~ 87	100	
铝合金	100 ~ 627	300 ~ 700	0.05 ~ 0.3	泡沫聚合物	0.2 ~ 10	0.2 ~ 10	0.1 ~ 1

附录 D　常见介质中最耐蚀的合金

腐蚀介质	耐蚀材料	腐蚀介质	耐蚀材料
工业大气	纯铝	硝酸（稀）	不锈钢
海洋大气	不锈钢，纯铝	硝酸（浓）	铝
湿蒸汽	不锈钢	硫酸（稀）	铅
海水	镍合金、钛合金	硫酸（浓）	钢
纯蒸馏水	锡	盐酸	镍基合金、高硅铁
1%～20% 碱溶液	低合金钢、不锈钢、镁合金	热氧化性溶液	钛合金

附录 E 常用静态压痕硬度测量方法比较

硬度实验	压头形状	压痕 对角线或直径	压痕 深度	载荷	测量方法	表面制备	应用范围	备注
布氏	2.5 mm 或 10 mm 直径球体	1~5 mm	<1 mm	铁钢30 kN，软金属1 kN	显微镜下测压痕直径，换算表上读硬度值	精磨表面	块状金属	使用轻载荷的球形压头，使表面破坏程度最小
洛氏	120°金刚石锥体，或 1.59 mm直径的球体	0.1~1.5mm	25~350 μm	主载荷600 N、1 000 N、1 500 N 副载荷10 N	从显示屏上直接读取硬度值	通常不需特殊制备表面	块状硬材料	从压痕深度测量看，可用于较薄的材料
表面洛氏	120°金刚石锥体，或 1.59 mm 直径的球体	0.1~0.7 mm	10~100 μm	主载荷150 N、300 N、450 N，副载荷30 N	从显示屏上直接读取硬度值	抛光表面	用于薄试样	载荷和压痕尺寸小
维氏	对顶角为136°的正棱锥体	10 μm~1 mm	1~10 μm	10~1 200 N，可低于0.25 N	显微镜下测压痕对角线，换算表上读硬度值	光滑清洁的表面（呈镜面）	用于表面层和最薄至1 μm的薄试样	对于表面性能变化的灵敏度低于努普硬度
努普	轴向棱边夹角的172.5°和130°的长棱锥体	10 μm~1 mm	0.3~30 μm	2~40 N，可低于0.01 N	显微镜下测压痕长轴对角线，换算表上读硬度值	光滑清洁的表面（呈镜面）	用于表面层和最薄至μm的薄试样	实验室用于脆性材料或微观结构及组织的研究

附录 F 常用金相浸蚀剂

序号	试剂名称	成分	适用范围	注意事项
1	硝酸酒精溶液	硝酸 1~5 mL 酒精 100 mL	碳钢及低合金钢	硝酸含量随钢中含碳量的增加酌减，常温下浸蚀数秒钟
2	苦味酸酒精溶液	苦味酸 2~10 g 酒精 100 mL	钢铁材料晶界及细小组成相	常温下浸蚀数秒到数分钟
3	苦味酸盐酸酒精溶液	苦味酸 2~10 g 盐酸 5 mL 酒精 100 mL	显示淬火态及 回火态钢的组织	浸蚀时间较上例约快数秒到一分钟
4	苛性钠苦味酸水溶液	苛性钠 25 g 苦味酸 2 g 水 100 mL	钢铁材料晶界及组成相	加热煮沸数分钟
5	氯化铁盐酸水溶液	氯化铁 5 g 盐酸 50 mL 水 100 mL	显示不锈钢、高镍钢和铜及铜合金组织	常温下浸蚀数秒至数分钟
6	王水甘油溶液	硝酸 10 mL 盐酸 20~30 mL 甘油 30 mL	显示镍铬合金等的沃斯田铁组织	将盐酸和甘油充分混合后再加入硝酸
7	高锰酸钾苛性钠水溶液	高锰酸钾 4 g 苛性钠 4 g 水 100 mL	显示高合金钢中的碳化物、d 相等	加热煮沸 1~10 min
8	氨水双氧水溶液	氨水 50 mL 双氧水 50 mL	显示铜和铜合金组织	随用随配，用棉花揩试
9	氯化铜氨水溶液	氯化铜 8 g 氨水 100 mL		浸蚀 30~60 s
10	硝酸铁水溶液	硝酸铁 10 g 水 10 mL		用棉花揩试
11	混合酸	氢氟酸 1 mL 盐酸 1.5 mL 硝酸 2.5 mL 水 95 mL	显示硬铝组织	浸蚀 10~20 s
12	氢氟酸水溶液	氢氟酸 0.5 mL 水 99.5 mL	铝及铝合金组织	用棉花揩试
13	苛性钠水溶液	苛性钠 1 g 水 90 mL	铝及铝合金组织	常温下浸蚀数秒至数分钟
14	晶界浸蚀剂	苦味酸 3 g 洗衣粉 0.5 g 水 100 mL	合金钢	加热 40~60℃，浸蚀数分钟

参 考 文 献

［1］ 崔忠圻. 金属学与热处理［M］. 北京：机械工业出版社，2007.
［2］ 耿洪滨. 新编工程材料［M］. 哈尔滨：哈尔滨工业大学出版社，2007.
［3］ 胡德林. 金属学原理［M］. 西安：西北工业大学出版社，1994.
［4］ 程天一. 快速凝固技术与新型合金［M］. 北京：宇航出版社，1992.
［5］ 胡庚祥. 金属学［M］. 上海：上海科学技术出版社，1980.
［6］ 刘国勋. 金属学原理［M］. 北京：冶金工业出版社，1980.
［7］ 李月珠. 快速凝固技术和材料［M］. 北京：国防工业出版社，1993.
［8］ 陆示善. 相图与相变［M］. 合肥：中国科技大学出版社，1990.
［9］ 胡光立. 钢的热处理［M］. 西安：西北工业大学出版社，1993.
［10］ 郑明新. 工程材料［M］. 北京：清华大学出版社，1993.
［11］ 王忠. 机械工程材料［M］. 北京：清华大学出版社，2005.
［12］ 杨瑞成. 工程结构材料［M］. 重庆：重庆大学出版社，2007.
［13］ 杨秀英. 金属与热处理［M］. 北京：机械工业出版社，2010.
［14］ 王焕庭. 机械工程材料［M］. 大连：大连理工大学出版社，1991.
［15］ 何世禹. 机械工程材料［M］. 哈尔滨：哈尔滨工业大学出版社，1990.
［16］ 于春田. 金属基复合材料［M］. 北京：冶金出版社，1995.
［17］ 宋锥锡. 金属学［M］. 北京：冶金工业出版社，1980.
［18］ 周祖福. 复合材料学［M］. 武汉：武汉工业大学出版社，1995.
［19］ 沈莲. 机械工程材料与设计选材［M］. 西安：西安交通大学出版社，1996.

读者意见反馈表

感谢您选用中国铁道出版社出版的图书！为了使本书更加完善，请您抽出宝贵的时间填写本表。我们将根据您的意见和建议及时进行改进，以便为广大读者提供更优秀的图书。

您的基本资料（郑重保证不会外泄）

姓　　名：＿＿＿＿＿＿＿＿＿＿　　职　　业：＿＿＿＿＿＿＿＿＿＿

电　　话：＿＿＿＿＿＿＿＿＿＿　　电子邮箱：＿＿＿＿＿＿＿＿＿＿

您的意见和建议

1. 您对本书的整体设计满意度：

   封面创意：□非常好　□较好　□一般　□较差　□非常差

   版式设计：□非常好　□较好　□一般　□较差　□非常差

   印刷质量：□非常好　□较好　□一般　□较差　□非常差

   价格高低：□非常高　□较高　□适中　□较低　□非低

2. 您对本书的知识内容满意度：

   □非常满意　□比较满意　□一般　□不满意　□很不满意

   原因：＿＿＿＿＿＿＿＿＿＿＿＿＿＿＿＿＿＿＿＿＿＿＿＿＿＿

3. 您认为本书的最大特色：

   ＿＿＿＿＿＿＿＿＿＿＿＿＿＿＿＿＿＿＿＿＿＿＿＿＿＿＿＿＿＿

4. 您认为本书的不足之处：

   ＿＿＿＿＿＿＿＿＿＿＿＿＿＿＿＿＿＿＿＿＿＿＿＿＿＿＿＿＿＿

5. 同类书中，您认为哪本书比本书优秀：

   书名：＿＿＿＿＿＿＿＿＿＿＿＿＿＿　作者：＿＿＿＿＿＿＿＿＿＿

   出版社：＿＿＿＿＿＿＿＿＿＿＿＿＿＿

   该书最大特色：＿＿＿＿＿＿＿＿＿＿＿＿＿＿＿＿＿＿＿＿＿＿＿

6. 您的其他意见和建议：

   ＿＿＿＿＿＿＿＿＿＿＿＿＿＿＿＿＿＿＿＿＿＿＿＿＿＿＿＿＿＿

我们热切盼望您的反馈。

请选择以下两种方式之一：

1. 裁下本页，邮寄至：

   北京市西城区右安门西街 8 号 -2 号楼中国铁道出版社高职编辑部　　吴　飞

   邮编：100054

2. 发送邮件至 wufei43@126.com 或 280407993@qq.com 索取本表电子版。

教材编写申报表

教师信息 （郑重保证不会外泄）

姓名			性别		年龄	
工作单位	学校名称		职务/职称			
	院系/教研室					
联系方式	通信地址 （＊＊路＊＊号）		邮编			
	办公电话		手机			
	E-mail		QQ			

教材编写意向

拟编写 教材名称		拟担任	主编（　） 副主编（　） 参编（　）
适用专业			
主讲课程 及年限		每年选用 教材数量	是否已有 校本教材
教材简介（包括主要内容、特色、适用范围、大致交稿时间等，最好附目录）			

请选择以下两种方式之一：

1. 裁下本页，邮寄至：

  北京市西城区右安门西街8号-2号楼中国铁道出版社高职编辑部　　吴　飞

  邮编：100054

2. 发送邮件至 wufei43@126.com 或 280407993@qq.com 索取本表电子版。